6人のENIACプログラム技師（ENIAC6）

Kathleen McNulty (Mauchly Antonelli)

写真1-1

キャスリーン・マクナルティ（モークリー・アントネッリ）／「ケイ」、1940年代。 *Courtesy of Bill Mauchly*

Frances Bilas (Spence)

写真1-2

フランシス・ビーラス（スペンス）／「フラン」、1947年。 *Courtesy of the Spence Family*

Ruth Lichterman (Teitelbaum)

写真1-3

ルース・リクターマン（タイテルバウム）、1950年代前半。 *Courtesy of the Teitelbaum Family*

Jean Jennings (Bartik)

写真1-4

ジーン・ジェニングス（バーティク）、1940年代。 *Courtesy of the Bartik Family*

Frances Elizabeth "Betty" Snyder (Holberton)

写真1-5

フランシス・エリザベス・スナイダー（ホルバートン）／「ベティ」、1940年代。 *Courtesy of Priscilla Holberton*

Marlyn Wescoff (Meltzer)

写真1-6

マーリン・ウェスコフ（メルツァー）、1942年。 *Courtesy of the Meltzer Family*

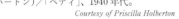

ムーア校の計算手チーム　1942～45

写真 2-1

ウォルナット通り3436番にあった陸軍フィラデルフィア計算班の3階の計算チーム。彼女たちは、数年にわたってチームとして働き、昼夜交代制（日勤2週間、夜勤2週間）で、電気機械式の卓上計算器を使って弾道計算していた．左端がアリス・ホール、右端がマーリン・ウェスコフ（ルースはこのあとにチームに参加したのだろう）。

Courtesy of the Meltzer Family

University Archives and Records Center, University of Pennsylvania

写真 2-2

キャスリーン・マクナルティ（モークリー・アントネッリ）は、第2次世界大戦中、ムーア校の地下室にあった微分解析機での弾道計算を監督している。右端のシス・スタンプがデータを入力し、彼女（左端）は計算の出力を読み、記録している。アリス・スナイダー（中央）は、シャフトとギアをチェックしている。

写真 2-3

マーリン・ウェスコフ（メルツァー）とルース・リクターマン（タイテルバウム）は、貴重な休日をビーチで楽しんでいた。おそらくこれは、ニューヨーク州ファーロッカウェイに住むルースの両親を訪ねたとき。

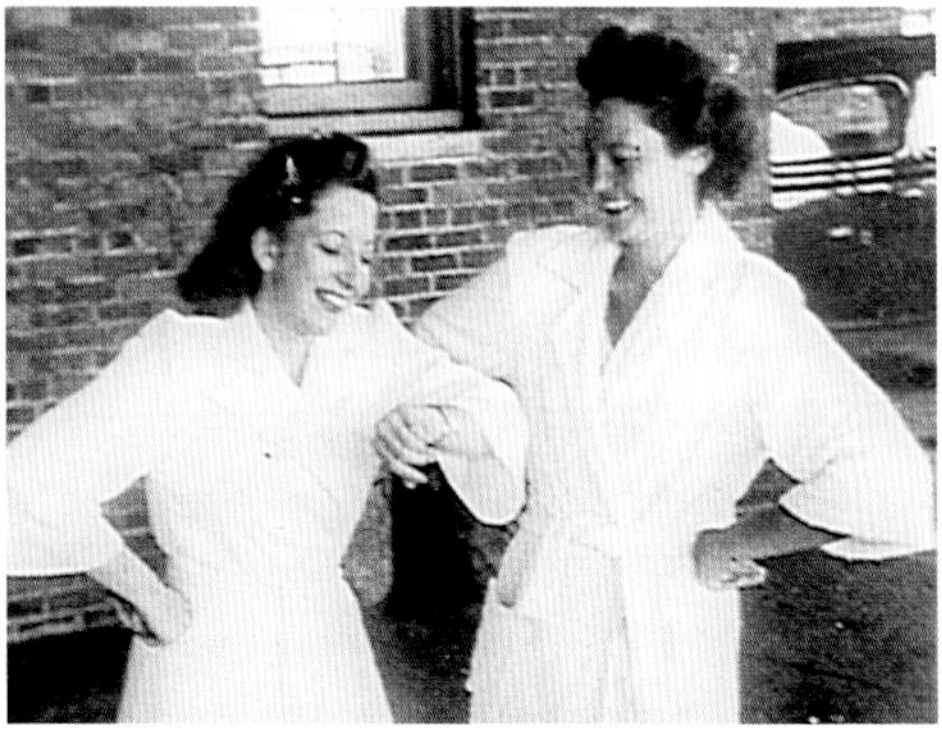

Courtesy of the Meltzer Family

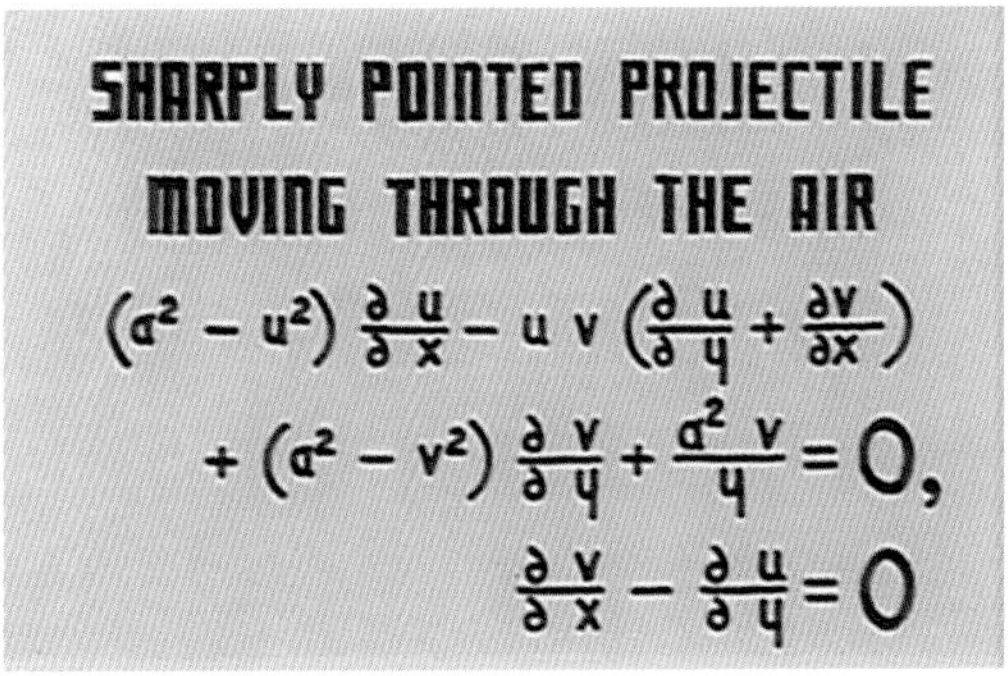

National Archives

写真 2-4
計算手が弾道計算に使用した典型的な方程式。戦場のさまざまな気象条件や、使用する大砲や砲弾の種類を考慮していた。

写真 2-5
1929年ごろのペンシルベニア大学ムーア校電子工学科の校舎。第 2 次世界大戦末期に 3 階部分の増築が始まった。

University Archives and Records Center, University of Pennsylvania

女性たちがムーア校でENIACをプログラムし、デバッギングする　1945～46

©Bettmann/Getty Images

写真 3-1
ポータブルリモートコントロールテスターは、ENIAC6 が弾道プログラムのデバッグに使用した重要なツールであった。プログラムを段階的に進めることができ、論理やハードウェアの問題点を発見するのに役立った。

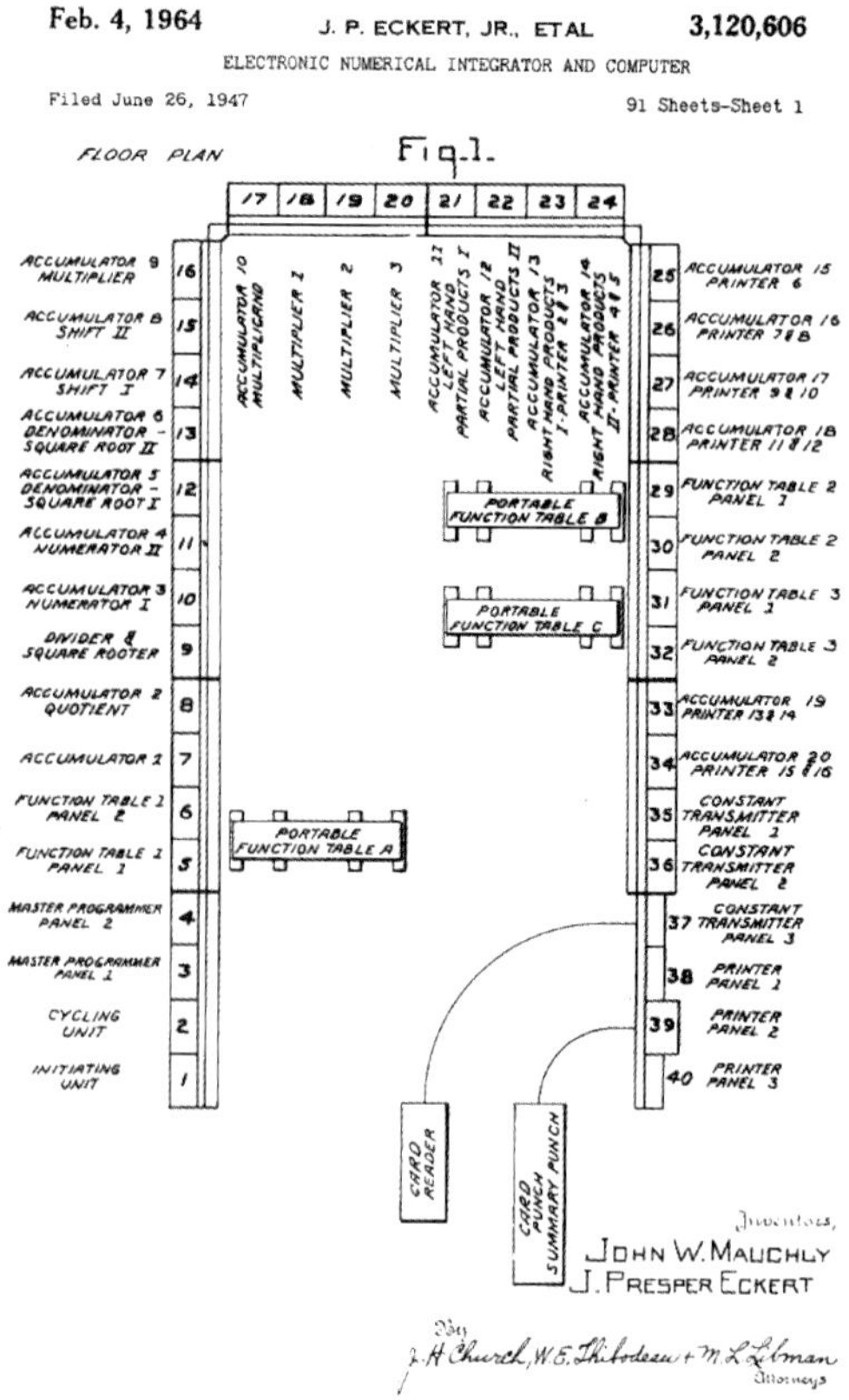

写真 3-2

1945年から1946年にかけてムーア校にあったU字型に配置されたENIACのユニットの見取り図。この見取り図は、ジョン・W・モークリーとJ・プレスパー・エッカートが1947年6月26日に出願した米国特許3,120,606に記載されている。

写真 3-3

ルース・リクターマン（タイテルバウム）(左)とマーリン・ウェスコフ(メルツァー)(右)は、ENIAC上のプログラムの入力用のデータとして、パンチカードをIBMカード読取機に送り込んでいる。

Special Collections Research Center, Temple University Libraries, Philadelphia, PA.

University Archives and Records Center, University of Pennsylvania.

写真 3-4

ふたりのENIACプログラム技師が写ったこの有名な写真は、何十年もの間、女性たちの名前を伏せて共有されてきた。左にジーン・ジェニングス（バーティク）、右にフランシス・ビーラス（スペンス）が立っている。公開実験の日の準備のために撮影された写真の一部。

University Archives and Records Center, University of Pennsylvania

写真 3-5

この有名なENIACチームの写真は、陸軍のカメラマンによって公開実験の日に撮影され、記者たちに共有されたのち、全米の新聞に掲載された。50年以上もの間、キャプションに女性たちの名前はなかった。左から順に、ホーマー・スペンス陸軍士官候補生、J・プレスパー・エッカート、ジョン・モークリー博士、ジーン・ジェニングス（バーティク）、ハーマン・ゴールドスタイン大尉、ルース・リクターマン（タイテルバウム）。

University Archives and Records Center, University of Pennsylvania

写真 3-6

ENIACは50年以上にわたり脈々と、陸軍とムーア校の代表者、そしてENIACの発明者が一体となった男社会という視点で語られてきた。左から順に、J・プレスパー・エッカート［ENIAC共同発明者］、ジョン・ブレイナード博士［ムーア校研究部長］、サム・フェルトマン［陸軍武器科弾道学主任技師］、ハーマン・ゴールドスタイン大尉［ムーア校担当弾道研連絡将校］、ジョン・モークリー博士［ENIAC共同発明者］、ハロルド・ペンダー博士［ムーア校学部長］、ガルドン・バーナース少将［陸軍武器科研究開発局（AORDS）局長］、ポール・ギロン大佐［AORDS研究部門長］。

Courtesy of Bill Mauchly

写真 3-7

ENIACチームは、ENIACでの仕事とランチやディナーで絆を深め、コンピューティングの将来についてブレインストーミングを行った。リド・レストランはお気に入りの場所だった。1946年2月、左から順に、アーウィン・ゴールドスタイン上等兵、フランシス・ビーラス（スペンス）、ホーマー・スペンス、ジェームズ・カミングス、マーリン・ウェスコフ（メルツァー）、ジョン・W・モークリー、ルース・リクターマン（タイテルバウム）、ジーン・ジェニングス（バーティク）、そしてキャサリン・マクナルティ（モークリー・アントネッリ）。

Courtesy of the Bartik Family

写真 3-8

ジーンの結婚式が行われた1946年12月14日、ENIACチームは揃ってお祝いに駆け付けた。左から順に、花嫁介添人のフランシス・エリザベス・スナイダー（ホルバートン）、新郎のウィリアム（ビル）・バーティク、新婦のジーン・ジェニングス・バーティク、そしてジーンとバージンロードを歩いたジョン・モークリー博士。

アバディーン性能試験場（メリーランド州）で稼働し続けるENIAC

© *Corbis Historical / Getty Images*

写真 4-1

1947年、ENIACはアバディーン性能試験場の弾道研究所で運用を開始した。右下のルース・リクターマン（タイテルバウム）は、引き続きプログラム技師および監督者として働き、中央のエスター・ガーストンは第２次世界大戦中は計算手だったが、第２世代のENIACプログラム技師として陸軍の仕事を続けた。

US Army Research Laboratory

写真 4-2

その後、1955年までアバディーン性能試験場では何十人もの女性や男性が、軍事、学術、産業の重要な問題のために、ENIACのプログラミングを行うことになる。この有名な写真は、第２世代のプログラマーであるグロリア・ゴードン・ボロツキー（しゃがんでいる）とエスター・ガーストンが、太いデジットケーブル、細いプログラムパルスケーブル、スイッチを使ってENIACをプログラミングしているところである。

記念日と同窓会

Courtesy of the Bartik Family

写真 5-1

1985年、ケイ・マクナルティ・モークリーは、ENIACプログラマー全員をフィラデルフィアに招待し、同窓会を開いた。このときが、彼女らがルースと一緒にいられる最後の機会だった。後列左から順に、ルース・リクターマン・タイテルバウム、アドルフ・タイテルバウム、フランシス・ビーラス・スペンス、ホーマー・スペンス、マーリン・ウェスコフ・メルツァー、キャスリーン・マクナルティ・モークリー。前列左から順に、ベティ・スナイダー・ホルバートンとジーン・ジェニングス・バーティク。

写真 5-2

1996年のENIAC 50周年記念式典で行われたENIACプログラマーの特別レセプション。左から順に、キャシー・クレイマン（筆者）、ジーン・ジェニングス・バーティク、マーリン・ウェスコフ・メルツァー、キャスリーン・マクナルティ・モークリー・アントネッリ。手前がベティ・スナイダー・ホルバートン。

© Steven M. Falk. Courtesy of First Byte Productions, LLC

Northwest Missouri State University Archives

写真 5-3

2001年、ペンシルベニア大学工学部ムーア校校舎で、ENIACの真空管付き10進カウンターを手にするキャスリーン・マクナルティ・モークリー・アントネッリ（左）とジーン・ジェニングス・バーティク（右）。この写真は、ノースウエスト・ミズーリ州立大学のノースウエスト同窓会誌のカバーストーリーで、1945年卒のジーンを紹介するため、2001年4月に撮影された。

PROVING GROUND

THE UNTOLD STORY OF THE SIX WOMEN WHO PROGRAMMED THE WORLD'S FIRST MODERN COMPUTER

6 コンピューター誕生の歴史に隠れた人の女性プログラマー

彼女たちは当時なにを思い、
どんな未来を想像したのか

KATHY KLEIMAN
キャシー・クレイマン
羽田昭裕＝訳

共立出版

PROVING GROUND

The Untold Story of the Six Women Who Programmed the World's First Modern Computer

by Kathy Kleiman

This edition published by arrangement with Grand Central Publishing,
a division of Hachette Book Group, USA
through The English Agency (Japan) Ltd.

Japanese language edition published by KYORITSU SHUPPAN CO., LTD.

惜しみなく話を聞かせてくれたベティ、ケイ、ジーン、マーリンに、
私の話に繰り返し耳を傾けてくれたサムとロビンに、
そして、旅に加わってくれたマークに捧ぐ。

目次 CONTENTS

登場人物紹介

ENIACのプログラム技師（ENIAC6）

キャスリーン・マクナルティ／「ケイ」　チェスナットヒル大学（フィラデルフィアの全日制女子大）で数学を専攻。1942年にムーア校の陸軍フィラデルフィア計算班に採用され、1942年から1945年まで微分解析機を操作するチームの監督者を務めた。1945年にENIACのプログラム技師として抜擢され、第2次世界大戦後はENIACとともにアバディーン性能試験場（以降、試験場）に移り、プログラミング業務を続けた訳注1。

フランシス・ビーラス／「フラン」　チェスナットヒル大学で数学を専攻。ケイの親友。1942年にムーア校の陸軍フィラデルフィア計算班に採用され、1942年から1945年まで微分解析機を操作するチームの監督者を務めた。1945年にENIACをプログラムするために抜擢され、第2次世界大戦後はプログラミングの仕事を継続するために、ENIACとともに試験場に移った訳注2。

フランシス・エリザベス・スナイダー／「ベティ」　ペンシルベニア大学卒業。1942年にムーア校の陸軍フィラデルフィア計算班に加わった。1945年にENIACのプログラム技師として抜擢され、第2次世界大戦後はENIACとともに試験場に移り、プログラミング業務を継続した。その後、エッカート・モークリー・コンピューター社の初期の社員として、最初の商用コンピューターの開発に携わり、40年間にわたってコンピューター・プログラミングの最前線で活躍した[訳注3]。

マーリン・ウェスコフ　テンプル大学卒業。1942年にムーア校で陸軍レーダー・プロジェクトに参加し、1943年に陸軍フィラデルフィア計算班の一員となった。1945年にENIACの弾道プログラムを構築するために抜擢された[訳注4]。

ルース・リクターマン　ニューヨークのハンター・カレッジで数学を専攻。在学中の1943年にムーア校の陸軍フィラデルフィア計算班に採用された。1945年にENIACをプログラムするために抜擢され、第2次世界大戦後はENIACとともに試験場に移り、プログラム構築の仕事を続けた。

訳注1……キャスリーン・マクナルティ／「ケイ」の面差しは、写真1-1を参照。前半生については「数学専攻の女性を探して」を参照。
訳注2……フランシス・ビーラス／「フラン」の面差しは、写真1-2を参照。前半生については「数学専攻の女性を探して」を参照。
訳注3……フランシス・エリザベス・スナイダー／「ベティ」の面差しは、写真1-5を参照。前半生については「他人の功績を認めなさい」を参照。
訳注4……マーリン・ウェスコフの面差しは、写真1-6を参照。前半生については「加算器とレーダー」を参照。

その後、ムーア校に戻り、他のプロジェクトにも従事した訳注5。

ジーン・ジェニングス　ミズーリ州メリービルのノースウエスト・ミズーリ州立教員養成大学で数学を専攻。陸軍フィラデルフィア計算班に入るため、１９４５年にフィラデルフィアに移り住んだ。１９４５年にＥＮＩＡＣをプログラムするために抜擢された。第２次世界大戦後にＥＮＩＡＣが試験場に移設された後も、彼女はＥＮＩＡＣでの仕事を続け、変換器コードの設計とプログラム構築に貢献し、弾道研究所（以降、弾道研）の最初の風洞プログラムを納入するプログラミングチームの採用と指導にあたった。エッカート・モークリー・コンピューター社に移り、その後、コンピューティングとコンピューター関連の出版において活躍した訳注6。

電子工学科ムーア校［ペンシルベニア大学］

ハロルド・ペンダー博士　ムーア校の初代学部長。第２次世界大戦中、陸軍フィラデルフィア計算班をムーア校に受け入れるため、弾道研と契約した。彼の在任中に、Ｊ・プレスパー・エッカートとジョン・モークリー博士がＥＮＩＡＣを構築した。

ジョン・グリスト・ブレイナード博士／「グリスト」　ムーア校の講師、学部長、研究部長。陸軍フィラデルフィア計算班、のちにＥＮＩＡＣプロジェクトにおいて、試験場の弾道研との連絡役を務めた。ハーマン・ゴールドスタイン中尉と親交があった。

ジョー・チャップライン　1942年5月より、ムーア校の研究員をしながら微分解析機の整備エンジニアを務めた。ジョンのコンピューティングの構想を熱烈に支持し、ハーマン・ゴールドスタインとジョン・モークリーを引き合わせた。

ジョン・モークリー博士　ジョンズ・ホプキンス大学にて物理学の博士号を取得。第2次世界大戦中にアーサイナス大学教授を退官し、陸軍による電子工学の能力をもつ要員の募集に応じた。エッカート・モークリー・コンピューター社の共同設立者で、世界初の電子式プログラム可能汎用計算機であるENIACと、その後継機であるBINAC（Binary Automatic Computer）、最初の商用コンピューターであるUNIVAC（Universal Automatic Computer）の共同発明者である。

J・プレスパー・エッカートJr.／「プレス」　ムーア校で電気工学を専攻。モークリーが初めて会ったときは、同校の研究室の講師だった。エッカート・モークリー・コンピューター社の共同設立者であり、ENIAC、BINAC、UNIVACの共同発明者。20世紀で最も優れた電子工学者と称される。

アーヴン・トラヴィス博士　ムーア校の電気工学科の教授。1941年に現役軍務に召集され、1946年に復帰して研究部長に着任した。特許権をめぐりジョンやプレスと対立した。

訳注5……ルース・リヒターマンの面差しは、**写真1-3**を参照。前半生については「ウォルナット通り3436番」を参照。
訳注6……ジーン・ジェニングスの面差しは、**写真1-4**を参照。前半生については「キスの橋」を参照。

弾道研究所、性能試験場［メリーランド州アバディーン］

レスリー・E・サイモン大佐（のちに少将）　第2次世界大戦中の弾道研の所長。第2次世界大戦中にポール・ギロン大尉とともにムーア校に陸軍フィラデルフィア計算班を創設し、ジョン・グリスト・ブレイナードやハーマン・ゴールドスタインと共同で働いた。ムーア校がＥＮＩＡＣを構築し、陸軍が受領した後には弾道研へ移設させるという契約を同校と交渉し、承認した。

ポール・N・ギロン大尉（のちに大佐）　第2次世界大戦中の弾道研の副所長。ハーマン・ゴールドスタインの上官で、サイモン大佐とともにムーア校の陸軍フィラデルフィア計算班を創設した。弾道研がＥＮＩＡＣに資金提供することを支持し、折にふれてムーア校のチームと共同して仕事をした。

ハーマン・ゴールドスタイン中尉（のちに大尉）　シカゴ大学のギルバート・ブリス博士のもとで研究し、数学の博士号を取得。第2次世界大戦中に弾道研に派遣された後、ムーア校の陸軍フィラデルフィア計算班の責任者に任命され、弾道研とムーア校の連絡役を務めた。弾道研にＥＮＩＡＣの構想を紹介し、その構築と公開実験に携わった。第2次世界大戦後は、プリンストン大学の高等研究所（ＩＡＳ）に所属し、のちにＩＢＭに移った。

アデル・ゴールドスタイン（旧姓カッツ）　ハンター・カレッジを卒業後、ミシガン大学で数学の修士号を取得。ムーア校の陸軍フィラデルフィア計算班の指導を刷新し、数十人の若い女性に大学院レベルの数値解析を教え、軌道計算の指導にあたった。ＥＮＩＡＣの技術説明書を執筆し、第2次世界大戦後はＥＮＩＡＣの変換器コードの設計と、ＥＮＩＡＣを世界初のプログラム内蔵式コンピューターへ移行する業務に携わった。ハーマン・ゴールドスタインの妻。

ジョン・ホルバートン　敬愛された陸軍フィラデルフィア計算班の文官職の監督官。ゴールドスタイン中尉の部下。ＥＮＩＡＣプロジェクトにおいても中尉とともに関与した。第２次世界大戦後にＥＮＩＡＣとともに試験場に移り、計算技術分野で長年活躍した。

オズワルド・ヴェブレン少佐　数十年にわたってプリンストン大学で教授を務めた。高等研究所の初期メンバー。第１次世界大戦中に試験場に加わり、弾道学の研究と計算に従事した。試験場の弾道計算プログラムを設立し、第１次世界大戦と第２次世界大戦の戦間期に、その継続を主張した。第２次世界大戦中に弾道研の首席研究員に任命され、ＥＮＩＡＣへの資金提供の最終決定を下した。

まえがき

その白黒写真の中の女性たちを見つめていると、彼女たちは私に何か言いたいことがあるかのように思えた。私はハーバード大学のラモントライブラリという学部生向けの図書館に座り、20世紀にコンピューター業界で中心人物として活躍した米国人女性についての論文を書くため、下調べをしていた。私が知っていたのは、米国海軍のグレース・ホッパー大佐（のちに准将）だけだった。もちろん、そこには、英国の詩人バイロン卿の娘で、19世紀に初期のプログラミング概念に取り組んだエイダ・ラブレースの名もあったが、米国女性史の講座では対象外だった。

その頃、私はコンピューティングを愛する若い女性のひとりだった。そして、他にも同類の人がいるのか知りたかった。大学に入ってからコンピューター・サイエンスを学んでいたが、開講直後のプログラミングのコースでは女性が半分くらいを占めていたものの、直近の授業には1人か2人しかいなかった。もしクラスにもう少し女性がいたら、もっと快適にコンピューティングを学べるだろうと思い、かつてこの道を歩んだ人たちと、彼女たちの業績への興味をかき立てられた。

そこで読書室のテーブルに、コンピューター・サイエンスの百科事典やコンピューター史の本を広げた。しかし、そのどれにも、エイダとグレース以外には女性の名前が見当たらなかった。さらに、プログラミングについての史実も目立って欠けていた。語られているのは、1940年代、1950年代、1960年代の電子計算機の歴史を支配した大型汎用《メインフレーム》コンピューター訳注1を作った人たちと、ハードウェアに関する物語ばかりであった。

しかし、その大型コンピューターとやりとりする方法を開拓した人たちは、どうだったのだろうか。命令コードやプログラミング言語も、1940年代、1950年代、1960年代にさかのぼるが、それらを書いた人たちの物語はどこにあるのだろうか?

ほどなくして、金属で覆われた巨大なコンピューターが写る1枚の白黒写真を偶然目にした。その機械は広い部屋の三面にそびえ立ち、男性4人、女性2人からなる6人を小さく見せていた。写真の中央に男性2人、その右側に制服を着た男性1人を挟んで女性が2人、そして左奥に男性1人が写っている。真ん中の2人の名前だけが記されていた。彼らはJ・プレスパー・エッカートとジョン・モークリー、すなわち「ENIAC《エニアック》」(世界初の電子式プログラム可能汎用計算機)の共同発明者である。それは第2次世界大戦中にペンシルベニア大学(以降、ペン大)で作られた。だが写真に写っている

訳注1……コンピューターの端末に対して中央処理装置を格納した本体を、メインフレームといった。現在は、大量データ処理用の大型コンピューターを、メインフレームコンピューターと呼ぶ。最初の製品は、UNIVAC Iである。

University Archives and Records Center, University of Pennsylvania

他の人たちの名前は、キャプションや添付記事のどこにもなかった。

その画像、特に女性たちの姿を、私は凝視した。彼女たちは若く、第2次世界大戦時の髪型で、フラットシューズを履き、スカートスーツを着ていた。さらにもっとよく見ると、女性たちにはENIACについての知識がある、という印象を受けた。この巨大で、まるで生きていて呼吸をしているかのような機械の横で、彼女たちが資料を読んだりノブを調節したりしているとき、それを熟知していて容易にこなせるように見えたのだ。彼女たちから目が離せなくなった。

私は、コンピューティングに関する知識を次第に身につけてきた。父は新技術を専門にする電気技師だった。彼は、私たちに家庭用の電子機器を買ってくれた。その一つであった初期の計算器は、現在のものに比べれば巨大で不格好なもので、機能も限られていたが、魅力的で楽しく遊ぶことができた。私が知る限りでは、彼は音声合成や音声認識について初めて言及した人だった。父は半導体産業の創業に関する学位論文を書き、電子機器の小型化は今後も続き、世界を変え続けると確信していた。

中学生のときに友人からコンピューターのプログラミングを学ばないかと聞かれ、私は誘いに応じた。そうして、エクスプローラーポスト（キャリア探索を目的とした男女共学のボーイスカウトの支部）に入り、水曜日の夜にはオハイオ州コロンバスの自宅近くにあるウェスタン・エレクトリック社（AT&Tの製造部門）に出かけた。私はそこでBASIC《ベーシック》（1960年代にダートマス大学で発明されたプログラミング言語）を学んだ。やがて、友人が書いたゲームをするようになり、自分でも作った。それはBASICで書いた「マッドリブ」訳注2だった。友達が初めてそのゲームをして、コンピューターが打ち出したおかしなストーリーに大笑いしたとき、プログラミングの虜になったことを実感した。

この古い白黒写真を手に取り、そこに写るENIACの前に立つ男女の姿を見て、私は彼女たちの物語をもっと知りたいと強く思った。そして、さらに詳しく調べるために、より多くの本を確かめたところ、別の写真を発見した。それは、ENIACのすぐ前に立っている2人の若い女性をクローズアップしたものだった。またしても、そこには女性たちの名前はなく、記されていたのはコンピューターの名前だけであった。

訳注2……マッドリブ（Mad Libs）は、空欄を埋めて文章を作る言葉遊びゲーム。

University Archives and Records Center, University of Pennsylvania

私はこの2枚の写真のコピーを取り、担当教授のところに持っていった。担当教授のアンソニー・エッティンジャーは、コンピューターの専門家の国際団体である「計算機協会（ACM）」の前会長だった。

私は彼に2枚のENIACの写真を見せ、「この女性たちは誰なのでしょうか?」と尋ねた。「私は知らない」とエッティンジャー教授は答えたが、「わかるかもしれない人物を知っている」と付け加えた。

彼は私にコンピューター博物館（当時はボストン、現在はシリコンバレーにある）の共同設立者であるグウェン・ベル博士を訪ねるように勧めた。

そのコンピューター博物館はボストンのダウンタウンに位置するミュージアム埠頭の端にあった。長い埠頭を歩いていると、子供博物館や水面に浮かぶボストン茶会事件の船が目についた。そのすべてが訪れるには素晴らしい場所だったが、私は別の目的を持っていた。写真の入ったフォルダーを握りしめ、私はコンピューター博物館の中へと入っていった。

博物館の館長事務所にたどり着いた。50代前半のベル博士は、短めの白髪交じりの黒髪の、明らかに生真面目で手一杯な感じの人だった。私はフォルダーを開き、再びＥＮＩＡＣの前に立つ女性たちの白黒写真を指さした。

「この女性たちは誰なのでしょうか？」とベルに尋ねた。

エッティンジャー教授とは違い、彼女は知っていると答えた。そして、「冷蔵庫レディたちよ」と言った。

私は彼女の言葉に戸惑い、説明を求めた。「冷蔵庫レディって、何でしょうか？」

彼女はあきれたような表情で「モデルのことよ」と答えた。１９５０年代の白黒のテレビコマーシャルで、新型冷蔵庫の扉を華々しく開けるフリジデア[訳注3]のモデルのように、彼女たちはただＥＮＩＡＣの見栄えをよくするために、ポーズをとっていただけなのだ。少なくとも、それがベル博士の所見だった。

彼女はフォルダーを閉じ、私に戻した。追い払われたのだ。

私は、ゆっくりと博物館をあとにした。子供博物館に入ろうと埠頭に並ぶ子供たち、港で揺れるボ

訳注3……フリジデアは、米国製冷蔵庫の商品名。

ストン茶会事件の船、そして真っ青な空が目に入った。しかし、あのベルの言い分はしっくりこなかった。私は以前、大型コンピューターの前に立ったことがある。初めて見たとき、その手のコンピューターは巨大で圧倒的で、とても風変りに感じられた。だが、ＥＮＩＡＣの写真に写っている若い女性たちは、自信に満ちていて、確信を抱いているように見えた。彼女たちはこの巨大なコンピューターが何をするものなのか、なぜ自分たちが写真に写っているのか、その意味合いをしっかりと理解しているように見えたのだ。写真の中の彼女たちは確かにポーズをとっているように見えるが、それは男性たちも同様であった。それにもかかわらず、この男性たちはモデルではない。

埠頭を離れるとき、私は自分に課題を与えた。彼女たちの名前を突き止めよう。１９４０年代のＥＮＩＡＣのこの美しい白黒写真に写るために、彼女たちが何をしていたのか、なんとしても知りたかった。

私は、彼女たちの物語を探す旅を始めた。

コンピューター誕生の歴史に隠れた6人の女性プログラマー

彼女たちは当時なにを思い、どんな未来を想像したのか

大きな扉が開く

その女性たちは2階から階段を下り、大理石の廊下にサドルシューズを押し当てながら粛々と歩いた。電気工学科のムーア校は学生も教授もすべて男性で、女性たちは廊下を歩くときや数人が働いていた微分解析機室まで行く際、野次られたり、じろじろと見られたり、からかわれたりするのに慣れていた。

だが、このときの廊下はひっそりとしていた。ベティ、ジーン、ケイ、フラン、マーリン、ルースの6人は、右に曲がり、両開きの扉の前で立ち止まった。そこには、「立入制限」と書かれた標識があった。この6人は、陸軍の弾道学に基づいて軌道に関する問題をプログラムするように任命された女性で、全員が20代であった。3か月半の間、教室や控室、軍が接収した近くの学生寮で、この扉の向こうにある計算機について把握し、図面を読み込み、パズルを組み立てるように使い方を解明してきた。しかし、自分たちがプログラムを構築するはずの当の計算機を視察する許可が与えられることは決してなかった。このときまで、目にすることすら禁じられていたのだ。

それは１９４５年の11月中旬、日本が正式に降伏してから３か月近く経った頃であった。女性たちの上司ハーマン・ゴールドスタイン大尉が、真剣な表情で厳めしく彼女たちを先導してきた。２階の教室にいた彼女たちは、何の前触れもなく、呼び出されたのだ。

そして今、その大きな扉が左右に開かれた。この３か月余り、彼女たちは紙の上では親しんできたスイッチやワイヤー、ケーブルを動かすことはおろか、見ることができるのはいつかと尋ねることすら、ほとんどあきらめていた。しかし、このときすべてが変わり、教室から出て、広いコンクリートの階段を歩くハーマンに続いて１階に降り、電子数値積算・計算機、つまり45台のユニットからなる巨大なＥＮＩＡＣと対面した。

まるで、写真で見ていた人の顔を初めて見るような気分だった。高さ８フィート〔約２メートル半〕、幅２フィート〔約60センチメートル〕の黒い鉄のユニットが何台も並び、彼女たちを見下ろしていた。ユニット群は巨大なＵの字型に、すなわち左側に16台、底辺に８台、右側に16台と並んでいた。車輪の付いた三つのユニットが部屋のあちこちに不規則に置かれ、残りの２台であるＩＢＭのカード読取機とＩＢＭのカード穿孔機はワイヤーで接続されていた。女性たちは歓喜した。

彼女たちはもっとよく見ようと、30フィート〔約９メートル〕×60フィート〔約18メートル〕の広い部屋を歩き回った。エンジニアが背面から作業できるように、ユニットは壁から離されていた。彼女たちはＥＮＩＡＣの裏側を見るために、数フィート奥に入った。大きな「Ｕ」字を綿密に調べ、各ユニットとそのスイッチ類を観察した。この巨大な計算機が電光石火で割り算し、平方根を計算できることはもちろん、１秒間に５０００回の足し算や５００回の掛け算ができることを知って、感銘を受けた。

空調がうなる中でも、真空管から出る熱を感じ、その低い音を聞くことができた。ＥＮＩＡＣは20万時間以上かけて作られ、50万ドル弱の費用がかかっていた（現在の７００万ドル強に相当）。これまで紙の上では綿密に研究していたが、実際に目の前で見ると迫力のある機械だった。彼女たちは他の人の存在に気づかないほど、すっかりＥＮＩＡＣに夢中になって部屋を歩き回った。

しかしすぐに、上司のハーマン・ゴールドスタインが「われわれは新たな問題に取りかかる」と指示を出し、彼女たちは夢心地から引き戻された。驚異的な機械に目を奪われてしまってはっきりとは認識していなかったが、ふと見回すと、部屋の中にはすでに10人ほどの人々がいた。その中には、ＥＮＩＡＣの若手のエンジニア（計算機の製造者）や、ハーマンの妻で数学者のアデルも含まれていた。彼女は陸軍の仕事を始めた当初、女性たちの何人かに弾道の計算方法を教えていた。また、ニューメキシコの陸軍基地からは、その夏に彼女たちが少しだけ会ったことのあるスタンレー・フランケル博士とニコラス・メトロポリス博士が来ていた。

ハーマンは彼女たちを手際よく他の人たちと組ませ、ＥＮＩＡＣの各ユニットを取り囲むように配置させた。メトロポリスとフランケルは用意してきた小さな紙片を配り、それらはユニットの前面にある金属のスロットにくまなく差し込まれた。

エンジニアたちは、これまで平方数や立方数の表など小さな問題をＥＮＩＡＣでテストしてきた。

しかし、何の説明もなかったが、この新しい問題は機械全体をほぼ使い切るように思えた。皆が次の命令を待つ間、一瞬の静寂が訪れた。

部屋の中央に立ったハーマンが、オーケストラの指揮者のように両手を上げた。その手は、計算機にワイヤーを張り巡らせたり、50ポンド［約23キログラム］のディジットトレイを所定の位置に吊り上げたりするよう、全体の動きを指示することになる。

若い女性たちは、今からまさに、誰もやったことのないことをやろうとしていた。それでも、共有してきた経験が彼女たちを活気づけ、楽観的な気持ちにさせた。3年以上前にチームを組んで探究を始めてから今に至るまで、机に向かって不格好な計算機に数字を打ち込んだり、バラックで「自由討論」を催したり、ペン大構内の無断で借りた部屋で巨大な図面に目を凝らしながらＥＮＩＡＣのユニットを学んだり、いろいろなことをやってきた。その道程と同じように、ＥＮＩＡＣに取り組むのだろう。自分たちが見ることさえ許されなかった計算機のプログラミングを自ら学ぶのだろう。

そして、彼女たちは一緒になってそれをやろうとしていた。

数学専攻の女性を探して

LOOKING FOR WOMEN MATH MAJORS

曇り空の1942年6月2日、「ケイ」こと21歳のキャスリーン・マクナルティは微笑みを浮かべ、フィラデルフィア大司教区の補佐司教ヒュー・L・ラム師から、数学の学士号を授与された[1]。彼女は面長で、輝く眼差しとえくぼがあった[訳注1]。この日は、フィラデルフィアの北西端に位置するウィサヒコン川のほとりにあるカトリック系の女子校、チェスナットヒル大学の卒業式である。ケイは107人の卒業生[2]のうちのひとりだった。

卒業式は屋外のテニスコートの近くで行われ、ロチェスター教区のジェームズ・カーニー司教が主賓挨拶を行った。その日、ケイの親友である「フラン」ことフランシス・ビーラスは、全米カトリック学校記者協会からの賞や学生教師のゴールデンキー賞、さらには「優秀な成績で卒業し、課外活動でリーダーシップを発揮した人に贈る」[3]カッパ・ガンマ・パイ賞など多くの賞を受け取った。ケイは、フランがクラスの中で最も優秀な学生のひとりだと知った。ケイとフランは、学位記を手に家族と対面し、人生の次の章を歩み始めたことを実感した。

当時は、仕事に就こうとする米国の若者にとって、それまでの時代とは勝手が違っていた。同日に行われたペンシルベニア大学の卒業式では、すでに軍に入隊した若者73人に対して不在のまま学位が授与された。フィラデルフィア・インクワイアラー紙[訳注2]は、地域の卒業式の写真の上に載せた見出し「戦時下の世界へ踏み出す学生たち」[4]で、ケイとフランに呼びかけていたのかもしれない。1941年のペンシルベニア大学の卒業アルバム『女子学部生録』は、次のように宣言していた。

> (戦争とは)世界にとって大きな悲しみである……たとえ私たちが積極的に関与していなくても、われわれが生きているのは戦争の世界なのだ。わが国の孤立を望んだとしても、私たちの同情を孤立させることはできない。私たちの目は欧州に向けられ、その銃声はわれわれの心を打つ。卒業生としての成熟は、皆とともにある冷静な思考によって認められるのだ。[5]

ケイとフランは、チェスナットヒル大学で3人しかいない数学専攻者のうちの2人だった。3人目のジョセフィーヌ・ベンソンも、彼女たちの親友だった。ケイが数学を選んだのは、彼女にとってそ

訳注1……キャスリーン(「ケイ」)・マクナルティの面差しは、写真1-1を参照。

訳注2……フィラデルフィア・インクワイアラー紙は、フィラデルフィア地域の朝刊紙。1829年に創刊され、多くのピューリッツァー賞を受賞している。

れが簡単で楽しいものだったからだ。大学に入学してから数日後、指導教官から専攻を聞かれ、最も好きな科目を選ぶよう言われた。彼女は即座に「数学」と答えた。彼女にとって数学は、「努力がいらない。頭を悩ます必要もない。素晴らしいパズルのように、解いていけば必ず答えが出る」[6]というものだった。

大恐慌の時代にチェスナットヒル大学に入学した女性のほとんどは、料理、裁縫、家計などの生活の知恵を学ぶ家政学を専攻していた。実際、ケイ、フラン、ジョセフィーヌの卒業式の数週間前に、チェスナットヒル大学の家政学部は、学校の講堂でファッションショーを開催していた。戦時中だったので、学生たちが着用した百着のガウンは愛国心をテーマにしていた。[7]ケイと同じクラスの若い女性の多くは、学校や病院の栄養士になりたいと考えていた。そして、結婚して子供を持つつもりであった。家政学は栄養士の仕事にも役立つが、それが本来の目的ではなかった。良い主婦になるためには、料理や家庭の切り盛りの仕方をしっかりと学ばなければならなかった。

ケイは、そのような周りの多くの学生とは違っていた。何か重要なこともしたいし、いずれは家庭も持ちたいと考えていた。そして、その二つが両立できないものだとは思っていなかった。

卒業から2週間も経たない頃、彼女はフィラデルフィアのイブニング・ブレティン紙[訳注3]に掲載された「数学専攻の女性求む」という広告を目にした。陸軍が、ペンシルベニア大学電気工学科のムーア校で働く女性を募集しているのだ。仕事の内容はわからなかったが、数学の学位を持つ女性向けの求人が「新聞に掲載される」[8]のは驚くべきことだと思った。戦前では前例のないことであり、数学関連の職（経理や保険数理など）は、新聞の「男性求む」の欄に掲載されていた。数学は、男の仕事だったのだ。「女性求む」の欄にある仕事は、秘書、栄養士、乳母、洗濯婦などだった。[9] ムーア校の求人に関心を持った人は、南フィラデルフィアのサウス・ブロード通りにあるユニオン・リーグ（由緒あるプライベートクラブ）内の募集事務所に出向くことになっていた。[10] ケイはフランとジョセフィーヌに電話をかけ、一緒に面接を受けようと提案した。

しかし、ジョセフィーヌはすでに就職先が決まっていた。そこでケイは翌日、親友のひとりであるフランとともに面接に現れた。

その頃、全米の女性たちは、戦時下の労働力として求められていた。その多くは工業関係の職種についての求人であった。兄弟、いとこ、おじ、父親が兵役を志願したり、徴兵されたりする中、政府・軍部は、工場や農場の空いた職種に女性を雇用する念入りな対策を始めた。

大恐慌の最中は、男女を問わず仕事を得ることは困難であった。失業率は1933年に24・9％に達し、1931年から1940年まで14％以上の水準で推移した。[11] 第2次世界大戦中には、政府はそれまで男性にしか就けなかった職種に女性を雇用するよう奨励し、女性も積極的にそれに応えた。就労する女性の割合は、1940年から1945年にかけて、50％にまで増加した。[12]

訳注3……イブニング・ブレティン紙は、フィラデルフィア地域の夕刊紙。1847年から1982年にかけて発行された。かつては全米最大部数の夕刊紙であった。

国が軍隊に衣服、食料、銃、大砲、航空機、戦車を提供するためには、女性たちが工業生産の仕事に就き、労働に従事せざるをえなかった。のちに「WE CAN DO IT!」というポスターの題材となった架空の女性、リベット打ちのロージーは、1942年の歌の中で初めて紹介された。「雨でも晴れでも一日中／彼女は組み立てラインに欠かせない／彼女は歴史を作っている／勝利のために働いている……（ロージーの）ボーイフレンドのチャーリー／チャーリーは海兵隊員／ロージーはチャーリーを守っている／リベット打ち機で残業している」[13]と歌われていた。ポスターで戦時の仕事へ向けた女性の雇用が盛んに宣伝された。「働く女性が増えれば、勝利が近づく」[14]と。

数百万人もの米国女性が進んでそれらの仕事に就いた。ジープや戦車を製造し、制服を縫製し、食料を缶詰にし、武器や弾薬を製造した。また、国内外を問わず、人々を慰め、楽しませ続けた戦時中の映画の製作にも関わった。ノーマン・ロックウェルの絵《ロージー・ザ・リベッター》（青いオーバーオールを着た若い女性が片手でサンドイッチを持ち、膝の上にリベット銃を置いている姿を描き、1943年5月のサタデー・イブニング・ポスト誌訳注4の表紙に掲載された）は「大評判」となり、ポスト誌は戦争の残りの期間中、戦時債券募集のため、その絵を米国財務省に貸与した。[15]

戦争による経済的な動員は、伝統的な「男」と「女」の仕事の境界の多くを変えた。戦車の製造や航空機の修理など、それまで男性に限定されていた仕事が、女性的で魅力的な仕事として再認識され、差し当たって、女性が歓迎された。[16]

一方、この戦争は産業に従事する労働者の急増とは別に、工学、科学、数学の分野で大学教育を受けた女性の活躍の場を大きく広げていった。そのため、ケイのような女性たちは、まるで自分たちのために書かれたかのような求人を目にするようになった。

労働省の女性局は、新たな機会を宣言した。

科学と工学の分野において、戦時の仕事の機会がある。他の場所と同様に、「女性求む！」という標語を見つけられるだろう。[17]

数学の学位を持つ女性は、連合国が戦争に勝利するのを助けられる望ましい人材であった。

ケイがイブニング・ブレティン紙の求人広告を見てから数か月後、軍需産業の指導者と女子大学の責任者がワシントンＤＣの米国大学女性協会支部に集まり、軍事上必要とされる専門的な業務への大卒女性の勧誘を加速するための方策について話し合った。[18]この会議で、軍需生産委員会のウィリアム・バット副委員長は、フィラデルフィア・インクワイアラー紙に対し、「この戦争に勝つということは、とてつもなく重要で極めて深刻な仕事であり、軍隊が必要とするあらゆるものの需要は途方もない」、「女性たちが工場や商店で、男性と同じように、また多くの場合、はるかに優れた仕事ができ

訳注４……サタデー・イブニング・ポスト誌は、１８９７年創刊の雑誌。１９６３年まで毎週発行されていた。https://www.saturdayeveningpost.com/

る」ことを実証していると述べた。彼は米国女性の戦時活動は、ソビエト連邦や英国の女性の勢いにはまだ達していないものの、そうなる可能性はあると述べた。[19]

数十年もの間、大学教育を受けて高い技能を持つ女性たちは、資格があるにもかかわらず、高収入の仕事から遠ざけられていた。しかし、今や彼女たちは恨みを抱くことなく、必要とされればどこにでも積極的に加わっていったのである。

さて、ケイとフランがユニオン・リーグ内の事務所に行くと、陸軍の採用担当者がそこにいて、早速数学の素養について聞いてきた。「微積分はやったか？」

ケイは「はい」と答えた。

「物理は？」

「やりました」

「君はまさに我々が必要としている人材だ」と彼は言った。

「私たちはその場で採用されました」とケイは振り返った。[20]

彼女は幸せだった。卒業からわずか2週間で就職先が決まったのだ。いつの時代の卒業生にとっても珍しいことだが、当時の情勢を考えるとなおさらだ。こうしてケイとフランは、１９４２年7月1日にムーア校に出向くことになったのである。[21]

§

このケイは、「湖に囲まれた」という言葉に由来する地、クリーズ・ラフで誕生した。そこはアイルランドの北西部ドニゴール県に位置し、父の親族が1804年から住む土地でケイは生まれた。彼らの所有地は160エーカー［約65ヘクタール］あり、クロッケーティーの丘の頂上やその近くの湖から海まで続いていた。[22]

ケイの父ジェームス・マクナルティは7人兄弟の末っ子で、幼い頃に両親を亡くしている。兄のひとりは米国へ渡り、石工になるために学んでおり、ジェームスには同じく米国に移住した3人のおじがいた。ジェームスは、自分も石工になるために、フィラデルフィアで3年間の修行をすることに決めた。

見習い期間中、ジェームスはフィラデルフィアでアイルランドの政治に積極的に参加し、アイルランド義勇軍［訳注5］の一員となり、部隊を教練する方法を学んだ。その組織は、銃や弾薬の資金を集め、アイルランドに戻って英国を追い出すための訓練を行った。彼はまた、アイリッシュ・ステップダンスのチャンピオンであり、多くのメダルを獲得した。1915年に、ジェームスは腸チフスにかかり、療養のためにアイルランドに帰国した。[23]

ジェームスとアニーは、1917年2月にマクナルティ家の農場で結婚した。1918年には、長

訳注5……アイルランド義勇軍は、1913年に設立された非正規軍事組織。独立戦争開始後（1919年）は、IRA（アイルランド共和軍）と名乗っている。

男パトリックが誕生した。その1年後に次男のジェームス（ジム）が誕生し、2年後の1921年2月12日にケイが生まれた。

ケイが誕生したその夜、父ジェームスが逮捕された。彼はある橋梁を爆破し、潜伏していた一団とともにいた。アニーの出産が迫っていることを知ったジェームスは、出産に立ち会うために家に戻った。「母と祖母の名をとってキャスリーンと名付けよう」と言ったそのとき、ブラック・アンド・タンズ（王立アイルランド警察訳注6がアイルランド独立戦争中に臨時的に雇用した英国人）に逮捕されたのである。同じ日の夜、多くのアイルランド人が逮捕されたが、橋でジェームスと一緒にいた男たちのほとんどは捕まらなかった。彼に対する起訴も裁判もないまま、彼はデリー監獄の独房に2年間監禁されていた。裁判にかけられたときには罪状もなく、釈放された。[24]

1923年に出所したジェームスはアイルランドで暮らそうとしたが、新しいアイルランド自由国（1922年12月に英愛条約によって成立）では生活できないと判断した。そこで彼は米国に戻り、家族を呼び寄せることにした。そして、フィラデルフィアの北西部にあるチェスナットヒルという、並木道が美しく成長著しい郊外に、土地の購入と家の建築を行う開発会社を兄とともに設立した。

ジェームスが自宅を建てている間、妊娠していたアニーはアイルランドでケイの妹アンナを出産した。1924年10月、アニーと子供たちは米国へ向けて出航した。ジェームスはニューヨークで彼らを出迎え、フィラデルフィアのウィンドムア地区にある家具付きの新居に連れていった。[25]

米国にやってきたとき、ケイは3歳で、ゲール語しか話せなかった。しかし、兄たちが持ち帰った学校の本からすぐに英語を覚えた。英語がうまくなるにつれてアイルランド訛りは消えたが、外から帰ってきて家の戸口をまたぐと母語に戻った。[26]

次の妹セシリアが生まれた後、マクナルティ家はチェスナットヒルのハイランド街にあるもっと大きな家に引っ越した。6歳半で生徒のほとんどがアイルランド系の地元のカトリック系小学校に通い始めたケイは、算数が得意で学齢よりも進んでいた。ある日、先生が「今日は10まで数えることを教えます」と言った。ケイは立ち上がって、もう50まで数えられると言うと、先生は「あなたはここにいる必要がないわ」、そして「家に帰ってもいいわよ」と言った。ケイは学校から出ていった。[27]

先生は笑いながらブロックを走って追いかけた。「冗談よ！　ここにいていいの！　数え方以外のことも教えてあげるから」と先生は大きな声で言った。3年生の後半になると、ケイは4年生に進級した。学校でのすべてが楽しく、帰りには図書館で本を借りていた。時には、銀行の前の階段に座って、他の子供たちに、本や自分の空想から生まれた物語を話して聞かせることもあった。あまりに遅くなると、母親のアニーが男の子をひとり送って、彼女を家に帰らせたものだった。[28]

夜の宿題の時間には、ケイは兄たちの数学の宿題を手伝った。[29]　その結果、彼女は数学の各科目を履修する時期より少なくとも1年早く学ぶことになった。

訳注6……王立アイルランド警察は、元来イギリス政府の末端として、アイルランド人がアイルランド人を取り締まるための組織。イギリス政府はＩＲＡに対処するのは警察の任務であり、軍ではないという立場であった。

周りの人たちも彼女の数学の才能に気づき始めていた。近所の商店では、二人姉妹の店主が、購入したものを紙袋の裏に鉛筆で集計していた。ケイは姉妹が書き出すよりも早く、すべての値段を暗算することができた。感心した姉妹のひとりが「大人になったら数学の先生になりなさい」と言った。[30]ケイはその褒め言葉をずっと覚えていた。

ケイは幼少期からちょっとした機械装置に興味津々だった。彼女の母親は、アイロンがけしている最中にプラグがアイロンから取れてしまったとき、ケイにドライバーを渡して直させた。16歳になると、兄たちと同じように車の運転も覚えた。近所で運転免許を持っている少女は彼女だけだったが、誰も気にしなかった。[31]

さて、住宅開発市場は1929年の株式市場の暴落で干上がってしまい、ケイの父ジェームスはフィラデルフィアやワシントンDCにおいて有名な建築家、ジャック・ケリーのもとで働くようになった。1930年代後半から1940年代にかけて、ジェームスはジェファーソン記念館やペンタゴンの建設チームの一員として、ワシントンで多くの仕事をした。家に帰るのは隔週だった。[32]ジャックの娘グレース・ケリーはケイより数歳年下で、映画スターになり、のちにモナコ公妃となった。彼らは生涯にわたって友人であった。

マクナルティ夫妻は活発な社交生活を送り、ふたりともダンスが大好きだった。カトリック教会のダンスパーティに参加したり、ケリー家のパーティーに家族を連れていったりした。ジェームスが週末に帰ってくると、フェアマウント公園のウィサヒコン川でカヌーに乗るなど、いつも遠出を計画していた。毎年のジョン・バリー・デー（独立戦争時代のアイルランド系米国人の大陸海軍将校で、「米国海軍の父」と呼ばれた提督を称える日）には、一家はそろって独立記念館で行われる祝典に出かけた。[33]

アニーは娘たちにアイルランド式のかぎ針編み、アイルランド式の刺繍、編み物、テーブルセッティング、テーブルマナーなどを教えた。ケイはパイを焼くことを覚え、母の裁縫を見て自分で服を作ることに興味を持つようになった。[34]

初等中学校を卒業する際、ケイは皆勤賞を受賞した。また、成績や字の美しさでも一等賞をもらった。彼女は生徒数4000人のジョン・W・ハラハン・カトリック女子高校に入学した。学校は自宅から1時間半ほど離れた場所にあり、路面電車や地下鉄、徒歩で通学した。彼女は新聞部に所属し、病気を患った母アニーの介護のために欠席した1年間を除いて優等生だった。[35] 数学、ラテン語、フランス語、理科、生物学、化学に加えて、代数、平面幾何、高等代数、立体幾何、三角法といった、学校の全数学課程を学んだ。[36]

1938年にハラハン女子高を卒業したケイは、多くの同級生がそのまま就業し、低賃金で、デパートあるいは口述筆記やタイピングなどの秘書の仕事をしているのを目にした。カレッジに通う人は、教師になるために「師範学校」と呼ばれる2年制のカレッジを選ぶことが多かった。しかしケイは4年制大学を希望し、自宅から数マイル［約3キロメートル］の距離にあるチェスナットヒル大学から奨学金の申し出があると、それを受けた。

チェスナットヒル大学は立派な赤い小塔がある美しい石造りの外観で、フィラデルフィアの西側の丘の上に建っていた。1924年にカトリック系の4年制女子リベラル・アーツ・カレッジとして開校した。当初はマウント・セント・ヨゼフ・カレッジと呼ばれ、聖ヨゼフ修道女会が運営していたが、ケイが入学した1938年に改称された。

ケイは当時「大学代数」と呼ばれていたもの（現在の微積分学の準備コース）を履修し、球面三角法、積分法、微分法、微分方程式と続けて修めた。さらに、幾何学や天文学も学び、2年間だけ物理学を学んだ。[37]

§

一方、ケイと並んで成績優秀者だったフランシス・ベロニカ・ビーラスは、1922年3月2日、フィラデルフィアで5人姉妹の2番目として生まれた。父親のジョセフはユーゴスラビア出身で、フィラデルフィア教育委員会の地区エンジニアとして52棟の校舎を管理していた。母親の旧姓アンナ・ヒューズは小学校の教師で、娘たちが成長した後、再び教職に復帰した。[38]

フランは1938年1月、16歳でサウス・フィラデルフィア高等女学校を卒業した。ケイと同じく彼女もチェスナットヒル大学の奨学金を得ていた。[39] 通学には片道1時間半かかった。フランは集中力があり、賢く勤勉で、腰の下まで届くほど長い髪を頭の上で編んでいた[訳注7]。チェスナットヒル大学では数学を専攻し、物理学を副専攻した。[40] 彼女は生真面目で、本好きで内向的な性格だった。ケイとは仲が良かったが、彼女は一対一で会話するのを好み、社交的な気質ではなかった。

フランは数学の教師を志して、サイモン・グラッツ高校で教育インターンシップに参加した[41]。1925年に建てられたグラッツ高校は、20世紀のフィラデルフィアの学校教育に大きな革新をもたらした市民リーダー、サイモン・グラッツにちなんで名付けられた。

数学クラブでは、フランとケイ、そしてジョセフィーヌが親しくなり、大学に通う多くの学生が利用できる「通学生ラウンジ」で一緒に勉強をしたり、おしゃべりしたりして過ごすことが多くなった。ケイは大学の書店でも働き、学内のほとんどの人と顔見知りになった。彼女はそこで人気があり、皆に好感をもたれていた。また、仲間の学生たちが棚から必要なものを見つけるのをいつも熱心に手伝っていた[42]。

大学卒業も近づき、ケイは数学の専攻に加え、経営学を副専攻し、会計、財務、金融などの科目を履修することにした。彼女は保険業などの事務職に就きたいと考えていた[43]。1940年の国勢調査では事務職に占める女性の割合は54%であったが、1950年には62%にまで上昇した[44]。1941年の夏、ケイは大学4年生になる前、米国の国際戦争参戦への影が迫る中、夏の仕事を得るために職業紹介所に出向いた。すると求人係から、簿記の職に空きがあると紹介された。ケイはできると答えたが、実は会計の授業で簿記はあまり詳しく教えられていなかった。その日は金曜日で、仕事は月曜日の朝から始まる。図書館で簿記に関する本を片端から借りて、週末にできる限りのことを学習した。月曜

訳注7……フランシス・ベロニカ・ビーラスの面差しは、写真1-2を参照。

日の朝になると、彼女は職場に現れた。[45] にわか仕込みは功を奏したようで、彼女は採用され、夏の間そこで働き続けることになった。

米国は、表向きでは第2次世界大戦に参戦していなかったが、１９４１年には陸軍が大々的に兵の募集を始め、ケイの兄パットとジムは海軍に入隊した。パットは発明家志望だったが、国を守るために自分の役割を果たしたいと思っていた。１９４１年12月7日の朝、日本海軍がハワイの真珠湾海軍基地に奇襲攻撃をしかけたことで、ケイの生活、そして国民の生活は一変した。日本軍の３５３機もの戦闘機、攻撃機、爆撃機が基地を襲ったのである。海軍の8隻の戦艦はすべて被害を受け、そのうちの4隻が沈没した。マクナルティ家の人々は、チェスナットヒルから旅立ち、真珠湾で命を落とした若者たちと親交があった。彼らには有望な未来が開かれていたはずだった。[46]

この攻撃は、すべての米国人に衝撃を与えた。その翌日、フランクリン・D・ローズヴェルト大統領は、ケイをはじめ多くの人々が聴いたラジオ演説で、12月7日を「屈辱の日」とし、米国の参戦を宣言した。この日から、米国は太平洋とヨーロッパの二つの戦線で戦うことになった。

フィラデルフィアは、ほぼ一夜にして変貌を遂げていた。戦前は世界恐慌の影響で失業率が高く、工場も空っぽだった。しかし、１９４０年6月にフランスがドイツ軍に占領されると、ローズヴェルト政権の再軍備計画が開始され、政府による必需品や軍用品の注文が殺到したため、フィラデルフィアの経済は活性化した。フィラデルフィア大都市圏は、すでに海軍造船所、兵器庫、多くの大学などを有していたため「民主主義のための兵器庫」として知られるようになった。[47] 北、南、西から男女が集まってきた。

真珠湾攻撃の頃には、フィラデルフィアの産業は繁栄を取り戻した。デラウェア川が市内を流れ、市と大西洋をつなげている。1801年に建設されたフィラデルフィア海軍造船所では、1939年には数千人ほどだった従業員数が、ピーク時には5万8000人まで増加した。1944年には近隣のケンジントン、カムデン、チェスターの造船所で15万人以上の労働者が働くようになり、デラウェア川で建造された船舶は重要な貢献をした[48]。

戦時中の活動を支援するための仕事は、誰にとっても第一優先であった。第二となるのは、各地のキャンプや施設にいる兵士や水兵を盛大に歓迎し、彼らのためにダンスパーティーを催すことであった。その多くは、市庁舎近くの「音楽アカデミー」の地下にある「ステージドア・キャンティーン」という大きなダンスフロアで行われた。若い兵士たちが訓練中の基地からバスでやってきて、そのダンスフロアで地元の若い女性たちと出会い、軽快なスイングやゆっくりとしたロマンチックなフォックストロットを踊った[49]。

長時間労働や兵士の接遇がないとき、人々は自宅で熱心にニュースに耳を傾けた。多くの家族はCBSニュースでエドワード・R・マローのロンドンからの雑音が交じる戦況放送を聴くために、ラジオの周りに集まった[50]。1940年にドイツ空軍がロンドンを夜ごと電撃的に攻撃し、英国海軍がそれを押し戻すために戦っている中、英国市民が爆撃されたことを知った。耳をつんざくような爆発音と、英国の人たちの頭上をすれすれに低空飛行するドイツ空軍機の音を聞いて、米国は文化的に近い海外の隣人を助けようと活気づいたのである。

さて、「屈辱演説」からちょうど6か月後、ケイとフランはユニオン・リーグに行き、メリーランド州アバディーン性能試験場（以降、試験場あるいは性能試験場）にある陸軍弾道研究所（以降、弾道研）に採用されたのである。彼女たちの役職は、ムーア校にある陸軍のフィラデルフィア計算班であり、肩書きも同じ、計算手補佐《アシスタント・コンピューター》だった。

「計算手《コンピューター》」という言葉は、17世紀には暦で時間を管理する人たちを表す言葉として使われていた。天文学者のマリア・ミッチェルが米国沿岸測地局で働いていた１８６０年代後半には、「計算をする人[51]」という意味で使われていた。

フランとケイの文官職としての給与は年間１６２０ドル（現在の約2万７０００ドル）だった。等級は「ＳＰ－４」である。[52] ＳＰとは、専門職補助または科学職補助の略で、専門職や科学職の職員の業務に「従たるもの、あるいは準ずるもの」という意味で、１９２０年代から存在する職務区分である。[53] しかしこれは誤った名称である。なぜなら、これらの職種は明らかに専門職であり、数学や科学の素養が要求されるからだ。それでも陸軍は、若い女性たちが国のために役立ちたいと強く願っており、等級について異を唱えることはないだろうと考えていた。ルールは簡単だった。プロフェッショナルの「Ｐ」ランクは、男性にしか与えられなかった。[54] 突き詰めれば、ハーバード大学で博士号を取得した天文学者でさえも、女性はＳＰに区分されることになっていた。[55]

１９４２年６月の霞がかった日にユニオン・リーグから出てきたケイは、自分の等級について異を唱えない女性のひとりであった。実際、彼女は新しい仕事を喜んでいた。数学のスキルという自分の持つ最良の能力を発揮して、陸軍のプロジェクトに協力することになったのだ。しかも、秘書が通常もらう給料の倍以上となり、そんなに稼いでいる人を他には知らなかった。彼女の仕事は機密扱いだったため、ムーア校での初日を迎えるまで重要な疑問に答えをもらえなかった。計算手補佐というのは、いったい何をする仕事なのだろうか？

異質な存在

1942年7月1日、ふたりの学士［ケイとフラン］は、初出勤日を迎えた。南33番通りにあるムーア校校舎の正面入り口から玄関へ行き、さらに6段の階段を上がってロビーに入り、2階の教室へと向かった。ペンシルベニア大学では、1850年代半ばに工学部のプログラムを開始していたが、機械・電気工学科が設立されたのは1893年のことだった。1923年に電信、電話、電気用の高品質な電線を作って財を成したアルフレッド・ムーアから遺贈を受け、ペン大は電気工学科ムーア校と改称した。

ペン大はムーアの資金で、33番通りとウォルナット通りが交差するあたりにあるハワード・E・ペッパー・ビルを購入し、教室、研究室、オフィスなどに改装した。1926年にムーア校はそこへ移転し、フィラデルフィアの発電・配電に携わる工学者の需要の高まりなどに応えて発展していった。さらに同校は、ムーアの遺志によるひとつの要求を特に堅持した。ムーアは、新しい学校には男子学生のみを入学させることを希望し、実際に女性の学生や教職員は1950年代までいなかった。

ムーア校は優れた学校と見なされていたが、元フィラデルフィア・インクワイアラー紙の科学担当編集者ジョエル・シャーキンは、「ＭＩＴの陰に隠れ」、評判は高いが、科学分野の人々からの社会的名声を得ていないと評した。[2] ムーア校は大学内の小さな独立した学校のようなもので、学生の数は大学院生を含めて約１００人、教授の数は十数人だった。[3]

１９４２年6月、米国が戦争に突入してから7か月後、ケイとフランが雇われる数週間前に、ムーア校のハロルド・ペンダー学部長と弾道研のレスリー・サイモン大佐は、サテライトの「計算グループ」設置を含む、ムーア校におけるさまざまなプロジェクトでの戦時協力について会議を開いた。[4] 当時の「計算グループ」とは、電気機械式の卓上計算器を使って方程式を計算する人たちのことである。

文官職として働ける数学の素養をもつ男性がほとんどいなかったので、彼らはムーア校が女性を雇用して弾道研を支援することについて検討した。レスリーは最初のグループとして35人ほどの採用を希望していた。弾道研にはすでに確立された計算グループがあり、彼はその職員の一部を派遣して、新入職員の訓練をさせるつもりだった。

レスリーとハロルドは、ムーア校がフィラデルフィアという全米で最も大学が密集している場所にあることから、申し分のない土地であることに同意した。こうしてムーア校の門は、専門職の若い女性たちに対して初めて開かれたのだ。

§

1942年7月、ケイとフランはいつでも仕事を始められるという心づもりでムーア校に着任した。廊下ですれ違う若い男性たちは彼女たちを見て、こんな若い職業婦人たちがこんなところで何をしているのだろうと思った。彼女たちは異彩を放っていた。

フランとケイは2階の教室で、計算プロジェクトの一員である8人の女性と数人の男性が机に向かい、大きくて不格好な金属製の機械式卓上計算器を使って計算しているのを見かけた。[5] 計算のために用いる機械式計算器は加算機より高性能だが、操作が複雑だった。歯車が交錯して、単一の足し算や複数回の足し算（掛け算）をする。使うには、「カチッ」という小さな音をさせて、正面の持ち上がったボタンを押して数字を入力する。1930年代には演算に必要な歯車を専用の手回しクランクで回していたが、1940年代前半には電気で回すようになった。歯車を回すと、耳障りな大きな音がする。卓上計算器は重くて高価なもので、現在の価格にすると1台で何千ドルもした。

「この軌道の計算をするのだと言われたのです」とケイは振り返る。弾道学に基づいて軌道を計算する（以降、弾道計算）方法を知っているかと聞かれ、チェスナットヒル大学の授業では習わなかったので、知らないと答えた。[6]

すると、「スカボローという著者の厚くて良い本がある」と、ひとりの男がそれをドスンと置き、「ここに数値積分の章がある。この章を読めば、どうすればいいかわかるはずだよ」と言った。

ケイはのちに、彼女とフランは「あの章を読んでも、相変わらずバカでした」[7] と、彼女らしい自虐的な表現で語っている。

それは『Numerical Mathematical Analysis（数値的数学解析）』訳注1というＪ・Ｂ・スカボロー博士の分厚く無味乾燥な専門書で、彼女たちが知りたかった事柄とはほど遠かった。すでに博士号をもつ他の数学者に向けたものであり、数値解析と呼ばれる高度な計算方法を学ぼうとする数理系専攻の学生を対象にしたものではなかった。彼は、「数値解析」は特殊な技術であり、大学院では教えられているものだが、学部生のカリキュラムにはまだ含まれていないこともよくわかっていた。

幸いなことに、チームの監督者であるライラ・トッドがふたりの面倒をみてくれた。「彼女はとても辛抱強い人でした。そして、私たちに軌道計算の仕方を教えてくれました」[8]とケイは言う。彼女とフランは、卓上計算器にさえ慣れていなかった。「だから、卓上計算器も数値積分も軌道も一挙に覚えました」とケイは振り返る。

このライラ・トッドは発動機のような女性だった。１９４１年にテンプル大学を卒業した彼女は、１６００人の卒業生の中で唯一の女性数学専攻者だった。テンプル大学の数学科の学部長にさえ、別の専攻を選ぶように言われた。しかし、彼女はそれを貫き通した。[9]

大学卒業後、ライラはデラウェア州ウィルミントンにある世界最大級の化学会社デュポンの技術部に入社した。そして、１９４２年３月には弾道研で働き始めた。弾道研では射表部門で働いていたが、

訳注1……スカボローの当時のテキストは初版（１９３０年）。このテキストは第６版（１９６６年）まで改訂されたが、初版からルンゲなどの古典的な数値計算法に加え、確立の途上にあった現代的な数値解析の内容が少しずつ取り入れられている。

ポール・ギロン大尉から、新たに採用する見込みの多くの女性計算手《コンピュータ》を監督するために、ムーア校へ行くよう命じられた。

この期間、ライラはフィラデルフィア計算班の監督官であったにもかかわらず、陸軍の文官職として「専門職補助」、つまりSPの格付けを受けていたのである。彼女はのちに、「(弾道研の)行政官は、どんなに高い学歴を持ち、何人もの部下を監督していても、女性が専門職の格付けを持つべきだとは考えていなかった[10]」と語っている。

ライラは、同僚のウィラ・ワイアットとともにムーア校に移り、それぞれがチームを担当した[11]。彼女たちはチームの計算手に、弾道計算のための別々のシートを毎日配布した。そのシートには、距離、湿度、風、横風、空気の密度、砲弾の重さ、気温など、各計算式の変数を表す列と数値が書かれていた[12]。

ケイとフラン、そして他の計算手たちは、片側に卓上計算器、その反対側には軌道シート、手には鉛筆を持ち、時間のかかる計算作業に取りかかる準備をして、各自の机に座った。

それぞれの大きな白い紙の上端には、大砲の種類や弾丸の種類とあわせて、計算する軌道の名称が書いてあった。ケイとフランは次々に計算の列を付け加えながら、徐々に行を片付けることを覚えた。

各々の数値を打ち込み、与えられた計算に従って加減乗除をするために、卓上計算器を使った。これらの数値は、使用する大砲の種類、砲弾の速度や重さ、気温など、さまざまな因子を表している。

この計算を通じてケイとフランは、砲弾が上空で弧を描きながら着実に前に進み、最後に爆発するまでの過程を描いていたのである。

卓上計算器は使い勝手が悪かった。例えば、ケイが1万を6倍しようとすると、答えが出るまで「ひとつの小さなレバーを6回」押し続けなければならない。それは時間のかかる処理だった。しかし彼女は、「手で掛け算するよりはまし」[13]だと認めていた。

どうしても数字の打ち間違いや計算結果の写し間違い、誤ったキー操作による計算間違いなどのヒューマンエラーを起こしやすかった。ケイとフランは自分の仕事を見直し、間違いがあれば戻って計算し直す方法を学んだ。機械が故障することもあった。計算の途中で計算器が止まってしまい、すべてのデータを再入力しなければならないこともあった。[14]

たった1本の軌道を計算するだけで30～40時間はかかった。ケイやフランたちは勤務時間が終わるとシートをライラに渡し、彼女はこの軍の機密書類を一晩中金庫にしまっておく。そして、次のシフトのときに、ライラはそれを返却する。このパターンを、仕事が終わるまで毎日繰り返した。ある計算手が仕事を仕上げると、完成したシートを上司に返し、いつ終わるとも知れない、積み上げられたシートから新しいものを取ってくる。およそ40秒以内で目標に到達する砲弾のための作業量は大変なものだった。

当初からケイとフランは女性だということで、自分たちがムーア校の中では風変わりな存在であることを自覚していた。ケイは、「(女性がそこに居ることが)若い男子学生たちにはとても奇妙なことだったのです」と語った。彼女たちがすでに大学を卒業して少し年上だったにもかかわらず、若い男子学生たちは「私たちが何者なのか確かめたかったのです。そこでは異質な人間だったのです」。彼らは女性たちを悩ませるための子供じみたいたずらに手間を惜しまなかった。例えば、ケイは1階の水飲み場で水を飲もうとする際、工学部の学生が付いてきて、蛇口をひねり、水位を上げてケイに水をかけてくるだろうといつも身構えていた。その学生は、イエローストーン国立公園の有名な間欠泉になぞらえて、「オールド・フェイスフルのような水を顔で受けたね」と軽口をたたくのだ。また、男子学生たちは、ケイの言葉を借りれば「彼らに煩わされずに顔を洗う」女性たちを見ながら聞こえるように、品のない冗談を言って楽しんでいた。[15]

NESTLED IN A CORNER
OF THE BASE

基地の片隅に佇んで

背後で陸軍フィラデルフィア計算班の糸を引いていたのは、アバディーン性能試験場と呼ばれる大きな陸軍基地の一角であった。

ケイとフランが仕事を始めたとき、ムーア校が陸軍のフィラデルフィア計算班を受け入れてから、わずか数か月しか経っていなかった。当時このプロジェクトは、性能試験場の弾道研から移転してきたばかりだった。「性能試験場（Proving Ground）」とは、軍が武器や軍事戦術などの技術を実験・検証するために開発した土地の区画を表す言葉である。米国が第1次世界大戦に参戦した直後の1917年8月に、米国議会は試験場を設立した。[2] それはフィラデルフィアとボルチモアの間に位置するチェサピーク湾に突き出した6万9000エーカー［約2万8000ヘクタール］の土地にあった。

1918年1月、試験場は野戦砲を含む兵器のテストを開始した。その基地の一角には、弾道学、すなわち大砲を遠くの標的に命中させるための方法を研究する数学者たちが佇んでいた。

かつて卓越した砲手には、風を確かめ、距離を見極め、火薬を選び、大砲を撃つことが求められた。

運が良ければ、敵にやられる前に敵の船や兵隊に命中させることができる。そのため、砲術係の腕に現場の安全と生存がかかっていた。しかし、第1次世界大戦中の兵器技術の革新によって、よりチームワークを重視した大砲の撃ち方が必要とされるようになった。

新型の大砲は、砲手が自分で見ることができないほど遠くまで撃つことができる。距離は5〜10マイル［約8〜16キロメートル］が主流であった（例：75MM榴弾砲）[3]。そのため、敵陣の位置を確認したり砲兵大隊の標的を見つけたりするために、徒歩や航空機で測定する前方監視員を含むチームが設立された。それは危険な仕事であった。テディ・ローズヴェルト大統領の息子クエンティンは、第1次世界大戦中、パイロットとしてこの任務に就いていた。彼は大戦中に戦死した多くの若者のひとりだった。

勇敢な前方監視員やパイロットは、野戦電話や仲間の兵士、あるいは犬や伝書鳩（伝書鳩は95％の成功率だった）訳注1に結ばれたメッセージによって、目標情報を大隊に伝えた。[4]

しかし、射撃の成功に欠かせない情報は距離だけではなかった。標的が何マイルも離れている場合、その場の天候も軌道に影響を与える。例えば、18ポンド［約8キログラム］の砲弾を5マイル［約8キロメートル］先まで撃つとしたら、風や雨、気温も弾道に影響を与えうる。アメリカン・フットボールの名クォーターバックが、スタジアムの横風やワイドレシーバーまでの距離を判断してロングパスを投げるように、砲手は狙いを付けて大砲を撃つ際に戦場の状況を計算に入れる方法を必要としていた。

陸軍は大砲の軌道についての方策を立てるために、数学者オズワルド・ヴェブレン（偉大な社会学者ソースティン・ヴェブレンの甥）を採用した。ヴェブレンはシカゴ大学で数学の博士号を取得し、1905年からプリンストン大学の数学科の教授を務めていた。[5] 陸軍は彼のために小さな研究部門を作った。[6] 彼らの主な任務は、「数学が陸軍の大砲の照準を合わせるために役立てる方法はあるか」という問いに答えることだった。

ヴェブレンは米国の大砲を強化する方策を陸軍が見いだすというアバディーン性能試験場の全体的な目標に合意した。当時、兵器産業は欧州が最先端を進んでいて、米軍は主にフランスや英国の火器を使用していた。[7] 米国はまだそのような高精度の部品を製造する産業としての能力と品質を備えていなかったが、試験場の人々はこの状況を変えることに専心していた。彼らは次の戦争を念頭に置いて、米国製の新型大砲などの武器やそれらを支援する道具の開発・実験に力を入れるようになった。

ヴェブレンのプログラムの目的は明確だった。それは、砲弾が大砲の砲口を離れてから標的に命中するまでの軌道を計算することであった。これは簡単な問題ではなかった。ヴェブレンは、協力者としてシカゴ大学のギルバート・A・ブリス博士をはじめとした友人や同僚を指名した。[8] 数学の教授であったブリス博士は、「弾道学の数学的理論」と呼ぶ、風の流れ、気温、速度、重量などの軌道上の小さな変化が発射体（砲弾など）へ及ぼす影響に関する特殊な領域の開拓に貢献した。[9]

訳注1……第1次世界大戦での通信手段については、巻末「原注」内の4を参照。

このヴェブレンたちの研究から生まれた微分方程式は、大砲の精度と命中率に革命を起こした。遠くの標的に命中させるために、砲手がどのような角度で砲を構えればよいか、確実にわかるようになったのである。それは彼らが求めていた最高の答えのように感じられた。しかし、小さな問題が一つだけあった。

このような複雑な計算は、戦場において砲手が自分でできるはずがなかった。計算には多くの時間がかかるうえ、一般的には高度な数学の知識を持った人によって行われる必要があった。しかも、戦場で遭遇するさまざまな気象条件を想定して、一回だけでなく何千回も計算しなければならない。風、雨、雪、横風の強弱、気温の寒暖などをすべて事前に計算し、「射表」、すなわち戦闘中に砲兵隊が大砲の正しい角度を素早く確認するための参考表としてまとめておく必要があったのだ。

当時はこのような計算ができる機械はなく、微分方程式について大学院生レベルのスキルを持つ人でなければ、このような計算はできなかった。ヴェブレンは、シカゴ大学やプリンストン大学で数学を専攻した優秀な若者を集め、手計算で弾道計算を始めた。

1918年11月に第1次世界大戦が終わると、ヴェブレンはプリンストンに戻り、依然として自分が始めた仕事を続けることに専念した。「すべての戦争を終わらせるための戦争」の後、米国をはじめ各国が軍備を縮小して予算も削減されたが、彼は陸軍の射表の研究を継続するための資金を確保するために闘った。[10] 欧州を訪れ、ドイツにさえも足を運び、欧州の人々がどのように弾道研究を行い、弾道計算を行っているかを学び、その結果を試験場に助言し続けたのである。

その間、陸軍は新型の大砲を開発し、ひいては「大砲の主力」と呼ばれる１０５ＭＭ榴弾砲と、「ロングトム」の愛称で呼ばれる、より大きくて重い１５５ＭＭ榴弾砲を備えるようになった[11]（ロングトムはフランスの榴弾砲「グランドピュイアンス」を大いに取り入れている）。それぞれの兵器には専用の射表が必要であり、ヴェブレンは自分の計算チームに与えられた人員の少なさに異議を唱え続けていた。

１９３５年、試験場はこの数学的研究のために研究部門を設立し、１９３８年には弾道研究所という新しい名称を与えた[12]。１９４１年に米国が第２次世界大戦に参戦すると、弾道研は弾道プロジェクトと射表を増強する準備を整えた。当時プリンストンの高等研究所にいたヴェブレンは、弾道研の主席研究員に任命され、数学者、エンジニア、天文学者、物理学者、その他の科学者からなる、さらに多くの人たちを幅広く新任職員として弾道研に迎え入れ、科学技術のプログラムや問題に関して助言を与えた。新たに加わったのは、ハッブル宇宙望遠鏡の名前の由来となったウィルソン山天文台のＥ・Ｐ・ハッブル、ヤーキーズ天文台のスブラマニアン・チャンドラセカール、ノーベル物理学賞受賞者のイジドール・ラービ、航空力学者でＮＡＳＡ設立の中心人物ヒュー・Ｌ・ドライデン、原子爆弾開発において中心的役割を果たすことになる世界的物理学者のジョン・フォン・ノイマンなどであった[13]。

レスリー・サイモン大佐は１９４１年に弾道研の所長に就任し、同じ陸軍士官学校《ウェストポイント》出身で、マサチューセッツ工科大学で修士号を取得したポール・ギロン大尉を副所長に抜擢した[14]。このふたりの軍人科学者は、科学や数学を応用して米国の弾道学を改善するという弾道研の使命に共感し、陸軍が一層大砲の精度を高め、射表を入手できるようにするための計画を推し進めた。

レスリーとポールが直面した重要な問題は、膨大な数の新規の弾道をすべて計算するためのマン・パワーをどこで探すか、ということであった。多くの男性が軍務に就いたり海外に行っている中で、その問題はすぐに、これだけの新しい弾道計算をするのに十分な「ウーマン・パワー」をどこで見つけるのか、ということに変わった。

田舎のメリーランド州のアバディーン周辺に限定して探すのでは、十分な人手は見つからない。ましてや、大学卒の数学専攻者で、複雑な微分方程式を解けるような女性は、まずいない。北へ向かって1時間半ほどのフィラデルフィアであれば、ペン大、ドレクセル大学、テンプル大学などがあり、いずれも女性の学生がいる。さらに、ブリンマー大学やチェスナットヒル大学などの女子大もある。1942年6月、レスリーはムーア校のハロルド・ペンダーと会い、そこに陸軍の計算グループを設立することを話し合った。

しかし、その女性たちを誰が監督するのだろうか。ヴェブレンのチームに当初から加わっていたブリス教授は、この仕事に最適な人物を知っていた。ハーマン・ゴールドスタイン博士は、かつて彼の学生で、秘蔵っ子であった。そして数値解析の専門家で、ミシガン大学の教授になったばかりだった。ゴールドスタイン博士もまた兵役に服したばかりだったので、ブリスはヴェブレンに手紙を出し、かつての教え子を弾道研に呼び寄せ、指導教官であった自分との仕事を再開させたいと提案した。[15] 数学者は前線には必要ないのだ。ヴェブレンは即座に同意し、ハーマンは弾道研に転属することになった。

この転属の話を聞いたハーマンは、大喜びであった。長年ブリスから性能試験場の話を聞いてきたハーマンは、世界的な科学者や数学者と議論を交わし、チェサピーク湾を見下ろす大きな窓のある基地内の将校クラブで長めの昼食をとるなどして戦時を過ごすことを期待していたようだ。

しかし、レスリーとポールはハーマンのために別の計画を用意していた。新しく中尉に任命されたハーマン・ゴールドスタインは、新設された弾道計算をする若い女性たちの班の採用活動、訓練、仕事を監督するために、早速フィラデルフィアへ向かうことになる。ハーマンはこのことを知ったとき、不満を感じていた。

他人の功績を認めなさい

ケイがイブニング・ブレティン紙の求人広告を見てから数週間後、ペン大を卒業したばかりのベティ・スナイダーも、同じような求人広告を目にしていた。米国が戦争に突入したとき、ベティはフィラデルフィアにある雑誌社で働いていたが、「誰もが戦争に協力したがっていた」[1]ため、自分もどうしたら国のためにもっと積極的に働けるだろうかと考えていたところだった。

米国が第2次世界大戦に参戦する以前から、大統領夫人のエレノア・ローズヴェルトは軍隊における女性の役割の拡大を求めていた。彼女は議会に働きかけて女性補助軍を創設し、それはのちに女性陸軍補助部隊（WAAC）や海軍婦人部隊（WAVES）などに発展していくことになる。[2]

ベティにはWAVESに所属している姉妹が2人いたが、自分が入隊しようとしたときには、斜視のため受け入れてもらえなかった。だからこそ、ムーア校で戦時中の手伝いをする人材の募集を新聞で見たときは、とても嬉しかった。[3] ベティはすぐに採用され、ケイやフランと同じように、2階の教室に呼び出された。

§

この「ベティ」こと、フランシス・エリザベス・スナイダーは、1917年3月7日にジョンとフランシスの8人の子供のうちの3番目としてフィラデルフィアのハーネマン大学病院で誕生した。そして、フィラデルフィア北西の郊外地域の中心地であるナーバースで育った。この町は、結びつきの強い田舎の町という風情で、町の中心地は鉄道の駅と同様に、桜並木の通りに沿っていた。毎年4月にはフィラデルフィアの人々が、満開の桜と野生のリンゴを見るためにナーバースに集まってきたという。

父ジョンは祖父モンロー・スナイダーの後を継ぎ、フィラデルフィアのダウンタウンにあるセントラル高校男子部の教師をしていた。ジョンは、誰が見ても印象的で魅力的な教師であった。リビングルームの暖炉のそばで、ヘンリー・ワズワース・ロングフェローの『哀詩　エヴァンジェリン』を朗読し、彼の子供たちに聞かせたものだった。「そのままの太古の森。しかし、その木陰から遠く離れて、名の書いていない並んだ墓に、恋人たちは眠っている」訳注1と。

ベティの父と母は、メトロポリタンオペラがフィラデルフィアに来るときには、教師に支給される

訳注1……『哀詩　エヴァンジェリン』(ヘンリー・ワズワース・ロングフェロー著、斎藤悦子訳、岩波文庫、1930年、110頁）から引用。

無料チケットで頻繁にオペラを観に行った。舞台正面のオーケストラ席か最上階のバルコニー席か、どこに座ることになるかわからないので、万一、正面中央の良席でも恥ずかしくないようにしようと、いつも母フランシスお手製の上等なイブニングドレスに身を包んでいた。ジョンはときどき端役やエキストラに志願し、舞台でセリフのない役を演じた。『アイーダ』では槍を担いだ。両親の影響で、ベティはオペラのレコードを聴いたり、楽譜を学んだりした。特にイタリアの著名なテノール歌手エンリコ・カルーソに憧れていた。

祖父モンロー・スナイダーは、まるでサンタクロースのような顔かたちだったが、ひげは整えていた。1872年にミシガン大学を卒業した彼は、セントラル高校で天文学と数学の教師になった。同校は州内で初めて天文台を持った高校であり、夜になると生徒たちが星を観測するためにやってきた。モンローは「数学・天文学科」の主任となり、天文台の所長になった。

ベティが生まれる前、モンローは米国電気委員会の長官を務めており、科学者や技術者たちと共同して、電気機器メーカーや製造業者の製品の精度を保証するために国立の物理標準局が必要だというアイデアを提案した。国立標準局は1901年に設立され、連邦政府初の物理科学研究所となった。モンローは、電球を発明したトーマス・エジソンや電話を発明したアレクサンダー・グラハム・ベルとも親交があった。

ナーバースのスナイダー家は、ベティのおじが英語の教師をしていた関係で、ディケンズやサッカレーなどの古典や『ブリタニカ百科事典』、『世界大百科事典』など、たくさんの本で埋め尽くされていた。ベティが学校のレポートを書かなければならないとき、必要な調べ物はすべて手元にあった。「私たちの家族はいつも何かを学んでいました」とベティは語った。「何も学ばない日はありませんでした。何もしなくても文句は言われませんでしたし……強いられるようなこともなかったのですが。新しいことを学ぶのが、ただただ楽しいことだったのです」。

彼女の両親は、少年少女を問わず、すべての子供に教育を与えることに熱心で、父親はよく子供たちをローガン・スクエアにあるフィラデルフィア自由図書館に連れて行った。ある日、ベティは兄弟と一緒に太陽の黒点についてフランス語とドイツ語で調べた。どちらの言語も知らなかったが、父親が辞書を引くための単語を示してくれたので学ぶことができた。

ベティが物心ついた頃には引退していた祖父モンローは、1926年から亡くなる1932年（ベティは15歳だった）まで、一家とともに暮らしていた。祖父は彼女の両親と同じように教育熱心で、ギリシャ語のアルファベットなど、いつも新しいものに触れさせていた。彼はきちんと正装していて、よく燕尾服と糊のきいた襟付のシャツ、縞模様のズボンを身に着け、布製のバッグに本を入れて持ち歩いていた。午後になるとベティと一緒に街へ繰り出し、化学や物理、天文学の話をしながら歩くのが好きだった。何のことかわからないことも多かったが、ベティは熱心に聞いていた。小さな店が並ぶ目抜き通りのハーバーフォード通りに着くと、祖父から11セントをもらった。彼女は出かけて、片手にピクルス（6セント）、もう片方の手にコーンに入ったアイスクリーム（5セント）を持って戻った。帰り道、ベティは両手に持ったおやつを口にし、祖父モンローはより哲学的な話を続けた。

彼女が10歳で弟のチャールズが7歳のとき、モンローが使っていたオリベッティ社製の卓上計算器の調子が悪くなった。何かが内部で除算回路を誤動作させてしまうのだ。ベティとチャールズは機械の部品をすべて取り出してラベルを貼り、その仕組みを調べようとしたが、修理することはできなかった。彼女たちは、それを組み立て直した。依然として割り算はできなかったが、中を垣間見られたことは楽しくて、すべての部品を戻せたのを誇らしく思った。機械で計算する仕組みがわかって嬉しかった。

ベティは斜視であるだけでなく、左利きで偏平足だった。また、ガミースマイルの反っ歯で、眼鏡をかけていた 訳注2。そのうえ高価な矯正靴を履かなければならなかった。ベティの両親は、他の子供たちよりもベティの世話を焼かなければならないと思っていた。「両親は、私にはみんなよりも優しく接したほうがいいと感じていたのでしょう……それがよかったのかもしれません。視力と足に問題があったことも、私の助けになっていました。そのおかげもあって、私はいやがうえにも努力できたのだと思います」とベティは語った。

天性の演説家であった父ジョンは、日曜日になるとさまざまな教会で講演をした。あるクエーカー教徒の集会は彼をとても気に入り、彼の子供のひとりがクエーカー学校に通えるようにと奨学金を提供した。ペンシルベニアにある昼間部の全寮制学校のジョージ・スクールは、ナーバースから40マイル［約65キロメートル］ほど離れたところにあった。ジョンは公平を期して、まずは長子であるベティの姉エレノアに、次にベティの兄ジョンに、この学校を勧めた。しかし、エレノアは友達と離れ離れになるのが嫌で、兄のジョンも行きたがらなかった。兄が申し出に尻込みすると、すぐにベティはそれに飛びついた。わたしが行く！

出発前、祖父は彼女にこう言ったという。「もし本当に世の中で成功したいのなら、誠実でありなさい。他人が成し遂げたことを自分の手柄にしてはいけない。自分を褒めるのと同じ程度に他人の功績を認めなさい」。彼女はその言葉を生涯忘れなかった。

ベティはジョージ・スクールをとても気に入っていた。授業は1時間半と長く、生徒は1クラスに7人しかいなかった。クエーカーの伝統にのっとり、男女共学であった。彼女はラテン語、フランス語、英語、古典、代数、幾何、立体幾何、三角法などを学んだ。彼女は数学が好きで、4年生のときには教師のために幾何学の論文を添削する副業を100ドルという大金で引き受けた。フィールドホッケーなどのスポーツのほか、バス・ヴィオール（ルネサンスやバロック時代に用いられていた六弦楽器）、トランペット、ピアノを演奏した。

卒業するとき、ベティは奨学金の申し出を二つ受けた。それはペンシルベニア大学とテンプル大学からだった。ペン大を選んだのは、実用的だったからだ。というのも、兄のジョンが「そこで博士課程をとっていて車を持っていたからです。不況の時代でしたが、彼の車で大学に通うことができました」[4]。

訳注2……フランシス・エリザベス（「ベティ」）・スナイダーの面差しは、**写真1-5**を参照。

職業に関しては、「やりたいこと」よりも「やりたくないこと」が明確だった。姉たちは秘書の学校に通い、速記やタイピングを学んでいた。ベティは、「秘書やキーパンチオペレーター」にはなりたくないと思っていた。キーパンチオペレーターはほとんどが女性で、データを保存するためにカードに穿孔《パンチ》する毎日を送っていた。そのカードは、計算やレポート作成などの処理をおこなう機械に入力された。

1935年に彼女が入学した当時、ペン大は男女共学になったばかりだった。この2年前に、ペン大の歴史上で初めて、4年制で全日制のリベラル・アーツの学位を女性に授与する、女子教養学部が設立された。しかし、教授陣の大半はまだ男性で、ほとんどのクラスが男女別に分かれていた。共学を謳う大学に対してジョージ・スクールのようなものを期待していたベティにとって、これは驚きであった。[5]

ベティが卒業した翌年の1940年には、ペン大の学部生の約4分の1、おおよそ800人中の200人が女性になっていた。その頃の『女子学部生録』には、ペン大の女性新入生の実情について、こんな記述がある。

(男子の上級生たちは) 私たちを「若葉《グリーン》」と呼び、緑のネームボタンをくれた。私たちは彼らと一緒に笑ったが、内心では、上級生が考えるよりも、自分たちはもう少し賢いと思っていた。しかし、そのことを強く主張することはなかった。この新しい大学という世界の歩み方を学ぶのに手一杯だったからだ。私たちはからかいの対象ではなく、仲間となるように期待された最初の学年だった。その新しい試みには特に感謝していた。[6]

高校時代に受けた試験結果をもとに、ジョージ・スクールの指導教員から、大学で数学を専攻するよう勧められた。「私はそれに同意しました」とベティは回想する。そして、1学期目に微積分の授業を履修登録した。数学を初めて受講する日、彼女はシュイルキル川でホッケーをしていたが、教室まで走って行き、授業には間に合った。席に着くと、数学の教授は年配の男性で、彼女をはじめ全員が女性である学生たちを教室の前からにらみつけて、唸った。「お前たち女は、家にいて子供を育てていればよい！」。[7]

学期中、授業の始めに毎回彼女たちにそう言った。ジョージ・スクールでは、教師は生徒に敬意を払い、平等主義的な態度で接していた。ベティは狼狽したが、次の学期まで辛抱することにした。

次の学期の授業を決める際、ベティは新しい教師のもとで新しい数学の授業を受けると心に決めていた。しかし名簿を見ると、同じ教師しかいない。女子向けの数学の授業は、彼しか教えていないのだ。ベティは同様の仕打ちには耐えられないだろうと確信し、専攻を変えた。そして、大学の学部をまたいで授業を受けられるジャーナリズムを選んだ。彼女は指導教官が許す限り多くの単位を取り、5年分の講義を4年間で終えた。

ペン大では、ドイツ語クラブとペン・プレイヤーズという演劇クラブで活発に活動していた。仲のいい女友達はみんな真面目で賢くて勤勉な人ばかりだった。博士号取得を目指す友人も多かったが、ベティは、良い仕事に就いて給料をもらうためには、大学の学位で十分だと考えていた。

1939年、世界恐慌の10年目に彼女は卒業した。ジャーナリズムの仕事をしたいと思い、雑誌「ファーム・ジャーナル」を発行する会社に就職した。フィラデルフィアを拠点とするこの雑誌は、1877年に都市近郊の農業地帯の農民のための情報誌として創刊された。創刊したウィルマー・アトキンソンはベティと同じクエーカー教徒で、農民とその妻に良識ある情報を提供することを信条としていた。1915年には、ファーム・ジャーナル誌は全国で100万人の購読者を獲得した。[8]

ベティの仕事は統計部であった。「どんな形でも入社できれば、ファーム・ジャーナル誌に記事を書けるようになるかもしれないと思ったのです」と彼女は言った。上司が産休に入ったのをきっかけに、彼女は管理職になった。ほどなくして、ファーム・ジャーナル社は宣伝広告のために、農家の妻たちが口紅をどれくらい買っているかという調査をすることになった。ファーム・ジャーナル社の職員が調査を行い、その結果を統計部が集計した。すると、最も貧しい農家の妻たち、つまり室内に水道もないような人たちが、1年間で口紅を10本も買っていることがわかった。

ベティは驚いた。彼女は若い職業婦人で、毎日口紅を塗って事務所に通っていたが、年に1本か2本しか口紅を買わなかったからだ。大恐慌の間の農家の女性たちは、少ない家計を家族や農場につぎ込まなければならなかったので、きっとそれ以上買うことはないだろう。論理的に考えて、それは合点がいかないことだった。

誤ったデータを記事に載せるのは避けたいと、ベティは勇気を出して、上司のオフィスに乗り込んだ。調査分析の返上を求めたのだ。時間はかかるが、この雑誌の報道の品位を高めるためには重要なことだ。ペン大を休職中の経済学博士であった上司は彼女の発案について考え、最終的には同意してくれた。彼は出版の締め切りが迫っていたのでキーパンチオペレーターを増員し、データの再処理を迅速に行うことにした。

蓋を開けてみると、ベティが正しかった。問題は、穿孔カードの打ち間違いだったのだ。出だしでオペレーターが「ずれて穿孔した」、つまり穿孔カードの口紅の購入を表す行の1の列ではなく、10の列に1を打ち込んでしまっていた[9]（薄いボール紙の穿孔カードは穿孔できる位置が12行×80列あった）。これはよくある間違いだが、もしベティが問題視していなかったら、深刻な事態を招くものだった。ファーム・ジャーナル誌は、正しい計算結果に基づいて記事を掲載した。そして、ベティは自分の論理を信じることを学んだ。このことは、彼女の最も貴重な生活の知恵の一つとなった。

さて、雑誌社での仕事は楽しかったが、戦争が始まると、ベティは国家に貢献する機会を探し始めた。そして、新聞の一面に掲載された陸軍による求人広告に招き寄せられ、１９４２年8月19日、ベティは25歳で陸軍フィラデルフィア計算班の一員になったのである[10]。

ベティが班に加わったとき、つまりフランとケイが着任してから1か月ほど経った頃に、学部長であるジョン・グリスト・ブレイナードは、数値解析を教えるためにペン大の80歳代の数学教授を呼び寄せていた。それはベティが以前経験したことの繰り返しであった。この教授は学生を怒鳴ったりはしなかったが、女性に教えるのが明らかに嫌そうで、ベティや他の計算手に背を向け、黒板に向かって講義をしていたのである[11]。

ベティや他の学生たちは、自分たちが知っておくべきことを学べていないことに気づいていた。結局、彼女たちは上司に、陸軍のために軌道計算を行うには、自分たちに指導し、ともに取り組んでくれる先生が必要だと訴えた。それは大きな問題であった。

その頃グリストは、米国数学会（ＡＭＳ）と米国大学女性協会にチラシを送り、ペン大の教員にも手紙を送って、「娘や娘の友人を計算班に志願させる」よう依頼した[12]。彼らは、自分たちの働きかけがうまくいくことを望んだ。

WE FOUND THINGS IN A NOT VERY GOOD STATE

事が順調に運んでいない

1942年9月1日、ポール・ギロン大尉とハーマン・ゴールドスタインは、女性計算手プロジェクトを視察するためにフィラデルフィアを訪れた。ハーマンの言葉を借りれば、彼らは「事が順調に運んでいないことを理解した」。このプロジェクトは多くの新しいプロジェクトと同様に、生みの苦しみを味わっており、より多くの人員、より多くの卓上計算器、そしてより多くの支援を必要としていた。また、ペン大の年配の数学教授が、若い女性たちを相手にした仕事を望んでいないことも明らかだった。全体として、この女性計算手プロジェクトは「リーダーシップを必要としていた」。

1942年9月末、レスリーとポールは、ハーマンをフィラデルフィアの弾道研の女性計算手プロジェクトの責任者に任命し、彼は260年もの歴史を持つこの街へ1年前に結婚した妻アデル・カッツとともに引っ越した。弾道研が新しい射表を作るために、弾道計算のピッチを上げる新しい方法を見つけ出すことがハーマンに課せられた。この仕事は頭痛の種になりそうだ。

すでにハーマンには何が必要かは明らかだった。若い女性を採用し、必須となる微積分の計算を短期間で訓練するためのより良いやり方はないだろうか？　それを促進するために最適な人物が彼の頭に浮かんだ。自分の妻アデルだ。

アデルは22歳、ブルックリン出身でニューヨークのハンター・カレッジという女子大を卒業していた。当時としては驚くべきことに、彼女はわずか20歳にしてミシガン大学の大学院で数学を学ぶため、単身で600マイル［約1000キロメートル］の旅に出る決心をした。洗練され、かつ才気あふれるアデルは、優れた数学者であるだけでなく、優れたバイオリニストでもあった。

彼女は大学院生としてハーマンと出会い、数学の修士号を取って博士号取得の途上にあったが、ハーマンが徴兵され、ふたりの人生は（他の何百万人もの人々と同様に）ひっくり返ったのである。[2]

§

ハーマンは代わりに誰が教えるべきかわかったので、ムーア校が引退した男性数学教授との契約を打ち切るようグリストに働きかけた。ムーア校は彼の要求に応じてアデルを任命し、同時に新入りの計算手向けのコースを教えるために数人の女性を雇った。[3]

陸軍が十分な数の計算手を採用するためには幅広い人材を確保する必要があると考えたアデルは、二つの教育課程を設けた。一つは、すでに数学の学位を持っている新人向けの短期のコース、もう一つは、大学院レベルの数値解析技術を学ぶ前に微積分の知識が必要な人向けの長期のコースである。後者のコースは、多様な新規採用者に陸軍フィラデルフィア計算班へ加わる機会を与えた。

アデルは、1942年の秋に最初の受講生を教えた。彼女の教え方は多くの受講生にとって忘れがたいもので、数年後、受講生たちはその気品と輝きの両方を称えた。[4] 彼女はタバコを吸いながら教室に入り、受講生と向かい合う机の端に上品に腰を下ろし、きれいに足を組んだ。髪をアップヘアにして、仕立てたシャツとスカートを身に着けていた。この身なりのいい女性が微積分や数値解析の講義をさらりとやってのけるのだから、受講生たちは感激し、沸き立った。

アデルは砲弾の飛翔を10分の1秒単位で計算する方法を受講生たちに教えた。十分な精度のサンプルがあれば、砲弾の軌道上の特定のポイントを計算することで、火砲から標的までの弧を描くことができる。

アデルは嬉しかった。この教職は「真剣に学ぼうとする大人の受講生を教えるので、自分にとってしっくりとくる仕事だ」[5] と感じた。

加算機とレーダー

1942年の秋、ゴールドスタイン夫妻がミシガンからフィラデルフィアに引っ越してきて間もない頃、テンプル大学を卒業したばかりの20歳のマーリン・ウェスコフは、就職活動で挫折しそうになっていた。テンプル大学の中等教育学部の学士ともなり、高給の良い職に就きたかった。彼女の唇は上向きで感じがよく、頬骨がはっきりとしていて、輝く瞳はいつもはにかんでいるような印象を与えていた 訳注1。内気な性格だが、家族や友人のネットワークには積極的に接触を図っていた。ある日、姉の友人から電話があり、加算機の使い方を知っているかと問われ、知っていると答えた。

「それなら、ペンシルベニア大学で加算機を動かせる人を探しています。そこに行ってみたらどうでしょう」。

マーリンはムーア校に出向き、ジョン・モークリー博士とその妻メアリー・ワルツル・モークリーに会った。モークリー夫妻は、ムーア校でレーダー実験を行う陸軍のプロジェクトに携わっていた。ジョンは屋上で学生たちとレーダー実験を行い、数学に長けたメアリーは2階でその実験に基づく計算を指導していた。

1942年の秋、マーリンはメアリーとの面接のため、ムーア校校舎の2階の教室に現れた。

「計算器の使い方は知ってる？」メアリーが彼女に尋ねた。

「それが何なのかもわかりません。ですが、加算機なら使えます」とマーリンは答えた。

すると「加算機が使えるなら、卓上計算器の使い方を教えてあげられる」とメアリーは言った。彼女は、卓上計算器には掛け算や割り算など、加算機より少し多くの機能があることを説明した。

マーリンは1時間50セント（おおよそ1日4ドル、1年で1000ドル）で、メアリーとジョンのために計算をする唯一の常勤職員となった。彼女はムーア校の男子学生と一緒に働いていたのだが、彼らは短時間の計算のために出入りしていた。メアリーは、ジョンの実験から得られたレーダーのデータによってはじき出した数式を記した紙をマーリンに渡した。マーリンは、その紙を順番に1枚ずつ調べ、個々の計算を確認し、完了するとメアリーに返した。[2]

§

このマーリン・ウェスコフは、1922年3月2日にフィラデルフィアの西部に住むユダヤ人の両親のもと、二人姉妹の妹として生まれた。父親のフレッドは、ドレスメーカーの見本が入った箱を持

訳注1……マーリン・ウェスコフの面差しは、写真1-6を参照。

ち運ぶ出張販売員だった。フレッドはニューヨーク生まれで、母親のアンはロシアで生まれて３歳のときに移住してきた。アンは、ロシアのことは決して話さなかった。

マーリンは、自分の家族が大恐慌時代の他の多くの人々と同じように、金銭的な問題を抱えていたことを知らなかった。彼女は、「いつも良い家に住んでいて、食べるものもたくさんあった。他には何も持っていなかった」。姉妹は学校用にそれぞれ二組の服を持ち、母親が洗濯している間にもう一組の服を着ていた。アイルランド系、イタリア系、ユダヤ系などさまざまな移民が住む近隣の地域では、それ以上に持っている人はほとんどいなかった。[3]

ベティ、フラン、ケイの両親と同様に、マーリンの両親もマーリンと姉シャーロットの進学を心から応援した。彼女たちの家には文化があふれていた。とりわけ音楽や本を好んでいた。マーリンの母は使い古しのピアノを買い、マーリンはおばや近所のピアノの先生、そして姉からも演奏を習った。[4]

しかし内気なマーリンは、何よりも本が好きだった。両親は中古の全集を買い、彼女はチャールズ・ディケンズやエドガー・アラン・ポー、さらには19世紀のフランス人作家ギ・ド・モーパッサンの作品を好んで読んだ。居心地の良い場所に潜り込んで本の中に逃避することが、宿題の終わった夜や週末の彼女のお気に入りの過ごし方だった。

高校時代には、マーリンとその友人は毎週土曜日になると、混雑した騒がしいフィラデルフィアの街を抜け出し、路面電車に乗ってダウンタウンの大きな中央図書館に向かい、多くの本を借りた。巨大なフィラデルフィア図書館は、１７３１年にベンジャミン・フランクリンによって設立され、ペンシルベニア州および全米に広がった公共図書館システムを支えていた。貸し出し用の本が何十万冊もあり、古典的な本も十分すぎるほどで、マーリンは毎週、上限の6冊を新たに借りて抱えて帰った。彼女は次の週にはすべての本を読み終えて、さらなる不思議な物語のために戻ってきた。[5]

音楽アカデミーでのフィラデルフィア管弦楽団の学生券によってマーリンの音楽教育はより良いものとなり、姉と一緒によく聴きに行った。レオポルド・ストコフスキーが指揮するこのオーケストラは、その後、１９４０年に公開されたウォルト・ディズニーの『ファンタジア』のサウンドトラックを演奏した。[6]

マーリンの家族は政治、歴史、労働組合、そしてヨーロッパで起こる戦争に関するニュースに関心があった。夕食の席では、毎晩のように政治の話をしていた。誰もが日刊の新聞を読み、世界の出来事について話し合った。そのあと家族はリビングルームに集まり、フィラデルフィア管弦楽団の音楽や、エドガー・バーゲンと彼の有名な腹話術の人形チャーリー・マッカーシーによる喜劇を家庭に届ける番組を、大きな木製のラジオで聴いた。

マーリンは、フィラデルフィアのシュイルキル川以西で最初の中等教育機関であるウェスト・フィラデルフィア高校で、歴史、フランス語、英語を学んだ。「理科や数学にはぞっとしました。でも、数学の授業は受けたのです」とマーリンは語った。フランと同じように彼女も飛び級し、16歳で高校を卒業した。

彼女がテンプル大学に入学したときは「とても未熟な16歳」で、世慣れた18歳の若者たちの中では

「社会的弱者だ」と感じていた。しかし、同年代の友人を見つけて「集まり、支え合っていました」。

テンプル大では、中等教育の授業に出席して歴史と社会学を専攻した。副専攻に商業科目を加えたのは、「それが私の奥の手でした。歴史に関わる仕事に就職できなくても、タイピングや速記の仕事に就けるでしょう」[7]という理由からだった。

米国が戦争に突入したとき、マーリンは大学3年生の途中であった。「誰もが自分のできる限りのことをしていました」と彼女は振り返る。「仕事が増え、人々はもっと働くようになり、街は発展し、さらに喧騒に包まれたのです」[8]。

彼女は精力的に編み物をして、米国赤十字社のためにスカーフやヘルメット、手袋を作った。士官候補生のために作られたヘルメットは、戦争支援の具体的な形であるだけでなく、女性たちが戦争に積極的に参加していることを実感させるものだった。真珠湾攻撃以前から、米国人は編み物をして、「バンドルズ・フォー・ブリテン」[訳注2]と呼ばれる救援小包を送っていた。多くの女性が編み針を誇らしげに持ち歩き、大統領夫人のエレノア・ローズヴェルトも、編み物をしている姿や編み物バッグを持っているところをよく写真に撮られている。しかし、マーリンは自分の編み物にあまり自信がなく、「赤十字の本部にいる誰かが、自分の編み目をほどいてやり直しているのではないか」と想像していた。

大学4年生の夏、マーリンは生徒とほとんど変わらない年齢であったにもかかわらず、フィラデルフィアの高校で生徒指導の時間を持った。彼女は内気な性格なので教室の前に立つのは大変だったが、進路選択に役立つためそれをやりとげ、卒業と教員免許取得の条件を満たした。卒業が近づくと、マーリンは教職の求人に応募する準備をした。

卒業式の前夜、卒業を控えた学生とその家族のための晩餐会が開かれた。その席上で学部長が衝撃的なことを言い渡した。「ユダヤ人の諸君は、郊外に職を求めてはならない。ピッツバーグやフィラデルフィアの外に職を求めないように。誰も君たちを雇ってくれないだろう」。そして、フィラデルフィアで教えるのも難しいだろう、年配の教師が定着して辞めないからだ、と説明した。彼はこのことを淡々と話した。それは真実であり、彼はただ現実を見てほしいだけなのだ。

マーリンにとって「卒業を目前にしたその時期にそんなことを言われたのは、衝撃的でした」。しかし、彼女の家族が反ユダヤ主義に遭遇したのは、それが初めてのことではなかった。彼女が小学生のとき、両親がニュージャージー州のデラウェア・ウォーター・ギャップ近くにある淡水湖、ホパトコン湖に旅行に出かけたときのことだ。予定より早く、一泊ほどで帰ってきた両親にマーリンは驚いた。混乱した彼女は、母に何があったのかと尋ねた。するとアンは涙を流して嘆き始めた。どのホテルや宿泊所にも「ユダヤ人・犬　お断り」の張り紙があったのだ。[9]

学部長からの言葉の後、マーリンは教師としての求人に応募しようとは思わなかった。夏休みの間

訳注2……バンドルズ・フォー・ブリテンは、第2次世界大戦中にニットの衣類を水兵へ送る運動として始まった、英国を支援する米国のボランティア組織（1941年設立）。

中、かなりショックを受けたまま過ごし、その後、カムデン近郊の港湾労働組合の秘書に応募した。彼女はその職を得ることはできなかった。しかし、ほどなくしてメアリーとジョン・モークリーのもとでの仕事が、マーリンの人生を新しい道へと導いていくことになった。

§

モークリー夫妻のために働いていたマーリンは、計算を間違えないという評判をすぐに得るようになった。彼女は一日中、計算を行い、カチカチと音をたてるキーと耐え難いほどけたたましい歯車の付いた卓上計算器に数字を打ち込み、その計算結果を書き留めることができた。他の多くの人は、この過程でいくつか間違うのが当たり前だが、マーリンは違った。そのことに彼女は気づいていなかったようだが、周りの人たちは気づいていた。[10]

マーリンは、このレーダー実験について、屋根の上でアンテナを立てて実験していることしか知らず、モークリー夫妻や他の誰にも詳しいことは聞かなかった。戦時中、人々は軍の機密プロジェクトについて質問しないように注意し、至るところにある看板は、機密データを不適切に共有すると兵士やその他の人々が危険にさらされる可能性があることを示唆していた。当時の最も有名なポスターの一つは「口が緩めば船が沈む」と警告していた。[11]

マーリンはムーア校の廊下で他の女性や男性を見かけたが、交流は自分のチームだけに限られていた。[12] モークリー夫妻が好きだったので、この状況は彼女に合っていた。マーリンの気質は、特にジョンの気質とよく似ていた。彼女は内気だったが、彼もまた口数が少なく温厚で、身なりには構わなかった。けれども、彼は男女を問わず、誰の話も親身になって聞いた。[13]

§

このジョン・ウィリアム・モークリー（両親はビルと呼んでいた）は、1907年8月30日にセバスチャンとレイチェルの2人の子供の長男としてシンシナティで誕生した。ジョンが幼い頃、彼らは当時まだ農村の雰囲気が残っていた郊外のメリーランド州チェビー・チェイスに引っ越した。父セバスチャンは家禽を育て、その土地のものを食べて暮らすことを好んでいた。ジョンは毎週土曜日に、50羽のニワトリがいる鶏小屋の掃除をしなければならなかった。彼はそれが嫌だった。

セバスチャンは、カーネギー・ワシントン協会訳注3の地球磁気学部門の物理学者で、地球の磁場と雷光の仕組みについて研究していた。チェビー・チェイスには、国立標準局や国立気象局の職員など、多くの科学者が住んでいた。

ジョンは幼い頃から科学が好きだった。7月4日の独立記念日には、仕掛けを準備し、50フィート［約15メートル］先で花火を飛ばした。エイプリルフールには、自宅の玄関の呼び鈴に針金を結びつけ、来客を感電させた。本や技術誌「ポピュラー・メカニックス」を、次から次へとむさぼるように読み

訳注3……カーネギー・ワシントン協会は、現在「カーネギー研究所」と呼ばれる（2007年に改称）。

ふけった。

高校時代は数学と物理のエースだった。全米優等生協会に所属し、ディベートをしたり学校新聞の編集をしたりしていた。ボルチモアのジョンズ・ホプキンス大学では、州の奨学金を得て工学を学んだが、2年生のときには意欲を失い、学校は彼に奨学金を物理学に振り替えることを許可した。

1928年にジョンはジョンズ・ホプキンス大学を卒業し、1930年にメアリー・オーガスタ・ワルツルと結婚した。ウェスタン・メリーランド大学で数学の学士号を得たメアリーは、三人兄弟の長子で、弟が2人いた。母親はメリーランド州のローマ・カトリックの家系で、父親は写真家であった。メアリーは6歳のときに「カトリックとは一切関わりたくない」と宣言した。幼少時に両親を亡くし、メリーランド州の親戚に育てられた。ウェスタン・メリーランド大学在学中にジョンと付き合い始め、卒業後に結婚した。

ジョンはジョンズ・ホプキンス大学で大学院物理学専攻へと進み、分子分光法、すなわち物質が電磁波と相互作用したり電磁波を放射したりするときに生じるスペクトルの調査・測定を研究した。そのため、気体の分子エネルギーを計算することに数え切れないほどの時間を費やした。1932年に物理学の博士号を取得した彼は、大恐慌時代の就職難を目の当たりにした。この博士号（彼は学士号や修士号をあちこちで取得する気はなかった）は不人気な分野であり、ほとんどの研究機関が研究に費やす資金を持っていなかった。[14]

彼はジョンズ・ホプキンス大学の教授の研究助手として大学に残り、マーチャント計算器での計算に携わった。翌年には、アーサイナス大学から物理学科を率いてみないかという打診を受けた。当時、アーサイナス大は63年の歴史を持つリベラル・アーツ・カレッジで、フィラデルフィアから25マイル［約40キロメートル］離れたカレッジビルという人口千人足らずの町に、木々に覆われたキャンパスがあった。

彼が着任した当時、アーサイナス大には物理学科もなくて物理学の教授もおらず、物理学の学位も授与されず、医学部進学課程の学生が必要とする科目のみが提供されていた。[15] ジョンは、自分の講座に学生を引きつけるために学科を立ち上げ、医学部や教育以外の道に進む学生たちの心を開こうとした。[16]

冬休み前の授業最終日に行われたジョンのクリスマス講義では、クリスマスの包みの中身を当てるために、大きさや重さを測る、水に沈める、長い針で突くなど物理学の手法を駆使した。[17] あまりに評判が高く、他の教授たちは、前夜のパーティーでたいてい二日酔いになっている学生たちへの授業を終わらせて、ジョンの講義に参加させた。参加者が多いため、講堂で行われることが多く、教授たちも聴講した。[18]

ニュートンの運動の法則に関する講義では、ジョンはローラースケートを板に貼り付けてスケートボードを作った。滑走して教室に入り、実験台に登って台上に乗り、加えた力と運動の変化の関係を実演で説明した。[19] 彼が右に動けば、板は左に動き、その逆もまた同様だった。つまり、作用と同じ大きさで反対向きに働く反作用である。別の講義ではローラースケート靴を履いて登場し、腕を広げて減速し、腕を折りたたんで急回転を始めるというスピンを披露し、学生たちを喜ばせた。彼らにとって運動量に関する講義は忘れられないものとなった。[20]

§

マーリンは、メアリーとジョン・モークリー夫妻のもとで約7か月間働いた。そして、1943年の春、ジョンは彼女にレーダー・プロジェクトが解散することを告げた。彼はマーリンに、陸軍の計算プロジェクトの計算手補佐として文官職に就くことを勧めた。彼はすでに彼女を推薦していることは告げずに、口添えをしてあげると約束した。

ウォルナット通り3436番

1943年の春、マーリンは、フラン、ケイ、ベティに合流し、陸軍フィラデルフィア計算班の計算手補佐となった。マーリンは、数学を専攻していない学生を対象にしたアデルのコースを受講した。それは約3か月間の授業で、微積分から始まり、次いで数値解析、締めくくりは弾道方程式の計算技術だった。マーリンのよく知るメアリー・モークリーのほかに、ミルドレッド・クレイマーなども教壇に立った。

微積分を習ったことのないマーリンにとって、この授業は大変なものだったが、彼女は全力を尽くした。米国大学婦人協会の古い勧誘チラシの裏に筆記され、50年以上大切に保管されてきた彼女のノートには、アデルが提示し、議論した先進的な概念が記されている。

1 補間
2 積分

3　平滑化（変化の度合い）―差分による関数の平滑化
4　連立方程式の解法
5　グラフの図示―急降下爆撃（DB）の場合
6　表の変換
7　DBの差分商の検算
8　DBの微分―その2　三角関数の微分、その3　2階偏微分、1から4変数
9　計算機の使用、表のグラフ化[1]

マーリンは授業で頭がくらくらすることが多く、1日の終わりにはとても疲れていたが、それでもやり続け、他の女性たちと一緒に修了することができた。彼女は一生懸命に努力し、不慣れで難しかったが、最終的には素晴しい研修であることを知った。アデルとミルドレッドの仕事はうまくいったのだ。[2]

3か月後、マーリンはムーア校から広場を渡ったウォルナット通り3436番の3階にある計算グループに呼び出された。そこには併設された2棟のテラスハウスがあり、3436番はそのうちの1棟であった。扉には「女性専用」と書かれていた。マーリンは、自分がアバディーン性能試験場の仕事をしていることを、プロジェクト以外の誰にも言わないようにと命じられた。

軍は目論みどおりに、フラン、ケイ、ベティが最初に働いていたムーア校とは別に、ペン大の構内

にあるいくつかの建物を占有していた。弾道研が雇用する数十人の女性を受け入れるための場所が足りなかったのだ。ウォルナット通り3436番は接収された住居の1棟で、六つの班の女性たちは各階に1班ずつ、そして日勤に3班、夜勤に3班と分かれて働いていた。それは、かつてないペースで軌道計算を行うために考案された計画であった。

マーリンが初めてウォルナット通り3436番に入ったとき、長方形の部屋が目に飛び込んできた。8台の机に2列に座った女性たちが、8台の卓上計算器で懸命に作業に取り組んでいる。彼女は少し不安を覚えながら、この見知らぬ人々の部屋を通り抜け、細長い階段を上って進むと、2階にも同じようにチームが配置されていた。そして、いよいよ最後の階段を上ると、3階では2列に座った女性たちが彼女を待っていた。[3]

この3階では、新しい上司のフローレンス・ゲルトが温かく迎えてくれた。女性たちは手を振って微笑むと、速やかに仕事を再開した。自己紹介や雑談は休憩時間まで控えなければならなかった。このときは知る由もないが、マーリンの周りの女性たちは良き友人となり、この「3階の計算チーム」は固い絆で結ばれることになる。

フローレンスは白くて縦長のとても大きなシートに記した一つめの方程式をマーリンに渡し、空いている机と待機中の卓上計算器を指さした。マーリンは1枚のシートを終えると、別のシートに取りかかった。ほどなくしてマーリンは、軌道によってはもっと多くの計算が必要になることを知った。2、3日かかるものもあれば、なかには1週間近く費やす場合もあった。[4] 平均すると、卓上計算器で計算するのに30時間くらいかかった。

他の計算チームと同様、マーリンの3階のグループは、午前8時から午後4時半までの日勤か、午後4時半から午前1時までの夜勤のどちらかで働き、昼食や夕食のために30分、必要に応じて10分の休憩があった。[5] 日勤で2週間、その次は夜勤で2週間と、定期的な周期で働いた。

3階の部屋には空調がなく、蒸し暑いフィラデルフィアの夏は大変だった。マーリンは、「夏場は扇風機と冷水器を持ち込んでいました」[6] と振り返っている。夏場の冷水器の上には、文官職の上級監督官であるジョン・ホルバートンが脱水症状を防ぐために用意した塩タブレットの入った大きな瓶が置かれていた。バスルームには、卓上計算器の音で頭痛がするときのためにアスピリンの錠剤が入った大きめの瓶と、ちょっと横になるための簡易ベッドが置いてあった。

バージニア州南部の農場で育った礼儀正しい紳士であるジョン・ホルバートンは、ウィリアム・アンド・メアリー大学で物理学の学位を取得し、テンプル大学で物理学の修士号を取得した。当初は、バージニア州のラングレー研究所にある航空諮問委員会（NASAの前身）の科学補佐官となった。その後、1937年に弾道研で弾道計算の上級計算手の職に就いた。[7]

陸軍が計算プロジェクトの大部分をフィラデルフィアに移転させた際、ハーマンのプロジェクト運営を助けるため、弾道研はホルバートンを文官職の監督者としてムーア校に転任させた。すぐに彼は、数十人もの女性計算手たちのお気に入りとなった。

ホルバートンはすべての計算チームを監督し、ほとんどの人が認めたように、非常に優秀な人物だった。女性たちはホルバートンをおおらかで感じのいい性格の持ち主だと感じていた。彼は、「やってくるたびにみんなに気の利いた言葉をかけていました」[8]と、マーリンは回想している。

ジョン・ホルバートンが親切で気配りのできる人だったのに対し、ハーマンは冷淡で近寄りがたかった。3階の計算チームを訪ねてもほとんど挨拶もしないし、チームの女性たちを励ますこともない。たいていがしかめ面で、彼が来ると部屋中が静まり返った。[9]

ハーマンはフローレンスと必要な言葉を交わすと、にべもなく3階から立ち去った。サヨナラのひと言もなかった。それどころか、聞こえてきたのは計算手たちの安堵のため息だけだった。[10]

日中はおしゃべりをする時間はほとんどなかったが、3階の計算チームは就業時間の前後で多くのことを話し、共有した。マーリンは、名門の公立学校であるフィラデルフィア高等女学校（通称ガールズ・ハイ）に通っていた一卵性双生児のシャーリー・ブランバーグとドリス・ブランバーグなど、同じフロアの他の計算手たちとすぐに仲良くなった。[11] マーリンが来てから数か月後、ニューヨークから2名の女性がグループに加わってきた。ルース・リクターマンとグロリア・ゴードンだ。その次が、ペンシルベニア州レディング出身で心理学の学士号を持つグレース・ポッツである。[12] 最後に加わったのはアリス・ホールで、彼女はアフリカ系米国人で、結婚して二児の母となり、学校の教師をしていた［訳注1］。

訳注1……3階の計算手たちの姿は、写真2-1を参照。

このアリス（旧姓アリス・ルイーズ・マクレーン）は、1908年にフィラデルフィアの西部で7人姉妹の次女として生まれた。父スミスは不動産経営管理士として働き、母キャサリンはペンシルベニア州チェイニーにあるファニー・コピンのインスティテュート・フォー・カラード・ユース[訳注2]で教鞭をとっていた。アリスが幼少の頃、一家はペンシルベニア州ブリンマーに引っ越した。スミスと結婚した後、キャサリンは学校で仕事を続けることが許されず、洗濯を職業とする主婦になった。[13]

アリスは1927年にローワー・メリオン高校を卒業した。姉妹のうちの5人と同様にフィラデルフィアの西側約20マイル［約32キロメートル］にあるウェストチェスター州立教員養成学校に進学し、1929年に卒業した。この学校はアフリカ系米国人の学生を受け入れたが、構内での居住や食堂の利用は認めていなかった。アフリカ系の学生は、ウェストチェスターのアフリカ系米国人の家庭で暮らさなければならなかった。

アリスは、ペンシルベニア州ダービー郡区の学校で教鞭をとるようになった。彼女は創造力に富む講師として知られ、生徒たちに編み物やかぎ針編みを教えた後、その技術の背景にある数理を明らかにした。[14] 1932年にマーヴィン・ホールという男性と結婚し、米国が戦争に突入すると、アバディーン性能試験場で数学を教え、その後ムーア校に派遣されたのである。[15]

計算手たちがタバコを吸い、汗をかきながらあくせく働いていると、上司から自分たちの表が北アフリカに送られることを知らされた。彼女たちの計算を急き立てる感じがあった。マーリンは、陸軍が「私たちにスピードを上げさせせようとしていた[16]」と回想している。

その理由のひとつは、弾道研が大量の射表を迅速に再計算しなければならなかったことである。アフリカでは地盤が弱く、大砲の動作が異なっていたため、計算手が欧州向けに作った射表は使えなかった。[17] 後座効果、つまり砲弾を撃ったときの反動に伴う大砲の後ずさりについての陸軍武器科の見込みが不十分だった。大砲の後座は砲弾の速度を低下させ、傾きを変化させるため、砲手が目標を外す原因になった。また、赤道直下の砂漠の空気の温度や密度は、米国での通常状態を基に計算された射表で使われる値とは異なっていた。[18]

1940年の夏に北アフリカ戦線が開始され、枢軸国軍と連合国軍が砂漠でせめぎ合った。1940年9月にはイタリアがエジプトに侵攻し、同年12月の反撃で英国・インド軍は10万人以上のイタリア軍を捕虜にした。これに対し、アドルフ・ヒトラーは、「砂漠の狐」と呼ばれたエルヴィン・ロンメル将軍率いるアフリカ軍団を送り込んだ。1942年の後半、リビアとエジプトを一進一退しながら戦いは続いた。第2次エル・アラメインの戦いでは、英国第八軍がエジプトからチュニジアまで枢軸国軍を追い詰め、戦いは最高潮に達した。1942年11月、何千人もの米英軍が北アフリカ西部に派遣され、攻撃に参加した。1943年3月には、ジョージ・パットン将軍がその指揮を執ることになった。

訳注2……インスティテューション・フォー・カラード・ユースは、クエーカー教徒のリチャード・ハンフレーによって1837年に設立された、最初の黒人向け高等教育機関。1902年にフィラデルフィア西部にあったジョージ・チェイニーの農場に移転した（現在のチェイニー大学）。コピンは三代目の校長。

計算手たちは戦場の詳細や射表の使われ方もほとんど知らなかったが、自分たちの計算が戦場の最前線に届き、大きな影響を及ぼしていることは知っていた。彼女たちは射表のシートの余白に兵士への応援メッセージを書き込むこともあったが、返事をもらうことはなかった。というのも、その軌道シートは、射表としてまとめるために試験場に届けられ、要約されたものが部隊に送られていたのである。彼らが計算手のメッセージを受け取ることはなく、計算手たちは自分たちが作った射表の要約だけを兵士が受け取っていることに気づいていなかった。

1943年には、陸軍フィラデルフィア計算班は成功を収め、彼女たちが計算した弾道研の射表はその価値を証明していた。陸軍はその射表なしには大砲を戦場に出荷しようとしなかった。しかし、これが逆に問題を生んだ。陸軍は新型の大砲や旧型の大砲の大幅な改良など、次々と兵器を強化していくたびに、数百もの計算を伴う新しい射表がそれぞれに必要になった。アバディーンやフィラデルフィアの計算チームをもってしてもその需要に追いつけない状態であった。成功したにもかかわらず、大切な大砲が使われないまま放置されているため、ハーマンは憤慨した。もっと計算のピッチを上げることはできないのか?

§

1943年の春、アデルは、より多くの大学卒業生を雇用しようと採用活動に赴いた。米国大学女性協会と協力して、フィラデルフィア郊外のブリンマー大学とスワースモア大学、ボルチモアのガウチャー大学、ニュージャージー州のダグラス・カレッジ、ニューヨーク市のハンター・カレッジとクイーンズ大学を訪問した[19]。

ニューヨークでは1943年6月14日の月曜日に、ブルックリン・デイリー・イーグル紙が「陸軍は数学専攻者を必要としている：武器省は女子大学生を募集しており、ムーア校が新兵を訓練する」[20]と題する記事を掲載した。「陸軍武器省が極めて重要な戦時の任務のために、多数の女子大学生、できれば数学に適性のある者を緊急に必要としている」と始まった。記事には、「ムーア校の代表者（アデル）が、関心のある女子大学生にコースについて説明できると書かれていた。このコースは「武器省の仕事を遂行する」女性を養成するためのものだが、同時に「大学数学の幅広い訓練」も提供するものだった[21]。

アデルはニューヨークからグリストに、「来週は試験週間だからあまり期待していない[22]」と手紙を書いた。

しかし、彼女は自分の母校であるハンター・カレッジで、優秀な若い女性ルースに接触することができた。ルースの父親であるサイモン・リクターマンは、ロシア生まれでブロンクスのヘブライ学校の教師だったが、記事を見て一人娘にこのことを話していた。

ルース・リクターマン（19歳）は、物静かで落ち着いた美しい女性だった[訳注3]。ハンターカレッ

訳注3……ルース・リクターマンの面差しは、写真1-3を参照。

ジの2年生を終えたばかりで、数学を専攻する予定であった。彼女はその年の学年末試験を受けて、ニューヨーク州コロンビア郡のキャンプ・コペークという、都会から来た若いユダヤ人のための青年向けサマーキャンプでウェイトレスとして働くつもりだった。[23] しかし、新聞記事を見たサイモンとルースはこの仕事がぴったりだと感じ、彼女は計画を変えようと思い始めた。

彼女は応募して受かったが、その通知にはフィラデルフィアとは明記されていなかった。[24] リクターマン夫妻はこのことに気づいたとき、ニューヨークからたった100マイル［約160キロメートル］しか離れていないとはいえ、ルースに他の都市で生活してほしくないと思い、落胆した。しかし、ルースにとっては週給40ドルは教師としてのサイモンの給料よりも高く、断るには惜しい金額だった。誰もが「自分の役割を果たそう」としていた。それが自分にできることなら、たとえ自分の知っている世界から離れることになっても、やってみようと思ったのだ。[25] まもなく彼女はフィラデルフィアに移り住み、アデルのもとで学び、ウォルナット通り3436番の3階に席を構えた。そこでは、マーリンやブランバーグの双子たち、その他の人々が温かく彼女を迎えてくれた。

§

このルース・リクターマンは、1924年2月1日にサイモン・リクターマンとサラ・シュライブマンの間に生まれた。1913年に13歳でロシアのヴィリニュスから移住してきたサイモンは、グリニッジ・ビレッジにある電気工学の大学クーパー・ユニオンに合格するほどの優秀な生徒だった（クーパー・ユニオンは、米国初の蒸気機関車を設計・製造したピーター・クーパーが遺した基金から授業料が全額支払われたため、工学や芸術を学びたい優秀な移民の子供たちを引きつける役割を担っていた)。しかし、当時は第1次世界大戦の真っ只中であったため、彼は大学に通う代わりに17歳で陸軍に入隊し、パナマ、英国、パレスチナに派遣された[26]。

ルースの母サラもロシア出身で、従兄弟の男性のパスポートを使い、男の子の格好をして米国に移住していた。彼女は服飾工場で仕事をし、一家はついに従兄弟に返済するための資金を貯めることができた[27]。

陸軍から戻ったサイモンはクーパー・ユニオンを卒業して、電気技師になるつもりだった。しかし、同様に陸軍から戻った兄のアーヴィンはヘブライ語の学校で教職に就いていた。アーヴィンは高給を得ていたので、サイモンは自分もヘブライ学校の教師になろうと決めた。彼は政治クラブでサラに出会い、一目ぼれしたが、彼女は年齢の近い別の男性に目を奪われていた。サイモンは7歳年下だった。彼女の恋の相手は結婚を恐れていることがわかったが、サラは希望を持ち続けた。サイモンは3年間サラに求愛し、1922年12月、ついに彼女と結婚した[28]。

ルースはその14か月後に生まれた。彼らはブロンクスのアパートで生活し、サラの姉フレダは、移住するための資金を貯めた後、リクターマン家の世帯に入った。ルースは彼女と寝室を共有し、もう一部屋の寝室は両親が使っていた。アパートは、公園をはさんだ学校の向かい側にあった。当時としてはごく当たり前だったが、子供たちは屋外でリンゴレビオ[訳注4]などをして遅くまで遊んでいた[29]。

ルースが5歳のときに弟のハーバートが生まれ、5年後にリウマチ熱で亡くなった。その悲しみからか、サラはルースに深く批判的になって威張りちらし、ルースの友人たちからも嫌われるほど気難しい性格になった。

ルースが高校に入学する前に、祖母が亡くなった。彼らは同じブロンクスの、寝室が一部屋しかないアパートに引っ越した。この頃、フレダは結婚して家を出て、ルースはリビングルームでひとりで寝るようになり、生活は改善された。そのアパートは、ブロンクス区メルローズのボストンロードと東166丁目通りの角にある、ルースが通っていたモリス高校の向かいにあった。この学校は、その行政区で最初の公立高校である。

ルースは気立てがよく、おしゃべりが好きで、表情豊かな目の持ち主で、上品な立ち居振る舞いをしていた。男子はいつも彼女に惹かれていた。しかし、彼女は真面目で現実的な面も持っていた。サイモンの律法の授業で出会った男の子は大学生だったので、ルースは自分には年上すぎると感じた。

1941年の秋、彼女はハンター・カレッジに入学した。翌年の夏には、キャンプ・コペークでウエイトレスの仕事をし、楽しみながら学費を貯めた。しかし、3年生になる機会を取りやめてフィラデルフィアに移り住み、大学を休学して家族と国を支えることにしたのである。

ウォルナット通り3436番の3階の計算チームに配属されたルースは、マーリンから四席離れた机で働いていた。彼女は軌道計算をパズルに例えて楽しんでいた。この頃からチーム全体が仲良くなってきた。夜勤の前には集まって、一緒に食事をする日もあった。ルースたちはレストランやボーリング場、映画館など、よく街に繰り出した。1943年には、映画『カサブランカ』『誰がために鐘は鳴る』『聖処女』（ジェニファー・ジョーンズ主演）『疑惑の影』『暴力に挑む男』『モスクワへの密使』『誇り高きわれら』『ストーミー・ウェザー』『オペラ座の怪人』『名犬ラッシー 家路』が封切られた。センターシティには、マーケット通り、チェスナット南通り、北8番通りにフィラデルフィアで最も有名な映画館があり、何百万人もの観客が映画館に足を運んだ。アールデコ調の宮殿のようなボイド劇場、1500席近いスタントン劇場、3000席近いスタンレー劇場、アルディーン劇場、大理石や壁画、金箔を使ったカールトン劇場（約1000席）などがあった。

20番通りとマーケット通りの角にあるマストバウム劇場は、全米でも有数の規模を誇っていた。約5000席の客席を有し、大理石、壁画、金箔、タペストリー、シャンデリアなどの内装が施されていた。三つのロビー、ウーリッツァーのオルガン、フィラデルフィアで最も大きなシャンデリアがあった。戦時中は、アーヴィング・バーリンの『陸軍中尉』の初演や、エディ・フィッシャー、ディーン・マーティン、ジェリー・ルイス、ジュディ・ガーランドらが演じる舞台が上演された。

その頃、映画館には特別な「おまけ」があった。上映の前に、「ムービートーン・ニュース」訳注5

訳注4……リンゴレビオは、鬼ごっこの一種。

訳注5……「ムービートーン」は、フォックス映画社が開発したフィルム式トーキー（発声映画）。「ムービートーン・ニュース」は1935年（フォックス映画社が、20世紀映画社と合併）以降の、トーキーニュース映画の呼称。

の映像が流れたのだ。ラジオでニュースを聞く生活をしていた時代にあって、時には前線に近いところで撮影された戦争の様子を伝える白黒の映像は、人々をゾクゾクさせ、時には不安にさせるものであった。

空調がたいてい設置されているというのも映画館の大きな利点であった。暗い部屋で、座って巨大なスクリーンを観ながら冷たい空気を受けることで、騒々しく激しい計算手の作業を終えた後の数時間をリラックスして過ごすことができた。

土曜日の夜遅く、フローレンスは流行歌に皮肉っぽい歌詞をつけた歌集を回覧することがあった。『(オレはうきうきしているんだ) ジングル・ジャングル・ジングル』の歌詞が「差分したけど 上下に振れ／でも平滑化に夢中／因子は 私を揺すぶる／逆補間 するときには／そう、グレゴリー・ニュートン、やっぱり グレゴリー・ニュートン／あなたの係数が好き だって計算できるでしょ／射程も上下に揺れ／照準はやけに波うつ／でもヒトラーの心が揺れたら／こっちの射表は イケてるの」『ナイト・アンド・デイ』の歌詞は、「夜も昼も、見えるのは／長くくねった軌道のマークよ……／それは変数と微分のせい／ああ私はいつも間違いを犯してしまう／夜でも昼でも！」[30]となった。

休日の日曜日には、女性たちはピクニックに出かけ、平日の疲れを癒そうとした。「男なんていないのだから、気にすることなんてなかったのです」とマーリンは言った。「そして、私たちはみんな……髪を下ろしました。自分たちがやりたいと思ったこと、できることは何でもやりました[31]」。

地下室の怪物

マーリンやルースと同様に、ケイとフランは陸軍の計算班がまだかなり小さかった頃に、ライラ・トッドと共同して卓上計算器で弾道計算を始めた。しかし、早々にこのふたりの道は他の計算手とは枝分かれした。ケイは陸軍計算チームでの仕事をし始めた頃、「見たこともなかったのですが、微分解析機の操作方法を学ぶことに興味はないか」とフランとともに聞かれたことを憶えている。[1] ムーア校の地下には、巨大な機械が置かれていた。「長さが30フィート［約9メートル］もあって、金属の軸と歯車が回っている怪物みたいな機械だった」。ある人が、陸軍はこの機械が１時間以内に軌道計算を解き、射表を作るのに必要な時間を大幅に短縮できると期待している、と言った。ケイは「非常に複雑そうな機械」と感じ、やや懐疑的だった。[2]

これは、ＭＩＴの高名な科学者であるヴァネヴァー・ブッシュが考案した「アナログ計算機」であり、高度な方程式やある種の微分方程式を巨大な「回転軸《シャフト》と歯車《ギア》と針金《ワイヤー》を組み立てたもの」で解くもので、「微分解析機」と呼ばれていた。[3] １９３０年代の半ば、ムーア校が購入しようとしたとき、

10万ドル（現在の150万ドル）という値段は高額だった。そこで、ムーア校は弾道研に、この機械のスポンサーになってくれるよう打診した。弾道研は「国家の緊急事態にはこの機械を即刻アバディーン（性能試験場）に引き渡す」[4]という特別な条件をつけて承諾した。

この解析機は米国が第2次世界大戦に参戦するまで、コーネリアス・ワイガンド教授とその学生たちの研究機として使われていた。1942年6月、ムーア校の地下にある解析機を稼働させるために、小規模ではあったが、機械の所有者でもある弾道研のチームがペン大にやってきた。[5]巨大な機械は移動するには大きすぎたため、契約によって機械だけでなく部屋そのものも陸軍が管理した。弾道研は扉に「立入制限」という標識を掲げた。この後、解析機は弾道研の目的のみに使われることになる。学術的な研究は後回しとなった。

女性に解析機を担当させなかったムーア校にとっては驚きだが、弾道研は直ちに計算手を操作に割り当てた。ケイとフランはこの初期チームの一員であり、配属されたその日に、次の仕事を始めるために地下室に消えていった。[6]

その元ボイラー室で、彼女たちは驚異的なものを目にした。学生時代にそれを使用していたMITのジョセフ・ワイゼンバウム教授によれば、その解析機は、「巨人のマットレスのスプリング」のようだったそうだ。[7] 30フィート［約9メートル］以上あり、長い金属棒に紐、バンド、プレート、ギア、シャフト、ロッドで構成されていた。ワイガンドのチームは、たった一つの弾道計算を解くために、何十ものモーター、何千ものリレー、2000本の真空管、200マイル［約320キロメートル］

ものワイヤーを設置したのである。

解析機は弾道研が求める計算の高速化を実現すると考えられていて、実際に解析機が作動すると、軌道計算を１時間以内に行うことができ、卓上計算器で働く計算手よりもはるかに速かった。それを実行するため、ひとりの計算手が平らな縦長の板を使って計算式にデータを入力していく。別の計算手は、解析機の中央で、30歯の歯車が60歯の歯車に噛み合うときに歯車が２を掛けるのを監視した。[8]

当初、ケイとフランは同じシフトに入り、以前と変わらず、一緒に過ごせることを楽しんでいた。彼女たちは弾道研のチームで学んでいたが、帰任を控えた弾道研の職員が、２交代制の解析機の昼と夜の監督者にふたりを任命したため、すぐに離れ離れになってしまった。監督者として、ひとりは日勤を２週間、その後夜勤を２週間することになり、もうひとりは夜勤を２週間、その後日勤を２週間することになった。彼女たちは一緒に仕事がしたいと思っていた。

ウォルナット通り３４３６番の３階の計算チームでは、ひとりの計算手が単独の軌道を最初から最後まで個別の卓上計算器で計算していたが、解析機チームでは巨大なアナログ機械に計算式がそのまま組み込まれていたため、同一の方程式を共有していた。ケイのシフトはフランのシフトに、フランのシフトはケイのシフトに、それぞれ計算結果とその結果の一部を引き渡した。幸いなことに、ふたりは長年の友情と仕事上の協力関係から、互いの心を読み取ることができるようになっていた。彼女たちは、週６日、１日16時間、解析機の計算を順調に進めるために協力し合うこの上ない監督者であった。

監督者であるケイは、しばしば解析機の反対側に座って、10個の円形計数器が回転して解析機の計算結果を示すのを眺めていた。そして計数器が止まると、その計算結果を書き留めた[9][訳注1]。しかし、ケイはこの高価で格調高い装置にほとんど信頼を置くことができず、「機械には何百万通りもの不具合がある」ことを見つけ出した。彼女は解析機の精度をチェックするために、古くて信頼性の高い卓上計算器を部屋の奥のテーブルに置き、定期的に「手計算で軌道」を求めて、「大きく外れていないことを確認し」、解析機がやるべきことをやっているかチェックしたのである[10]。

計算結果があまりにもかけ離れていると、ムーア校の職員が修理することになっていたため、彼女は整備チームを呼んだ。解析機に方程式を組み込んで、バンド、シャフト、ギア、モーターなどをチェックし、すべてがうまく回っていることを確認するのは彼らの仕事である。バンドが緩んだり、ギアが滑ったり、ワイヤーが切れたりすると、解析機の精度が下がり、軌道の計算結果が役に立たなくなるのだ。戦時中のプロジェクトを手伝うためにジョン・モークリーとともにアーサイナス大から来たジョー・チャップラインは、整備エンジニアとして、あるいは彼が言うように「大きな機械式計算機の動作を管理する世話役[11]」として契約していた。ほかにも、ムーア校の学生や大学院生が手伝いのために出入りしていた。

計算手はハードウェアの修理をすることにはなっていなかったが、深夜にトラブルが発生して整備エンジニアがいない場合、チームの貴重な計算時間を無駄にしたくないと、ケイが自分で修理することもあった。モーターの周りのバンドが外れると、ケイはそれを付け直した。弦が切れたら、解析機で使っていた「カティーサーク」というブランドの弦に取り替えた。後年、ケイは「カティーサーク」という名のスコッチウイスキーのボトルを見るたびに、解析機を使っていた頃のことを思い出すと語っていた。[12]

しかし、解析機を稼働させる上では注意すべきことがいくつもあり、張力のかかったワイヤーを交換するのは危険な作業であった。危険が潜んでいたある日、計算手のひとりの爪が解析機によってはぎ取られてしまった。ジョン・ホルバートンは治療のため、彼女を自ら病院まで運んだ。[13]

§

扉には「立入制限」と書かれ、「解析機室への入室は軍の許可を得た者のみ」という表示があったにもかかわらず、多くの人がその部屋に入り込んでいた。解析機室は高価な贅沢品である空調設備が整っていたが、それは職員のためではなく、ハードウェアのために設置されていた。その歯車、バンド、ワイヤー、プレートなどは、限られた温度と湿度の範囲内でしか作動しなかった。

ケイは、ムーア校のあまりにも多くのメンバーが、涼しさを味わうために軍の制限を破ったことに驚いていた。「ムーア校の全教授と大学院生、それに解析機室に来る理由がありそうな人なら誰でも」地下の離れた部屋までやってきて「談笑の会」をしていたと、彼女は回想している。[14]

訳注1……微分解析機と計算手たちの姿は、**写真2-2**を参照。

それはともかく、要求は満たされなかった。卓上計算器チームと解析機計算チームが懸命に働いても、陸軍が必要とする射表に必要な数の軌道をハーマンは生成することができなかったのだ。

1943年の初めには、彼の髪の毛はボロボロになっていた。

§

1943年3月のある日、ハーマンはアナログの電気機械装置の前に立ち尽くし、苛立ちを隠せないでいた。そんな彼に、ジョー・チャップラインが静かに声をかけた。

「上の階のモークリーという男に話を聞いてみたらどうだ。彼は電子的な方法について、いくつかの構想を持っているはずだ」。

「会えるか？」とハーマンが聞いた。

「もちろんだ、行こう」とジョーが言った。[15]

彼らは、ジョーの友人であるジョン・モークリー博士に会うため、連れ立って2階に上がっていった。そして、歴史がつくられようとしていた。

会うとすぐに、ハーマンとジョンは自分たちに多くの共通点があることに気づいた。ふたりとも教員であったが、戦争で大切な職を追われた。ハーマンはミシガン大学、ジョンはアーサイナス大学で教鞭をとっていた。ふたりとも、彼らの軍のプロジェクトの一部を手伝ったり、運営に参加したりする数学者と結婚していた。

そして、両者とも大変な苛立ちを感じていた。ハーマンには射表を作らなければならないというプレッシャーがあり、採用やトレーニング、卓上計算器、さらには微分解析機を使っても、残務に大した効果がないように思えたからである。ジョンは教員としての仕事量が多く、さらに陸軍のレーダー・プロジェクトの運営を支援するなど、多忙な日々を送っていたにもかかわらず、同僚たちから認められていないと感じていた。彼はアーサイナス大学では尊敬を集めた教授で、物理学科の主任でもあった。それにもかかわらず、ムーア校では「教授」の称号を与えられず、ただの「講師」であった。

加えて、ジョンには電子制御のプログラム可能計算機という構想があったが、ムーア校の教授陣にはなかなか話を聞いてもらえなかった。彼が思い描く計算機は、電気機械式スイッチのような亀の歩みではなく、稲妻のようなスピード、つまり電子の速さで作動するはずである。それは、アナログではなくデジタルで、さまざまな方程式や問題を解くことができるという意味で汎用的であった。

ハーマンは、ジョンの新しい計算機についての構想に惹きつけられた。ふたりは、この計算機が弾道計算を、卓上計算器による手計算のように数日ではなく、あるいはよく動く解析機による弾道計算のように数時間もかかることなく、分単位で解くことができるかもしれない、と話し合った。

ジョンの見込みでは、20〜30台の特別に作られた電子装置は、「1秒間に1000回の乗算ができる。そうであれば1〜2分で弾道計算を完了するはずであった」[1]。ジョンはこの計算能力を、自身が力を入れている気象予報の問題に使おうと考えていたのだ。彼は計算機を使って暴風雨の進路を計算し、その進路上にある地域に早期警報を出したいと考えていた(現在ではスーパーコンピューターが計算する複雑な問題である)。しかし、彼の計算機は弾道計算にも同様に使えるはずである。

ハーマンはその構想を理解した途端、遠大ではあるけれども、これが解決策だと認識した。

ジョンは「この実験的な新機材は高価になる」と警告したが、ハーマンは決してあきらめようとはしなかった。戦争のさなかにあって、重要な問題が絡むと、金額は妨げにならないことを彼は知っていた。[2] ハーマンが自分のビジョンや夢に興味を持ってくれたことを、ジョンは喜んでいた。ハーマンの次の質問は、すらすらと出た。「この着想を文章にできないか?」。

するとジョンは、「もう書いてある」と答えた。[3]

その7か月前にもムーア校の他の人たちから同様の質問を受けていて、ジョンは時間をかけて「高速真空管装置の計算への利用」[4]という5ページの明晰で簡潔な原稿を書き上げた。彼は秘書のところに行き、機械式タイプライターを使って打ち込むという、当時では特殊な技術によって特別に文書を仕上げてもらった。

コピー機はまだ存在せず、カーボン紙（書いたりタイプしたりした紙のへこみを下の紙に転写できるインクを塗布した用紙）も戦争で不足していたため、企画書のコピーは1部しかなく、それを学部長のグリストに渡したが、彼はすぐになくしてしまった。[5]

ハーマンが企画書を探しにグリストのオフィスを訪ねたとき、学部長は文書を見つけることができなかった。そのうえ、グリストはこの企画にあまり乗り気でないことは明らかだった。ムーア校には解析機があるのに、なぜ全電子式計算機が必要なのだろうか？

ハーマンとジョンは、この先どうしたらいいかと数日間頭を悩ませていた。ジョンは文書の書き直しには骨が折れることがわかっていた。しかし、ハーマンは急ぎたかった。一刻も早く弾道研にジョンの構想を届けたいと考えていた。

次の日くらいに、ジョンは自分の文書のメモを誰かが持っているかもしれないと気づいた。1941年にアーサイナス大を卒業し、フィラデルフィアに住んでいたドロシー・キンゼイ・シスラー[6]が、ジョンの文書をタイプしていたのだ。彼女はジョンの発言を速記で書き留め、迅速に口述筆記できるように略語と記号の形式を整え、それをタイプして企画書を仕上げた。[7]ドロシーがまだそのメモを持っていないだろうか？
彼女は保存していた！　速記者用の筆記帳とジョンが書いた原稿を持っていたので、ドロシーは簡単に打ち直せると思った。すぐに5ページの文書の用意ができ、再びきちんとタイプされ、そこには当時知られていたいかなるものとも異なる計算機が明確に示されていた。それはすべて電子的で汎用的でプログラム可能なものであった。20世紀における最も重要な文書は、非の打ちどころのない秘書の女性によって救われたのだ。

この文書には、幅広い分野で有用な作業や問題解決を行うことができるデジタル計算機というジョンのビジョンが書かれていた。それは、新しい問題のたびに構築し直す必要があるようなものでなく、プログラムしたり、同一のハードウェアを使って新しい強力な方法でプログラムを作り直したりすることができる。仮にこの計算機が実装されれば、その速度は地球上のどの機械よりも「数桁（実質1000倍）高速」となる。このハードウェアは、高速計算という画期的な新しい構想を検証するためのプラットフォームとしての役割を果たすだろう。[8]

文書を読んだハーマンは、歯車や車輪などを電子的な計数器に置き換えて、ジョンが掲げている構想を理解した。歯車や電気機械式スイッチの代わりに、当時の重要な電子部品であった真空管を使えば、素晴らしい速度が得られるというジョンの考えを信じたのだ。ハーマンは即座に興味を持ったが、弾道研副所長のL・S・ディデリック博士は「短い文書では不十分で、弾道研は正式な説明の追加を求めるだろう[9]」と懐疑的であった。

ジョンはハーマンに、企画を説明する資料の作成と新しい計算機の組み立てを手伝ってくれる人が必要だと言った。その人物はムーア校の電子工学の授業で知り合い、当時はまだ23歳の若いエンジニアだったJ・プレスパー・エッカートである。「プレス」と呼ばれる彼はムーア校を卒業したばかりで、すでにいくつかの特許を取得していた。

ハーマンはこれを良しとしたが、ふたりがこの文書をプロジェクトに必要な手順と費用を記した正式な企画書にすることが条件であった。ジョンとプレスは「数日間にわたって『24時間態勢で』作成にあたり、やっと詳細な企画書を完成させた[10]」。

§

プレスは10歳年下だったが、ジョンは会うとすぐに、天才だと見抜いた。ふたりはともに、生まれながらにして発明家であった。ジョンの場合は、早くも小学生のときから電気で遊んでいて、近所の人に電気ドアベルを設置して金を稼いでいた。父親が物理学者で、ワシントン・カーネギー協会に勤務しており、彼は「科学者二世」であった。ジョエル・シャーキンによると、ジョンは両親が嫌がる夜間の読書が楽しみで、両親を欺くために階段にスイッチを仕掛け、屋根裏部屋の明かりを動作させたという。

階段に仕掛けをし、息子が寝ているのを確認するために母親が階段を上がると、読書用の明かりが自動的に消えるようにした。母親が階下に戻り、同じ階段を踏むと、屋根裏部屋の読書灯が再び点き、ジョンは読書に戻った[11]。

アーサイナス大学在任中は、統計学を用いて気象パターンをより正確に予測できる方法はないかという着想に興味を抱くようになった。夏休みにはワシントンの国立標準局で仕事をし、政府の気象データを入手した。彼はそのデータをアーサイナス大に持ち帰り、学生を雇って統計計算をした[12]。しかしこの作業は、数字を入力し、方程式を計算し、計算結果を書き、また数字を再入力するという作業の繰り返しで無数の誤りを伴い、時間がかかった。ジョンはすぐに、このような重要な方程式を計算するには、もっとよい方法があるはずだと思った。

１９３９年、ジョンはニューヨークのクイーンズ区で開催された万国博覧会に出向き、そこで真空管回路を使って暗号文を送るＩＢＭの電子式暗号機械を見学している[13]。真空管は、ガラス管からガスや空気を抜いたものである。その中に電子を放出する陰極と陽極を置き、電子を一方向にしか移動させないようにして流れを作った。真空管は、１９０４年にジョン・アンブローズ・フレミングが発明し、１９３９年の万国博覧会の頃には大量生産されていた[14]。大きさはさまざまだが、多くは細長い電球のような形で、縦5インチ［約13センチメートル］、横2インチ［約5センチメートル］ほどの幅であり、ほぼすべての家庭の居間にあった大きな木製ラジオの中で、電流を増減させて番組の音量を調節するものだった。

真空管は、もっといろいろなことに使えるのではないか、光の速さで何千もの数学的計算ができるのではないか、とジョンは考えていた。

ネオン管を使って電子的な集計装置を自作したジョンは、「本当に欲しいのは電子計算機だ」と気づいた。1940年、米国数学会の会合のためにダートマスへ車を走らせた彼は、そこでMITの数学者ノーバート・ウィーナーと出会い、電子計算機が「進むべき道だ」[15]ということで意見が一致した。

しかし、当時の知見、いわゆる「衆知」では、すべて電子化された計算機は不可能であり、不要であるとされていた[16]。また、真空管は信頼性に欠けることもわかっていた。当時の第一人者たちにいわせると、真空管を使った本格的な計算機は失敗するに決まっていた。

ジョンがプレスと一緒に仕事をするのが好きだった理由の一つは、プレスがそうした「一般通念」を知らない、あるいは気にも留めないほど若かったことだ。ジョンと同じように、プレスも生まれながらにして発明家であった。5歳のとき、彼はリビングルームで使っているラジオの文字盤やスピーカー、電池などの部品を細かく絵に描いた。7歳になると鉛筆でラジオを作り、学校の机の金属製の脚につないで退屈しのぎに聴いていた[17]。

10代の前半には、彼は蓄音機のアンプを作り、好きな音量でレコードを再生していた。父がフィラデルフィアの裕福な実業家であったため、プレスは幼少期から珍しい機会に恵まれていた。野球の名監督コニー・マックの自宅は数軒先にあり、史上最高の野球選手のひとりであるタイ・カッブとは、父がともにゴルフをプレイした仲だった。また、父の出張先では、ダグラス・フェアバンクスやチャーリー・チャップリンの映画の撮影現場を訪れた。それは、彼の父が共有したかった体験だった。[18]

しかし、プレスの最大の夢であったマサチューセッツ工科大学への進学は、実現することはなかった。一人っ子だったため、母は息子が家を出ることに耐え切れず、MITの学費とマサチューセッツ州ケンブリッジでの生活費は払えないとプレスに告げるよう夫を説得した。[19] その代わり、父はプレスをペン大のウォートン校に入学させたが、プレスは退屈してすぐにムーア校に転校した。母がしたことを知ったプレスは、激怒した。

それでもなお、工学に興味を引かれた彼は、ムーア校のカール・チェンバース教授に誘われ、いくつかの外部コンサルティングプロジェクトに参加した。フィラデルフィアにあるラジオメーカーや、テレビの新技術を研究している会社と共同して仕事をした。学生時代にはアルバイトで回路を設計し、計算・チェックにおいても準備に時間をかけ、間違いがないようにすることに価値があることを学んだ。[20]

プレスがムーア校を卒業したとき、彼はいくつかの技術特許を取得済みで、ベル研究所とRCA社から素晴らしい仕事のオファーを受けていた。しかし、彼は大学院生としてムーア校に残ることにした。それはおそらく、彼の人生における最良の決断であっただろう。

真珠湾攻撃前の1941年半ば、プレスは陸軍とムーア校のために「国防のための電子工学の訓練」というコースを教えていた。陸軍は、電子工学の素養のある人材をもっと必要としていた。その10週間のコースは、物理学や数学を学んだことがある男性に現代的な電子工学を教育するために作られたものであった。[21]ジョンは最新の計算機器について何かもっと学べるかもしれないと期待して入学したのだが、すでに自分がアーサイナス大学で同じような講義をしていたことに気づき、がっかりした。ここで新たに学ぶことは何もなかった。

しかし、このコースを受講することには、ジョンが予想もしなかったメリットが隠されていた。プレスが実習の講師であり、電子工学の学生が彼を必要としないときにはふたりで「実習室のテーブルの上に座り、足をぶらぶらさせながら、何時間でも興味のあることについて何でも語り合った[22]」のである。

そして、電子式の汎用プログラム可能計算機について、ますます議論を深めていった。ジョンは、彼のビジョンと「何千本もの真空管が必要だが、何千本もの真空管が協調して確実に動作し、これほど大きな機械を動かすことはできない」という当時の一般的な疑問を共有した。

しかし、プレスは異なる感覚を抱いていた。フィラデルフィアの大きな教会で見たオルガンは、1鍵に2本、全体で100本以上の真空管が使われていて、「十分に機能する[23]」ものだった。プレスは「もう20倍はいけそうだ」、つまり、2000本以上の真空管を一体として動かすことができると伝えた。[24]

ジョンが安心したのは、プレスがこの巨大計算機の実現に何の障害もないと見込んだからだ。真空管をフルパワーでなく、通常より10～20％低い電流で動かすことがポイントになると、プレスは断定した。[25]この判断は、ジョンの確信につながった。もしあのときプレスがいなければ、「私はおそらくこの研究を進める気になれなかっただろう」と、ジョンは後で告白している。[26] 実習が終わって他の学生が帰った後も、ジョンとプレスは話し続けた。彼らは一緒にジョンの全電子式計算機について議論した。それから1年半もの間、彼らは冷房の効いた解析機室、ムーア校内の人混みを避けた場所、そして近くのリントンズという24時間営業のレストランで、ジョンはコーヒーを飲み、プレスはアイスクリームソーダを飲むなどして、場所を選ばず会った。[27] もしあなたが１９４１年の秋口にリントンズにいたとしたら、30代前半と20代前半の男性の二人組が、頭を寄せ合ってナプキンに発明品をスケッチしているのを見かけたかもしれない。このふたりが20世紀を代表する発明家になるとは、あなたも彼らも思いもよらなかったことだろう。

「ゴールドスタインに金を出してやれ」

ハーマンは、23歳の新卒者をリードエンジニアとしてプロジェクトに参加させることに、やや懐疑的だったようだが、何より望んでいたのは企画書で、すぐにでも欲しかった。ふたりが一緒に企画書を作り、一緒にプロジェクトを進めたいのであれば、彼はそのなりゆきを見守ることにした。

ふたりが何日も昼夜を分かたず仕事をしているときに、ハーマンはグリスト・ブレイナード学部長と話すために出向いた。なにしろ、ムーア校にはレーダー・プロジェクトとともに、陸軍の計算グループが設置されているのだ。新しい機械をムーア校にも造ったっていいじゃないか？ それを構築するにはエンジニアが必要となる。それなら、ひなびたメリーランド州の沼地に囲まれたアバディーン性能試験場よりも、ムーア校のほうが多くのエンジニアを確保できる。

しかし、グリストは手ごわかった。彼はこの構想の価値にほとんど無頓着で、当初はムーア校の関与を望まなかった。最終的には、他の学部長たちと「ムーア校が失うものはそれほど多くない」ということで意見が一致した。このプロジェクトは陸軍のものであり、失敗したときの責任は弾道研にあり、彼らのせいにはならない。その一方で、陸軍はムーア校にスペース代を支払い、プロジェクトの運営を支援することになる。話し合いの結果、グリストはハーマンに承諾を与えた。ジョンが頼むのとハーマンが頼むのではわけが違う。

ハーマンとしては、上官のポール・ギロンにこの企画書を送れば良い返事が返ってくるという自信があった。さらにポールの協力があれば、ヴェブレン少佐を説得するのも「楽勝だ。ヴェブレンは、プロジェクトよりも人を信じているから、我々なら実行できると多大な信頼を寄せてくれるだろう」[2]。

ハーマン、ジョン、プレス、グリストの4人は、次の段階として、ムーア校から弾道研に対する正式な企画書とその説明の準備を進めた。微分解析機は誰もが知っている機械だったので、グリストはそれになぞらえて、新しい計算機の導入部分と一般的な部分を書き、ジョンとプレスは新しい計算機の概要を説明する技術的な部分を書いた[3]。

彼らは急いで仕上げ、ハーマンとグリストは1943年4月2日に、レスリーとポールへ企画書を提出した[4]。この書類は、すぐに彼らの目に留まった。

企画書が提出されると、ハーマンとグリストは打ち合わせのためにヴェブレンの事務所に呼び出された。ヴェブレンはプリンストン大学の教授で、アルベルト・アインシュタインとともに高等研究所に所属していたが、このときも弾道研の古参の設立者であった。特に、大きな支出を伴う案件では、彼の意見は非常に重要であった。

弾道研のヴェブレンのオフィスで、ハーマンは計算機の構想について説明した。ヴェブレンは大きな木製の机に足をかけ、大きな木製の椅子を大きく後ろに傾けて座りながら考えていた。彼は深く集中していた。20万ドル（現在の300万ドル）という法外な費用を心配する将校や、成功の可能性が低いことを心配する将校がいて、彼の前でちょっとした論争が起こった。議論は一進一退を繰り返し、ついにヴェブレンが椅子を水平に戻した。

「サイモン、ゴールドスタインに金を出してやりたまえ！」そう言って、ヴェブレンは部屋を出ていった。[5] しかし、このままでは終わらなかった。弾道研は正式な説明をさらに求めた。企画を説明する場は、1943年4月9日に設定された。一同がそろってムーア校からアバディーン性能試験場へ行くときである。幸いなことに、ハーマンはアバディーンに行くためのスチュードベーカーの車とガソリンの特別な配給ポイントを持っていた。[6] その日の早朝、ジョン、プレス、グリストの順に自宅まで迎えに行った際、ハーマンは神経をとがらせていた。ヴェブレンの支援はあったが、一流の科学者や技術者が「この計画は愚の骨頂だ。1万本の真空管を使った機械を動かすことなど、誰もできない」と弾道研に断言したことを知っていた。

果たして、ジョンとプレスの説明は勝てるのだろうか。

でこぼこ道を1時間半ほど走った後、彼らはフィラデルフィアからチェサピーク湾に面したアバディーン性能試験場に向かった。まず、基地の検問を通過し、次に弾道研究所の検問を通過した。ハーマンは何度もそこを通過したことがあり、正当な身分証明書や通行証を所持していた。

弾道研では、彼らは二手に分かれた。ジョンとプレスは控室に入って、秘書と一緒に企画書の手直しにあたっていた。[7] ハーマンとグリストは「担当の将校たちの待つ会議室に入った」[8]。ハーマンとグリストが再提案をした後、グリストは退出するように言われた。やがてヴェブレンが出てきた。弾道研の答えは変わっていなかった。陸軍は、世界初のすべて電子化されたプログラム可能な汎用計算機をムーア校で作るため、資金を提供するとのことだった。サイモン大佐は、この朗報をジョンとプレスに直接伝えた。[9]

将校たちはハーマンやグリストとともに、大きな窓からチェサピーク湾の水面が見渡せる試験場の素晴らしい将校クラブへ昼食に出かけた。しかし、ジョンとプレスは残され、契約の詳細を詰めた。ふたりは取り残されたような気分になり、ひもじい思いもしていた。

しかし、その仕事をこなし、帰りの時間となると、ハーマンは後に残って片を付けなければならなかったため、グリストとともに列車でフィラデルフィアに戻った。[10] 3人はこの出来事に満足し、そして同時にジョンとプレスは強い空腹感を覚えていた。

この日は、プレスの24歳の誕生日でもあった。

ほどなくして、解析機室の女性たちは1階で並外れたものが建造されていることに気づいた。彼女たちは、「プロジェクトX」の噂は聞いていたが、詳しいことまでは知らなかった。[1]

ケイは「ムーア校に新しい計算機ができるらしいが……私たちは関心を持つべきではない」と聞いていた。[2]ムーア校の1階の奥にある新しい機械専用の大きな部屋は、「機密」と分類されていたので、彼女は入ることができなかった。その標識は機密情報の取り扱い許可がない者は入室が禁じられていることを意味し、解析機室とは違って、その制限は徹底されていた。[3]ケイは意に介さず、蔑ろにされたとは思わなかった。戦時中であり、多くの扉が閉ざされていた。

§

プロジェクトXが始動した5月31日、ポールはムーア校で開かれたハーマン、ジョン、プレス、グリストらが出席する会議の議長を務めた。この立ち上げのチームに会うために、彼は弾道研科学諮問委員会のメンバーである天文学者のリーランド・カニンガムを連れて、弾道研からやってきた。[4]

ポールは陸軍との新しい契約で担う役割を説明した。グリストはプロジェクトの監督者であるが、技術的な役割は果たさない。ハーマンはアバディーンとの技術的な連絡役となる。そして、ビジョンを構想したジョンが「主席コンサルタント」、プレスが「チーフ・エンジニア」である。ジョンとプレスは、新しい計算機の設計、構築、テストを共同で行うことになった。[5]

そのほかの事務的なことに加え、ポールは新しい機械の名称を発表した。ムーア校では解析機になぞらえて「電子数値積分器」と呼ぼうとする者もいたが、ポールは「Electronic Numerical Integrator and Computer（電子式数値積分・計算機）」と発表し、「エニアック」という呼び名となった。[6] それは、人々が知っているような電気式の卓上計算器や解析機ではなく、新種の機械「計算機《コンピューター》」であった。

ポールは契約の主要な条項を説明した。構築終了後、ＥＮＩＡＣが作動すれば、陸軍の所有となり、アバディーン性能試験場に移設されるというものだ。またこの契約により、ジョンとプレスは自分たちの発明を特許化し、のちに商業化する権利を得た。

これは、当時の陸軍の標準的な契約文言であり、現在も同様である。陸軍は自分たちが負担する対価に見合う計算機の完全な使用権と所有権を望んでいたが、陸軍の将校たちは創見に対して適切な特許と保護を与えることで、ジョンとプレスが陸軍の投資とふたりの発明を守ることも望んでいた。また、陸軍は研究開発契約によって、重要な発明が一般に公開されることを期待していた。ひょっとすると、この契約によって新しい産業が生み出されるかもしれない。

この契約書は1943年5月17日に審査のために原案が配布され、6月5日に締結された。[7] ジョンとプレスはチームの編成を開始し、7月初旬には12人ほどのメンバーが揃った。「奇妙な顔ぶれで、なおかつ豊かな工学的才能をもった一団」であった。スコット・マッカートニーは著書『エニアック：世界最初のコンピュータ開発秘話』（邦訳：パーソナルメディア刊）で、このグループに含まれたのは「茶目っ気と創意ある設計で周囲に愛された、エンジニアのボブ・ショー、……フィラデルフィアのクエーカー教徒の家庭に生まれ、論理的で知的かつ思慮深いエンジニアのカイト・シャープレス、……名門出身の中国人移民のチュアン・チュウ、そして、ボブ・ショーとともに遊び半分で穀物の先物取引に手を出していたのんきな独身男、ジャック・デイビス」訳注1たちだったと書いている。[8]

この若いエンジニアたちに、哲学の博士号を持つ論理学者のアーサー・バークスが加わった。彼はジョン・モークリー同様、1941年に陸軍による電子工学の講座のためにムーア校にやってきて、そのまま留まっていた。

ジョンとプレスは、ENIACの全体的なビジョンと設計方針を担ったが、個々のユニットの設計には協力が必要であった。それぞれが機械の一部分を割り当てられ、1階の機密保持室の閉ざされた扉の向こうに姿を消し、その作業を行った。

訳注1……『エニアック：世界最初のコンピュータ開発秘話』（スコット・マッカートニー著、日暮雅通訳、パーソナルメディア、2001年、76～77頁）から引用。

§

その間も戦争の状況は思わしくなく、米国にも近づいてきているように見えた。1943年2月に終結した長期にわたるスターリングラードの戦いは、凄まじい犠牲を払って勝ち取ったものである。男性、女性、子供など、病気や飢えで死んでいった人たちを含め、約200万人の命が失われた。

太平洋からの知らせも厳しく、2月になると、太平洋に浮かぶガダルカナル島での戦闘が大きく報道された。この戦いは最終的には米国の勝利となり、戦争の転機となったが、日米双方の兵士に甚大な犠牲が出た。真珠湾攻撃で米軍の艦船と部隊を壊滅させた日本軍は、このことによって押し戻され、その後の太平洋戦争は日本本土に向かっていくことになる。

3階の計算チームには、ちょっとした良い知らせがあった。1943年5月7日、ついに北アフリカでドイツ軍が降伏したのだ。マーリンたちは北アフリカの大砲の軌道を早く計算しなければならないという特別なプレッシャーを受けていたため、わずかではあるがこの勝利につながりを感じ、自分たちの仕事に誇りを持った。[9]

太平洋においての連合国の積極的な前進にもかかわらず、1943年の大西洋の状況は異なっていた。そこでは、戦争は非常に身近なものに感じられた。フィラデルフィアは、恐れられていたドイツの潜水艦Uボートの射程圏内にあるため、厳戒態勢にあったからである。毎晩フィラデルフィアは灯火管制となり、マーリンが仕事を終えて午前1時に帰宅するときは、明かりを消した路面電車に乗って暗い通りを抜けることになった。

その1年前、大西洋を渡ってきたUボートは、ニュージャージー州とバージニア州の沿岸で米国の船を次々に沈め始めていた。フィラデルフィアはこの二つの州の間にあり、船舶だけでなく沿岸部の住民を攻撃できる魚雷の射程範囲にあった。

フィラデルフィアの市民は、東海岸沿いの住民とともに、自宅から出る光を遮る「遮光ブラインド」を買うように指示された。また、夜間に商店や事務所が街路に照明を点けることも規制した。夜間外出禁止令が出されていたため、夜道を歩いているのは、遅くまで行われる戦時の事業や24時間操業の工場で働く労働者ばかりであった。

マーリンにとって、フィラデルフィアの暗闇に包まれた通りを家まで歩くのは怖いことだった。路面電車を降りると、自分の手元が見えないこともあった。[10] 通りでは他の人の姿も見えなかったけれども、歩道をコツコツと音をたてて、彼女に近づく靴の音が聞こえることはあった。彼女は誰が自分に向かって歩いてきているのかがはっきりするまで、じっと息をひそめて待っていた。ほとんどの場合、それは近所の空襲監視員（夜になると近所に光の漏れや壊れたブラインドがないかをチェックするように命じられた人）だった。この人物はマーリンの家族の古くからの友人で、マーリンの勤務時間もよく知っていた。彼は可能な限り、彼女の乗る路面電車を出迎え、フィラデルフィア北東部の暗く静まりかえった通りを一緒に歩いて送ってくれた。[11]

マーリンは息を吐き出すと、その友人と一緒に家路につくのであった。

"ALL THAT MACHINERY
JUST TO DO
ONE LITTLE THING
LIKE THAT"

「あれほどの機械が、あんなたった一つのことをするために」

プロジェクトXは「PX」とも呼ばれ、その専用ルームはムーア校1階の左奥にある大きな研究室だった。ムーア校内のたいていの場所では機密保持の状態が少し甘かったが、この部屋への規制は徹底されており、新しい機械に関係のない者は誰も出入りすることができなかった。

外から見ていた人たちは、黒い金属の大きな塊、何千というスイッチ、何万本という真空管、それらをつなぐ何マイルものワイヤーなど膨大な量の物資が、閉ざされた扉の向こうに次々と運び込まれていくのを目撃していたかもしれない。

ENIACチームは遅くとも1944年2月には、配線図を完成させ、2台目の計算機を作ることを考え始めていた。[1] ジョンとプレスは土曜日の朝、それぞれのチームを率いて、問題点を解決するための会議を開いた。[2] すべての人が発言でき、考えを出し合うことができる協調型の会議だった。「誰もが自由に意見を言えるし、それが合理的に議論されていた」とチームメンバーのアーサー・バークスは回想する。[3]

ムーア校の廊下は新しい顔ぶれの男女であふれるようになった。彼らはPXルームにたどり着くと、閉ざされた扉の向こうに消えていった。ケイはそんな新しい職員の姿に目を留めたが、やがて配線工事に携わるために雇われた女性の集団[訳注1]がいることに気づいた。[4] ハーマンはその仕事に、電話の配線工事の経験のある女性を採用しようと考えた。

戦時下で、新しい事務所を開設する会社もなかったため、定職がなく夜間アルバイトをしていた電話会社の作業員を雇い、機械内部の配線の多くを担当させた[5][訳注2]。

このような臨時従業員は入れ替わりながら作業をしたが、彼らを監督していたのはいつも、ジョセフ・チェデカーとその助手ソル・ローゼンタール（コンサートチェリスト）だった。

徐々に新しい計算機の各ユニットが姿を現し始めた。

§

訳注1……配線工事に携わるために雇われた女性たちについては、巻末「原注」内の5を参照。

訳注2……『エニアック：世界最初のコンピュータ開発秘話』（スコット・マッカートニー著、日暮雅通訳、パーソナルメディア、2001年、88頁）から引用。

ＥＮＩＡＣは当然ながら、戦時中に米軍が開発した前代未聞で斬新な極秘活動の一つにすぎなかった。ベティはある別の計算プロジェクトのために、一時的にフィラデルフィアから北へ約5時間のニューヨーク州北部パインキャンプへ派遣されたが、そこはとても寒い場所であった。現在はフォートドラムと呼ばれるパインキャンプは、カナダの国境のすぐ南にある陸軍基地で、冬季の軍事訓練用として１９０８年に設立された。[6]

ベティは、パインキャンプに行き、「セッション」形式で計算手の仕事をした。パインキャンプで行われた気象観測気球の実験データをもとに、卓上計算器で気象予報の計算をしたのだ。[7]

しかし、これらは通常の気象観測気球でもなければ、単なる陸軍基地でもなかった。パインキャンプは、数百万人もの連合国軍が英国からヨーロッパ大陸に侵攻する時期と場所を隠すために作った、ドワイト・Ｄ・アイゼンハワー将軍率いる連合国軍による手の込んだ欺瞞作戦の一部であったのだ。

史上最大の偽情報作戦の一つとして、アイゼンハワー将軍はパットン将軍に、彼が英国から大軍を引き連れて上陸する地は、波立つ英仏海峡を最短距離で渡れ、英国から最も近いフランスのカレーという町であると装うように命じた。その目的は、最大の大砲と主要な要塞とともに、ドイツ軍の主要な守備軍をカレーに配備させることだった。

カレー上陸の情報を傍受させ、読み取らせることだけを目的に、偽の通信を送った。この情報を現実味のあるものにするために、偽の「幽霊部隊」まで作られた。米軍の位置や規模についてドイツ軍の判断を誤らせるため、この部隊の軍人たちは「空気注入式の戦車や大砲を使い、偽の無電を送り、部隊の移動や建築の音声記録を吹き込み、幻の部隊を作り出した」のである。[8]

これらの録音技術の多くは、パインキャンプで働く陸軍部隊からもたらされた。彼らは近くにあるベル研究所の研究施設の従業員と協力して、作業に取り組んだ。最終的に、兵士たちは「本物と見分けがつかないような（部隊の動きの）サウンドトラックを作り出すことができた」。[9]

音波による欺瞞という新しい戦法は、すぐにパインキャンプからヨーロッパ戦域にも広がった。パインキャンプの兵士たちは、このプロジェクトについて何十年も秘密を守ることを誓わされた。

数年後、ベティは自分のグループが欺瞞作戦の一部であったことを知った。アイゼンハワー将軍のDデイ上陸作戦のために、首都にいる別の計算手たちが実際の気象方程式を計算していたため、陸軍はその陽動作戦を望んでいたのである。「私たちは、いわば、ワシントンで行われている気象予報を偽装する役割を担っていたのです」。[10]

パインキャンプでの数週間が終わると、南へ向かい、フィラデルフィアに戻っていくのが嬉しかった。パインキャンプのある山頂で風が吹くと、ベティはかつてないほど寒さを感じたからだ。

§

そうこうするうちに、ムーア校の地下にある解析機室では、特別に訓練された「計算手」からなるケイのチームが定期的に引き抜かれていた。解析機室に頻繁に来る人たちは、単に話をしたり、涼んだりするだけではなかった。昼休みや勤務が終わると、解析機チームの女性たちとデートをするようになり、それ以上のこともするようになった。「アリス・ロウという素晴らしい女性がいたのですが、バークス博士が来て恋に落ち、彼女を連れ去ったのです」とケイは話した。マジョリーという名のもうひとりの計算手もいたが、ムーア校の別の誰かが「やってきて、彼女と結婚し、連れ去ってしまいました」[11]。

計算手は結婚したというだけで、必ずしもその職を離れる必要はない。ケイは、ペンシルベニア大学病院の医師と結婚したアリス・スナイダーや、夫が「徴兵されたので、戦時中にペン大で仕事をした」シス・スタンプと一緒に働いていた[12]。しかし、それは女性たちが持っていた選択肢の一つであり、多くの人が離職のほうを選んだ。

そのため、ケイは難しい操作が求められる解析機を動かすために、ため息をつきながら、新しい計算手の再教育を戦時中に何度も行った。

日勤の後、夜に時間ができると、ケイは退役軍人病院の傷病者を訪ねたり、USO（米軍慰問団）のダンスパーティーに参加したりすることが何度もあった。仕事柄、自由な時間はほとんどなかったものの、ケイはそれが正しいことだと感じていた。「兵士たちは、私たちよりもずっと多くのことをやっているのだと、常に感じていました」[13]。

解析機室から直接ダンスパーティーに向かうときは、ケイは隅のファイルキャビネットからしまってあるヒール靴を取り出して履き替え、カツカツと音を立てながら階段を上がり、フォックストロットやスイングダンスの夕べに出かけた。

解析機の調子がよくて、ふたりで操作できるような長い夜には、ケイたちはお互いに本を読み合った。ケイは、19歳で故郷を離れる青年を描いたトーマス・ウルフの最初の作品『天使よ故郷を見よ』をチームに朗読した。[14] それは時間をつぶすのに役立った。

§

そんなある夜、ジョン・モークリーとプレス・エッカートが「解析機室に弾むようにやってきた」。ケイは、「談笑の会」のために解析室に入り浸っている人たちの中から彼らを見分けることができた人物のひとりである。彼らは「私たちが成し遂げたことを見にこないか」と声をかけてきた。[15]

女性たちは少し呆然とした様子で顔を上げた。ムーア校の深夜の静寂の中で、彼女たちは集中して作業に没頭していた。プロジェクトが途中で中断されるのは奇妙なことで、他のふたりの女性は、監督者であるケイに指示を仰いだ。

ふたりの男性がとても熱意にあふれていたため断ることができず、ケイたちは仕事を中断し、注意深く背後のドアを施錠した。そして、階段を駆け上がるジョンとプレスの後ろを歩いた。彼らは、よい知らせを共有したいという気持ちを抑えきれていなかった。

「PXが構築されている部屋の前にある密閉された場所に連れていかれました」とケイは回想する。「8フィート［約2メートル半］四方の密閉された場所の近くには『高電圧禁止』と書かれた大きな標識がありました」。[16]

「あれほどの機械が、
あんなたった一つのことを
するために」

その大きな金属の檻の中には2台の大きなユニットが立っていた。それぞれの高さは8フィートで、身長が6フィート［約180センチメートル］ほどあるジョンでさえも小さく見えた。ユニットの幅は約2フィート［約60センチメートル］で、前面にあるスイッチやワイヤー、そして格子状に多数の小さなランプが設置された上部を除けば黒い金属で覆われていた。

「見てごらん」とジョンとプレスが興奮気味に言った。[17]

2台のユニットは太くて黒いワイヤーでつながれ、片方の男がボタンを押した。すると突然、ほんの一瞬、2台のユニットのランプが電光石火できらめき、独特なパターンで点灯・消灯した。間もなく、2台のうち1台の上部にある小さなランプが明るく光った。

「何を見ればいいの？」と女性たちは返した。

彼らは、女性たちが見ているのはENIACの2台の累算器で、この2台は5を5000回足したところだと説明した。

「どうしてそれがわかるの？」とケイは尋ねた。

ジョンとプレスは満面の笑みで答えた。2台の累算器はたった1秒間で5000回の足し算を行ったのだ！[18] その演算結果は2万5000であり、それが小さなランプが光っている累算器に記憶されていると説明した。

彼らはこの夜、2台の累算器が初めて動作したことを明かした。最初の2台の累算器が動いたことで、ジョンとプレスはENIACの設計の残りの部分もうまくいくことを確信した。このことは、彼らにとって画期的な出来事であり、自分たちが考えた現代的な計算技術がうまくいくことを証明する「概念実証」でもあった。

女性たちは、自分たちが今、特別な場所で特別な瞬間に立ち会ったのだと理解し、彼らを温かく祝福した。新しい発明の証言者となることは名誉なことであり、その場に立ち会うことを求めるのは発明家にとって相手への敬意の表れでもある。ケイはこの「二台累算器試験」を生涯忘れることはなかった。

しかし、女性たちだけで階段を下り、地下の解析機室に戻ったとき、少し怪しんだ。「あれほどの機械が、あんなたった一つのことをするためだとは、信じられませんでした」とケイは振り返った。[19]

それから数日後、ケイは自分が見たものについて考えてみた。プロジェクトXが完成したら、それはどんな姿になるのだろう。そして、それを使うのは誰なのだろうか。利用者はエンジニアでなければならないのだろうか？　男性でなければならないのだろうか？

「あれほどの機械が、
あんなたった一つのことを
するために」

キスの橋

1944年の冬――ウォルナット通り3436番のどの計算手のチームもほぼ休みなく週に6日働き、ケイとフランは解析機の精度を保ちながら軌道を作り出しつづけるために全力を尽くし、ENIACはまだ完成にはほど遠く、戦争の終わりも見えていなかった時期に――ハーマンとアデルは、数学専攻の女性の採用を続けていた。すでに探し尽くしたフィラデルフィアやニューヨークを越えて、全米の数学科の女性たちに目を向けなければならなかった。

わからなかったことの一つは、どれだけの女性が大学で数学を学んでいるかということだった。ハーマンとアデルは数学専攻者を見つけるために、数学会に募集の手紙を出してくれるよう依頼した。ノースウエスト・ミズーリ州立教員養成大学（現在のノースウエスト・ミズーリ州立大学）のルース・レイン博士がその募集要項を見たとき、彼女はすぐにある学生を思い浮かべた。卒業間近のジーン・バーティクが、特別な意欲と野心を持っていたのである[訳注1]。

レイン博士は、ジーンが1944年12月に最終学年を終える心積もりでいて、機会と挑戦に満ちた特別な仕事を探していることを知っていた。レイン博士はミズーリ州に来る前、オハイオ州南部にある巨大なライトパターソン空軍基地で働いた経験があり、軍隊には当時の女性が民間企業では得られないような興味深い機会と挑戦があることを知っていたのである。レインはその手紙をジーンに渡し、応募してみないかと尋ねた[2]。

ジーンはそれを受けて、指導教官で数学科長でもあるジョセフ・ヘイク博士に手紙を見せたところ、彼はそれを止めようとした。ジーンが「フィラデルフィアのような大きなところへ行ったら、大きな池の中の小さな魚[3]」になってしまうにちがいない。ヘイクは、彼女の能力が大いに活かせる地元周辺に留まるように勧めた。

しかし、ジーンは家族の誰もがやったことのない新しいことに挑戦したかった。大都会で迷子になるとは思っておらず、冒険をする心の準備はできていた。兄が海軍におり、もし陸軍が彼女を計算手として必要とするならば、彼女はミズーリ、家族、家族経営の農場を後にして、慣れ親しんだすべてから１１００マイル［約１８００キロメートル］離れたフィラデルフィアへ旅立とうと心に決めていた[1]。

彼女は手紙に書かれていた住所に応募書類を送り、課程を修了して卒業のための条件を満たした。その後、実家の農場に帰り、陸軍からの知らせを待った。返事が来るまでには、長い時間がかかった。

訳注1……ジーン・バーティクの面差しは、写真1-4を参照。

§

このジーンは、ミズーリ州の北西部にある、いくつかの建物と家族経営の農場が相交わるアランサス・グローブの農家で育った。彼女は一教室だけのジェニングス校舎に、近くの農場から集まった生徒たちと一緒に通った。ほとんどが兄弟姉妹やいとこたちだった。同じ先生が授業を掛け持ちしていた。ジーンは自分の勉強が終わると、他の授業の朗読を座って聞くことができたので、「それは望ましいことだといつも思っていました」と語った。[5]

7人きょうだいの6番目である彼女は、いつも兄や姉に追いつかなければならないし、彼らがやったことのないことをするのは大変なことだと感じていた。彼女はとても数学が得意だったが、「私の家族はみんな数学が得意」で、「それは全く並外れたことではない」と思っていた。[6]

ジーンは家族全員がそうであったように、農場の日課をこなし、学校に行く前に牛の乳搾りをすることもあった。姉2人には、「母が料理と皿洗いをさせていました」。そこでジーンは、父や兄たちとともに外で働いた。[7] 春にはひとつなぎの馬で畑を耕し、秋には農作物を収穫した。

学校と日課が終わると、彼女は道沿いにある祖母ジェニングスの家に行き、鶏小屋から卵を集めた。それが終わると、祖母は彼女に焼きたての分厚いパウンドケーキを切り分けて、ふたりきりで家族の話をした。[8] ジーンは、ミズーリ州ジェントリー郡で、農民や学校の教師として長い間暮らしてきた彼女の家族の歴史を知った。大おじやおじだけではなく、祖母やおばもこの先の州立大学に通っていた。

ジェニングス家では、男女を問わず、教育を受けることが当たり前であった。ジーンは、良い教育を受けることは、自分に与えられた権利であると信じて疑わなかった。

彼女と兄たちは父の手伝いをし、自分たちの農作業が終わると、近くにある祖母ジェニングスの農場を経営するおじのフレッドの手伝いに行った。彼女は、兄たちと同じくらいトウモロコシを鍬で耕せることを誇りに思っていたが、労働の報酬として、ジーンには兄たちの半分しか払ってくれないことでおじと揉めた。彼女には1日50セントで、男の子たちには1ドル[9]。この不公平は生涯忘れられないものとなり、これ以降、彼女は報酬をより適正なものにするために戦うことを決意した。

ジーンは5年生を飛び級して12歳でハイスクールに入学することになり、ミズーリ州のスタンベリーに引っ越さなければならなかった。地元のハイスクールはすべて、小さな校舎へ生徒を送るのだが、6マイル［約10キロメートル］先のアランサス・グローブまではバスが出ていなかったからだ[10]。また、学期の後半になるとミズーリ州の厚い雪で道路が通行不能になる。そのため、町にいるほうが良かったのだ。

ジーンは姉エルマのもとへ引っ越し、部屋と食事の代わりにエルマ夫妻の家を掃除した。住民が200人ほどのアランサス・グローブよりも、2000人規模の大きな町での生活を彼女は楽しんでいた。初めて、家族以外の住民と一緒に生活したのだ。

彼女はスタンベリーハイスクールが好きで、クラブや授業に熱心に打ち込んでいた。そして、生徒会に加わり、ついには生徒会長となり、町の週刊紙「スタンベリー・ヘッドライト」のハイスクールニュース欄の編集者にもなった。ジーンは、代数、幾何、三角法、物理など数学や理科の授業を片端から履修した。[11]

バレーボールなどのスポーツをやっていたが、彼女を町で有名にしたのはソフトボールだった。ハイスクールでは女子ソフトボールチームの先発投手を務め、「みんなが女子の試合を見にきてくれました」。とても観客が多かったので、「男子チームは、集客できる私たちとダブルヘッダーの試合をしたがったのです」。[12]

ジーンの運動能力の高さは、少なからず悪評ともなり、母親は少し困惑していた。ある日、ビリヤード場のオーナーがジーンに最近の試合の話をしにきたとき、母親はその話を止めた。彼女はバーやビリヤード場が好きではなく、オーナーが試合を話題にしてハイスクールの娘に近づくのは不謹慎だと思った。一方、ジーンは喜んでいた。[13] 人々は彼女が何者であるかを知っていたし、彼女のチームを見ていた。彼女がノーヒット・ノーランを達成すると、それは町中の話題となった。

１９４１年６月、ジーンは16歳でクラス２位の成績で卒業した。[14] その後、祖母の代からの伝統を受け継ぎ、20マイル［約32キロメートル］離れたノースウエスト・ミズーリ州立教員養成大学に入学した。しかし、この地域には未舗装の道路が多く、通学するには遠すぎたため、ジーンは大学周辺に移り住み、学生生活を始めた。

彼女はキャンパスの近くにあるホルトハウスに引っ越した。この寮は12人の女子学生に部屋を貸し、彼女たちが交流するためのラウンジとキッチンを備えていた。１９４１年12月７日、彼女がラウンジで1年生の友人たちとトランプゲームのブリッジをしていたところ、誰かが駆け込んできて、真珠湾が日本軍によって爆撃されたと告げた。「みんなすぐにラジオの周りに集まって、ハワイから惨状が放送されるのを恐る恐る聞いていました[15]」。

翌日、ローズヴェルト大統領が議会に対日宣戦布告を要請したとき、ホルトハウスの女性たちは、大学中、そして国中の人たちとともに、再びラジオを囲んでいた。その3日後の1942年12月11日、日本の同盟国であるドイツとイタリアが米国に宣戦布告した。「そのとき、自分たちの生活が一変したことを実感しました」とジーンは振り返る[16]。

こうして春学期の大学生活は、まったく違うものになった。キャンパスの約半分の人がいなくなっていた。男子学生は軍隊に行き、多くの男性教員も同様だった。突然、男女共学のキャンパスが女子大のように感じられ、ジーンは不機嫌になった。

彼女は「海外で戦っている友人や親戚」のことが心配だった[17]。それに比べれば小さなことだが、数学や物理など、彼女が受講したかった授業の多くが男子学生が対象で、男子学生がいなければ開講されないかもしれないと心配していた。

幸いなことに、次の学期には海軍がこの大学を将校養成プログラムの場とすることを決め、400人の水兵をキャンパスに呼び寄せた。ジーンの解析幾何学、三角法、物理のクラスは、水兵で埋め尽くされるようになった。女性は彼女ひとりだけということも多かったが、そんなことは気にならなかった。彼女は授業が満員になることに興奮し、新しいクラスメートに出会えることに喜びを感じていた。物理の実験室でパートナーを選ぶときには、「10人ほどの水兵が私と組みたいと言ってきました」。[18] 彼女は彼らとの会話を楽しみ、多くの友人を作った。

ダンスパーティーが復活し、フットボールやバスケットボールの試合も再開されるようになった。キャンパスは再び音楽とダンスと歓声に包まれた。

やがてジーンは、ジョセフ・アマドという水兵と付き合うようになった。彼は「ゴージャスな黒髪のカリーヘアー」で、「信じられないほどセクシー」だった。彼はまた、「思慮深く、現代的な考え方の持ち主」でもあったと彼女は振り返った。戦争のニュースが絶えない時期に、彼は彼女の人生に「興奮とロマンス」を添えた。[19]

ふたりが訪れるのを好んだ場所の一つが、キャンパスの片側にある小さくて素朴な木の橋だった。そこは、キャンパス内の誰もが知る「キスの橋」で、ジーンとジョーはそこで時間を過ごすのが好きだった。[20]

しかし、それから1年も経たない1943年12月、ジョーはジーンに、800マイル［約1300キロメートル］以上離れたニューメキシコ州アルバカーキに出征する時期が来たと告げた。彼に気の毒な思いをさせたくないので、彼女はただ密かに泣いた。当時は、「出征前に駆け込みで結婚することはよくあることだった」が、ジーンとジョーはそれは自分たちの道ではないと判断した。[21] ふたりにとって未来は不確かだったが、連絡は取り合うことにした。

ふたりはジョーが去る前に、キスの橋で人目を避けて別れを告げたかったのだが、12月のその夜は寒すぎて、外で過ごすことはできなかった。代わりに、ふたりは駅で情熱的に別れを告げた。ジョーの乗った列車が真夜中に発車すると、ジーンの涙が頬を伝い、ジョーは窓から身を乗り出して彼女が見えなくなるまで手を振り続けた。ジーンは、もう二度とジョーに会えないような気がしていた。[22] しばらくは手紙で連絡を取り合っていたが、再び会うことはなかった。

ジョーがいなくなったことで、ジーンの人生には大きな穴が空いた。彼女はその穴を、女友達、バスケットボールやゴルフの校内チーム、微積分や天文学の授業で埋めていった。しかし、3年生の春は辛くて寂しいものだった。

1944年6月、いくつかの良い知らせが届いた。米軍が英国から出発し、ノルマンディーの海岸からヨーロッパへの侵攻を開始したのである。ジーンは多くの国民と同じように、何マイルにもわたるノルマンディーの海岸への驚くべき上陸作戦を地元紙で読み、ラジオのニュースで興奮した記者の声に耳を傾けた。ついに、300万人近い米国、英国、カナダの兵士がこの海岸に到着し、堡塁を築き、フランスを横断してドイツに向かって東進しようとしていた。

しかしまずは海岸を制する必要があり、ドイツの大砲と機関銃はノルマンディー海岸沿いの海辺に照準を合わせて守りを固めていた。パットン将軍が上陸する場所を偽っていたおかげで、機動力があり粘り強いドイツ機甲部隊はまだカレーに集中していて、連合軍の上陸地点からは遠く離れていた。

上陸の先陣を切る栄誉を与えられたのは、荒れた英仏海峡を渡り、祖国を解放するためにやってきた自由フランス軍だった。何百万人もの兵士が続き、海岸や崖の上で戦いながら前進していった。崖の上の要塞に陣取ったドイツ軍の砲兵は、機関銃や迫撃砲の火を連合軍の兵士の上に降らせた。兵士たちは海辺を一歩一歩懸命に戦い抜き、そして崖を登って、頂上のドイツ軍の大砲を無効にするために戦った。米軍と連合国軍がフランスを横断してドイツに向かって東進し始めると、国もキャンパスも祝賀ムードに包まれたが、しかし同時に、前途に待ち受ける命がけの困難な戦いに不安を覚えていた。ほどなくして、故郷から遠く離れて自分たちを助けに来てくれた青年たちへの敬意と感謝の念が込められた大規模な墓地が、ノルマンディーの市民によって整備された。

1944年の夏、ジーンは戦争の心配に加え、経済的な不安も抱えていた。大学最初の2年間の学費は、彼女の大好きなおばでオハイオ州の高校の校長をしているグレッチェンがローンで援助し、3年目の学費は父親が助けてくれた（ジーンも働いていた）。しかし1944年の夏の初めに、4年目の学費は彼女が支払わなければならないと父から告げられたのだ。

その夏、彼女はカンザスシティのプラット&ホイットニー工場で、「飛行機のプロペラの後ろに取り付ける小さな歯車」の銀メッキを施す仕事をした。「ギアをメッキするためには、まず大きな脱脂坑に張られたケーブルにギアを掛けて脱脂」し、次に「スチールウールで磨く」という荒業が必要だった。次いで、労働者たちはシアン化銀のメッキ槽にギアを吊るした。ピットの煙でめまいがした。スチールウールで手や爪に傷ができ、その傷口からシアン化水素が入り、「皮膚がただれた[23]」。そのうえ、週7日、午後3時から夜の11時まで働いた。

それは悲惨な体験であったけれども、ジーンは8月下旬まで続けた。退職のときに、仕事仲間から

「これまでの誰よりも多くの良い歯車を作った」と言われた。良い知らせではあったが、悪い経験だったことに変わりはなかった。ジーンは喜んで仕事を辞め、キャンパスに戻った。

そこでは、さらなる試練が待っていた。夏休みに貯めた額では、１学期分にしかならなかったのだ。しかも、卒業するためには22単位が必要で、１学期で取得するには多すぎると学部長から言われた。さらに追い打ちをかけるように、その学期は水兵たちが去ったため学生が不在となり、卒業に必要な数学の２科目が開講されていなかった。

ジーンは数学科長の部屋に行き、訴えた。彼女はそのとき起こったことを決して忘れることはなかった。「ヘイク先生は椅子にもたれかかるようにして、『私は数学科の責任者だ。数学の学位を取るのに必要な授業もせずに、学位を授与できるわけがない』と言ったのです[24]」。

彼は２人の退職した教師に頼んで、ジーンの時間割に合わせて二つのコースを開講してくれた。そして、彼女は秋学期に22単位すべてを取り、卒業のための条件を満たした。

彼女はすぐに就職活動を始めた。そんなとき、以前微積分の教授だったレイン先生が、アバディーン性能試験場から届いた、数学の学位を持つ女性を募集する手紙を見せてくれた。ちょうど、ジーンはそれに当たる女性になったところだった。

春先になると、農家でありながら学校の教員でもある父親が、地元の高校で数学の教師を募集していることを毎日のように教えてくれた。つらかったが、ジーンは断り続けた。彼女は、陸軍がいつかは自分の志願に応えてくれると信じていた。

§

3月の末、応募から3か月近く経った頃に、陸軍からジーンに電報が届いた。スタンベリーのウエスタンユニオン社の電報の配達係は、農場にいるジーンに届ける方法がわからなかったため、姉のエルマに届けた。エルマはジーンに電話をかけ、読み上げて聞かせた。

それは良い知らせだった！　陸軍が彼女を計算手として採用してくれたのだ。[25]ジーンは黒くて重い受話器を握りしめながら、緑に変わりつつある実家の畑と、家や家畜に水を送る風車を見渡して、立ち止まった。「この先、家族と会うのは帰省するときだけだと思うと、少しもの寂しさを覚えました」。[26]

しかし、ジーンは引き返そうとはしなかった。彼女はこの仕事に志願し、陸軍はそれを受け入れてくれたのだ。電報には、フィラデルフィアに「ただちに来るように」と書かれており、ジーンはそれを文字どおりに受けとった。[27]次の列車はその晩の深夜0時台である。荷造りには十分な時間があったが、温かい大家族に別れを告げるには時間が足りなかった。

エルマはジーンの旅立ちのために100ドルを貸し与え、ジーンはそれで列車の切符を買った。[28]その夜、ジーンは父親に連れられて駅に行き、ふたりは悲しい別れのときを迎えた。父親の夢は、子供たち全員がアランサス・グローブから10マイル［16キロメートル］以内に住むことだったが、ひとりずつ家を離れていってしまったのだ。

彼は、フィラデルフィアにいる彼女に会いに行くことはおそらくできないだろうが、「いつでも好きなときに帰省すればいい、自分はここにいる」と告げた。[29]

予定どおりジーンは、深夜0時台のウォバシュ急行に乗り込んだ。[30] この蒸気機関車は、国中を何度も横断し、ギターやバンジョーで歌われることで有名になった偉大な列車である。戦時中の多くの人々がそうであったように、ジーンもまた、この国のまったく新しい別の土地へ、新しい別の自分を見出すために旅立った。

電気は怖い？

ジーンは、フィラデルフィアまで東へ１０００マイル〔約１６００キロメートル〕以上移動するために35ドルの切符を買い、一晩中起きていた。翌朝セントルイスで列車を乗り換えなければならなかった。次に、「その日から翌日の夜まで、イリノイ州南部、インディアナ州、オハイオ州、そして長いペンシルベニア州を走り抜けました」[1]。寝台車の切符を買うなど思いもよらなかったジーンは、とても混雑している座席車両にずっといた[2]。列車に乗りながら、彼女はフィラデルフィアに思いをはせ、応募後の冬の間に調べたことについて考えていた。

彼女の新たな拠点は、ベンジャミン・フランクリンと彼の偉大な発明の街である。発明品には、上下左右と後部を囲み、煙突から熱が逃げないようにしたフランクリン・ストーブ、ボランティア消防隊や公立図書館などもある。フィラデルフィアは、独立宣言を作成し採択した大陸会議の本拠地であり、そこに置かれた自由の鐘は、１７７６年の宣言採択のときに打ち鳴らされた。その10年後、フィラデルフィアにおいて、各州の中枢を担うより強力な政府をつくるために合衆国憲法が秘密裏に作成され、そしてアメリカ合衆国が誕生した。ジーンは、多くの出来事があった独立記念館を見るのが待ちきれなかった。

フィラデルフィアは、帽子のステットソン社や百貨店王として名高いワナメーカー社の本拠地でもあった。第２次世界大戦中は、約２５０万人の人口を抱える都市で、それにはジーンは少し圧倒された。彼女がそれまで滞在したことのある最大の都市はカンザスシティであったが、ジーンが働いていた夏には、40万人ほどしかいなかった。今回は、まったく違う体験になりそうだ。

ジーンは１９４５年３月30日にフィラデルフィアへ到着した。北フィラデルフィア駅で下車し、タクシーでフィラデルフィアのダウンタウンに向かった。この長い歴史をもつ大都市の、自分を取り巻く大きな建物や人々を見渡して、「この街には、私の家族を知っている人は誰もいないのだ」[3]と思った。

ダウンタウンにあるＹＷＣＡ（キリスト教女子青年会）に荷物を置いた。そこでは１泊２ドルで簡素な部屋が借りられ、ジムの設備も利用できた。彼女は急いでタクシーに乗り、電報に「来たれ」と書かれたペンシルベニア大学まで行った。「当たり前かもしれないけれど、私があまりに早く到着したので、みんなが驚いていました」[4]。電報では急ぐよう促されていたが、陸軍は彼女が到着するまで、あと１、２週間はかかると思っていた。

陸軍の職員は、ジーンに１９４５年３月30日付の「陸軍省人事異動通知書」という契約書を渡した。それは「弾道研究所、ランドリー中尉」名義で「ベティ・Ｊ・ジェニングス殿へ」（ジーンの本名）、宛てられていた。彼女の役職は計算手、等級はSP－6、雇用期間は「戦役無期限任命」、初任給は「年俸2000ドル」で、1942年にケイとフランが加わったときよりも少し高額だった。[5] さらに、土曜日の残業代として年間400ドルが支給されることになっていた。[6] 彼女はこの書類を大切に保管した。

しかし、その前に健康診断を受けなければならず、陸軍の職員に推薦された医師がペン大の近くにいたので、ジーンはそこに直行した。彼の診察は妙な身体検査で、「あまりに馴れ馴れしかった」。[7] 医師は、週末に健康診断を終わらせなければならないと言い、彼女を自宅に招いたが、ジーンは断った。「あの手の連中と一緒に干し草置き場のような人目につかない場所に行かないようにと、農家の先輩たちがよく教えてくれたのです」。彼女は月曜日に、彼が予約を入れた再診のために彼の診療室に入ったが、またしても医師は不適切な行動をとった。ジーンはすぐに彼のことを報告した。「プロジェクトのマネージャーに、どれほどの好色漢を医者としているのかと伝えると、彼はもう推薦されなくなりました」。[8]

ジーンはアデルの上級者向けの計算手クラスに配属されたが、そこでハーマンとアデルの採用活動が広範囲であることを知った。カンザス州から2人、オハイオ州から1人、ウィスコンシン州から1人、そして言うまでもなく、ミズーリ州から来たジーンもいた。[9] 5人は、故郷から遠く離れた場所で、友人になった。

アデルは部屋に入った瞬間から、ジーンに強い印象を与えた。洗練された服装と強いブルックリン訛りで、数値解析や逆補間について苦もなく講義する彼女は、「とても真剣で浮わついたところがない、とても良い先生でした」[10]。ジーンは決して恥ずかしがらず、積極的に授業に参加して質問もたくさんしたので、アデルもそれが気に入ったようだった。アデルは、ジーンの新しいロールモデルとなった。

ジーンは、学生寮で軌道の計算をしていたライラ・トッドのグループに入って常勤の仕事に就き、割り当てられたモンロー計算機を使って働いた。質問があれば多くの女性が答えてくれた。ライラ・トッドをはじめ、多くの人が戦時中、そこで過ごしていた。

日曜日はとても素晴らしい日で、中西部から来た新しい友人たちと「街の名所を見物するために、駆け巡って」過ごした[11]。当時50周年だったウィロー・グローブ・パークという遊園地やフィラデルフィア動物園、そして当然ながらフィラデルフィア美術館にも行った。

YWCAの短期滞在用住宅から引っ越すときがきて、ジーンはどうしたらいいかと迷っていた。フィラデルフィアは戦時中の住宅ブームで住宅不足が深刻化しており、多くの寄宿舎は十分な広さもプライバシーもほとんどない状態だった。日勤で出かける人が夜勤から帰宅したばかりの労働者に寝床を譲るなど、労働者同士でベッドを共有しているところもあった。ジーンは、そんなことは望んでいなかった。

幸いなことに、ペン大の住宅課は充実しており、その職員がジーンを、カーティス音楽院の学生に部屋を貸していた女性が所有する、美しい住宅街にある3階建ての家に案内してくれた[12]。まだ20歳のジーンは、学生たちとすぐに打ち解け、音楽の新しい世界を見せてもらった。彼らが行う地元のコンサートや、市街地のフィラデルフィア管弦楽団の公演に行って、大家の娘婿がホルンの首席奏者を務める世界的なオーケストラを聴いたりした。ジーンは感激した。

1945年4月12日、彼女が着任してからわずか数週間後、ジーンと米国国民は、ローズヴェルト大統領が死去したことを知った。翌日のフィラデルフィア・インクワイアラー紙は、「ローズヴェルト死去：63歳、脳卒中で倒れる」と報じた。[13] トルーマン副大統領は、すでに最高裁判所長官によって大統領に就任していた。

4月13日は金曜日で、全員が出勤したが、のろのろと仕事をしていた。通りすがりの人は公然と涙を流していた。ジーンが近くの飲食店に食事に行くと、多くの人が黒く縁取られた新聞を読みながらテーブルで泣いていた。[14]

ジーンをはじめ、ほとんどの計算手たちは他の大統領のことをほとんど覚えていなかった。ローズヴェルト大統領は1933年3月4日に就任し、その後4回当選している。ジーンは彼の就任式のとき、まだ9歳だった。

大恐慌の時代に国を立て直し、戦時中は皆がその声を聴き、従ってきたリーダーを失うことで、人々は打ちのめされた。ローズヴェルト大統領は、ラジオ技術に革命を起こした「炉辺談話」を行い、1933年から1944年にかけて、33回にわたって国民と対話し、国民の不安を和らげるのに貢献した。[15]

大統領が定期的にラジオを使って、家庭に直接メッセージを伝えたのは初めてだった。ローズヴェルト大統領は、暖炉の横に腰掛けながら、同じく居間の暖炉の近くに座ってラジオを聴いている米国国民に語りかけた。落ち着いた快適な口調で、雇用の問題から、金融、経済の危機、のちには恐しい戦争のことまで当時の困難な問題について語った。ローズヴェルト大統領がそれらを説明するとき、6000万人以上の米国人が耳を傾けた。これほどまでに国民を身近にとらえ、国民の生活と結びつけて政治を考えた大統領はいなかった[16]。

その後、事態は急速に進展し、1945年5月7日にドイツは降伏した。5月8日、フィラデルフィアをはじめ、全国の都市や町が祝賀ムードに包まれた。5月9日にはジーンと彼女のチームも、そして国民も仕事に戻った。しかし、もう一方の戦線である日本との太平洋戦争は、まだ終結の兆しが見えていなかった。

来る日も来る日も、ジーンは太平洋の島々に送られる大砲の弾道計算を続け、米国兵は日本に向かって次々と島で困難な戦いを挑んでいた。陸軍が必要とする限り、彼女はそこで手伝ったが、モンロー計算機を使った連日の仕事は大変で、数年来そこにいる女性たちを気の毒に思った。

§

6月に、すべてを変えることになるメモが計算手たちに回ってきた。アバディーン性能試験場が、ムーア校に構築中の新しい機械で働く数学専攻者を募集しており、「(私たちは) その仕事の面接を受けるよう招待されている」というものだった。[17]ジーンは部屋に案内されたが、会議室にはほかに自分より経験豊富な12人の計算手が集まっていて、少し落胆した。しかし、彼女はその場にとどまり、ひとりずつ奥の部屋に呼ばれ、個別面接を受けるのを見ていた。

自分の番になったジーンは、テーブルに座っているハーマン・ゴールドスタイン中尉に気づき、リーランド・カニンガム博士（天文学者で弾道研科学諮問委員会のメンバー）に会った。ハーマンは世間話の後、「君は、電気は得意か」と質問した。

「物理の講義を受けたことがあります」とジーンは答えた。「電流は、電圧に比例し、抵抗に反比例することは知っています」。

ハーマンは、「そういうことではない」とあっさり否定し、

「私が聞きたいことは、それが怖いかどうかだ」と言った。

ジーンは笑いながら、いいえ、電気は怖くないと答えた。[18]

面接が終わりに近づいたとき、アデルがオフィスに入ってきてジーンを見た。そして、出ていく前にハーマンに向かってうなずいた。ジーンは、それがハーマンへの「何らかの合図」で、質問の多い学生のジーンが新しい仕事をこなせるだろうと伝えているのだと感じた。

数日後、ジーンは5人の計算手と2人の補欠が選ばれていて、自分は2番目の補欠であることを知った。「やれやれ、これでもうおしまいだ」と彼女は思った。しかし、計算手のひとりは、アバディーン性能試験場での仕事のために、夏の間アパートを手放したくないと言い、もうひとりにはすでに

休暇の予定があった。[19]

金曜日の午後、「学生寮の計算グループの総責任者である（レオナルド・）トーンハイム中尉の執務室に呼び出され、月曜日にアバディーンに行く準備ができるかと尋ねられました[20]」。答えはただ一つ、ジーンは浮き浮きとして叫ぶような声で「ハイ！」と答えた[21]。こうして、その職には彼女が就くことになり、またもやほとんど何の前触れもなく、訪れたことのない土地へ列車で向かう旅の荷造りをしに家路についた。再び彼女の冒険が始まったのだ。

彼女のやり方で学ぶ

さて、この5月のヨーロッパでの終戦は、すべての米国人に広く影響を及ぼした。１９４５年の春は、ムーア校の計算手を含む、多くの人々にとって興奮と感動の季節であった。解析機の長時間にわたるシフト勤務の統括は依然として続いていたが、ケイにとって、１９４５年5月7日のドイツの無条件降伏は、祝うべきことであった。

「私たちは皆、喜びに沸きました……本当に、私たちに休日を与えてくれたのです」。翌日の5月8日は、公式のヨーロッパ戦勝記念日（ＶＥデイ）で、ケイ、フラン、アリス・スナイダー、ベティ、ジョー・チャップライン、そしてその他大勢のムーア校の人々が市庁舎の近くに集合することになった。何十万人ものフィラデルフィアの人々が、ダウンタウンの通りに押し寄せ、歓声を上げて笑い合い踊っていたため、集合場所を決めておいてよかった。

ケイはそのときの様子を、「みんなに話しかけたり、ハグしたり、大声で叫んだり、とにかく自由だった。とても楽しかったのです」と覚えていた。[2]

しかし、翌日からケイ、フラン、アリス、ベティ、ジョー、そして他の人たちも仕事に戻った。ケイの兄パットは、第三艦隊司令官である米海軍提督ウィリアム・ハルゼーの船に搭乗し、数十万人の米軍水兵や兵士とともに、まだ太平洋で戦っていた。[3] その年の2月から3月にかけての硫黄島をめぐっての日本軍との戦闘では、戦死者は7000人、負傷者も2万人近くに上った。ケイたち計算手がVEデイを祝っている間にも、米軍は沖縄でさらに激しい戦いを続けており、その戦いは1945年の6月半ばまで続いた。米軍は着実に日本に近づいていたが、太平洋戦争はまだ終わりに近づいていなかった。トルーマン大統領をはじめとする政府高官たちは、戦争が何年も続くかもしれないと警告していた。

§

同じ5月ごろ、ENIACは完成間近であった。ハーマンの予想より1年ほど遅れての完成に、弾道研は少々気分を害したが、この遅れは無理もなかった。部品がなかなか手に入らず、せっかく届いても問題があって発注し直さなければならないものもあった。また、熟練工の確保も難しく、ジョンとプレスのチームは昼夜を問わず、時には週7日間働き詰めで、それは何年も経ったように思えるほどだった。全体としてみれば遅れは理解できるが、弾道研としてはこの新しい計算機に特別な必要性を感じ、太平洋方面への輸送を控えた新型砲の軌道計算を早くしたいという希望は継続していた。

ENIACの完成と性能試験場への移設が近づくにつれ、ハーマンは弾道研に移設した後のENI

ACを運用・維持する職員について考えるようになった。彼はトーンハイム中尉に、ライラ・トッドを含む8人の計算チーム監督官の会議を開くよう指示した。[4] 彼らは腰を据えてブレインストーミングを行った。

時間が限られていたため、ジョンとプレスは既存の代替品がある、データを「入力」・「出力」する装置をENIAC用に再構築する必要はなく、その代わりに、それぞれが高さ8フィート〔約2メートル半〕、幅2フィート〔約60センチメートル〕のユニットが40台に達したENIACの中核処理とプログラミングを担うユニットの開発に集中することで合意していた。そこで陸軍はENIACの職員として、その夏の6週間、入出力に使用するIBMのカード読取機、カード穿孔機、集計機（つづら折りの白い紙にカードの内容を印字する器械）の操作方法を学ぶ女性を5人、アバディーンに派遣させたかった。

その覚悟は大変なものであった。選ばれた女性たちは、1945年の夏の大半を性能試験場で過ごすことに加え、ENIACが移設した後もその運用を継続し、教育を担当するために基地への転勤に同意しなければならない。このグループを編成するため、ハーマンは「ENIACのプログラミングを学べる最適な計算手6人」を配置したいと考えていた。[5] 彼は、その6人を見つけなければならなかった。

上級監督者の中には志願しようとする人もいたが、ハーマンは留め立てをした。彼女たちには、今順調に進んでいる自分のチームの仕事を継続してもらう必要があった。弾道研は、かねてからENI

ＡＣに軌道計算させることを希望していたのだが、新しい計算手がいない以上、この女性チームを継続するしかなかった。

彼はそれぞれの監督者に、自分の担当部署からひとりずつ計算手を選ぶよう依頼し、彼女たちは後日回答することに同意した。早速、彼もジョン・ホルバートンも、適任な人たちへの打診に着手した。ジョン・ホルバートンは、マーリンに興味はないかと尋ねた。「ジョンが言うには、彼らは特別なプロジェクトに取り組む6人を選抜中で、私にその興味があるかどうか知りたいということでした」とマーリンは振り返った。ジョンは、彼女がもう3階の計算チームと働くことはなくなるが、彼女たちの近くにはいることになるだろうと告げた。[6]

さらに良かったのは、ジョン・モークリーがこのプロジェクトに参加していることだった。「以前、彼の下で働いたことがあり、楽しかったので」、マーリンは引き受けた。[7]

その後、ハーマンは自分が課したルールを破り、えり抜きの監督者にも打診し始めた。彼はある日、ウォルナット通り３４３６番で勤務中のベティのところにやってきた。

> 期せずして、卓上計算器で軌道計算する女子の監督者になり、疲れ果てていました。ある晩、ゴールドスタイン中尉がやってきて、私たちに話しかけてきました。彼は、機密プロジェクトなので、その機械について教えることはできないと前置きしましたが、「このプロジェクトに参加しないか？」と聞いてきました。私は、どんなことでも、今やっていることよりはいい、と伝えた

のです。それしか言っていません。面接も何もありませんでした。[8]

こうして、ベティはプログラム技師になった。

ハーマンが、解析機室で勤務時間外だったケイのもとに現れた。彼は、IBMの読取機やカード穿孔機を学ぶために、その夏の6週間を性能試験場で過ごさないか、と声をかけてきたのだ。ケイは「IBMの機器については、ENIACと同じぐらい何も知りませんが、喜んで行くつもりです」と微笑みながら言った。そしてハーマンが、新しい機械とともに性能試験場に転勤しないかと尋ねると、ケイは同意した。「今のところ、他に目論見はありません」[9]と、少し曖昧な言い方をした。ハーマンにとっては、それは承諾のことばとして十分だった。彼はもうひとりのプログラム技師を確保した。

ルースもジーンと同じように、計算チームの間で回覧された「弾道研究所全体への申し出で知って、彼らから、機密扱いの特別な機械に取り組む方法を習得したい人はいないか、ただし、このことは選ばれるまで誰にも話してはならないが、と言われ、……みんな興味津々で、60人くらいが申し込みました。私はその中の運のいい6人に選ばれたのです」[10]。

ルースがプログラム技師の一員になった。

ジーンが2人目の補欠から5枠目に繰り上がったことで、ハーマンのアバディーン性能試験場チームのメンバーが揃った。

ハーマンはこのチームについて、6人目の女性を念頭に置いていることは黙っていた。フランである。彼女は数学的にも技術的にも優れていたが、長年にわたって解析機を担当してきた2人を同時に失うわけにはいかなかった。追ってフランを配属するよう手配していたことは、5人には伏せた。

§

1945年6月中旬のある月曜日の朝、5人の女性がフィラデルフィアの24番通りとチェスナット通り橋が交差するあたりにあるボルチモア・アンド・オハイオ鉄道（B&O）駅のホームに集まった。線路はシュイルキル川沿いを通り、デラウェア州のウィルミントンを通過し、チェサピーク湾の入り口に沿って、彼女たちが下車するメリーランド州のアバディーンまで南下していた。

女性たちの多くは知り合いだった。マーリンとルースはもちろん、ケイとベティも付き合いは長い。ジーンは全員と初対面だったが、温かく迎えられた。互いに情報交換しても、これから性能試験場で何をするのかは誰もよく知らなかったが、一緒に行動すること、仲間になれたことを喜んだ。

B&Oの列車が到着し、約1時間半後に性能試験場で下車し、広大な基地内を往復する小型列車のシャトルに乗り換えた。本部のあるホームで降り、本部で手続きを済ませてから、弾道研究所の入り口まで約100ヤード［約90メートル］歩くよう指示されていた。

彼女たちは書類を見せて、基地に入るための身分証明書を手に入れた。弾道研まで歩いて行くと、弾道研基地内に小さな基地があり、別の検問所があった。ハーマンから渡された許可書類を提示し、弾道研に入った。事務官が、3階建ての真っ赤なレンガ造りの新築ビルの中にある教室を案内してくれた。

それから、弾道研を離れて基地の中心部にある寮に向かった。

その道すがら、広大な緑地が広がり、何千人もの新兵が戦いのために訓練を受けているのが見えた。この基地は戦時中に人員が急増し、兵士や民間人が3万2000人以上も働いていた。[11] 彼女たちが到着する前に、第二病院の兵舎、四つの新しい木造の礼拝堂など、大規模な建設が着手されていた。

一行は、生活する場所となる、ホテルというよりバラックに近い造りの、基地の端にある平屋の女子寮にたどり着いた。基地に住む女性はほんの一握りだったため、そこは小規模であった。工場で軍需品を製造する女性もいれば、性能試験場で中・長距離砲の試験をする女性もいた。

女性たちはふたりずつの相部屋で寝泊まりすることになり、マーリンとルースは希望して同室になった。ベティとジーンは同室になることに同意し、ケイは基地内の別の場所で働く「見ず知らずの人」と一緒の部屋に割り当てられた。[12]

建物全体は30部屋からなり、女性たちには客人を迎えるための大きなリビングルームがあった。大きな浴室には八つの洗面台と四つのシャワー室、そしていくつかのトイレがあった。キッチンはないので、食事は兵士たちと一緒に食べるか、基地の外に出るしかなかった。

5人の女性たちはどんな講習になるのだろうと思いながら、それぞれの部屋に入った。翌朝、起床してシャワーを浴び、着替えを済ませて売店《コミッサリー》(カフェテリア形式で朝食を取れる性能試験場の施設の一つ)に向かった。すぐに目についたのは、食堂には女性がほとんどおらず、数千人対1人の割合で男性の数が上回っていることだった(実際の人数は6000人対1人に近かった)。少し圧倒されて、性能試験場を横切るシャトルに乗って弾道研に戻り、彼女たちの教室に消えてしまいたくなった。

そこには、ジョンソン軍曹という背の高い細身の教官と、スミッティと呼ばれる背の低いＩＢＭの整備エンジニアがいた。[13] このふたりの男性は夏の間、彼女たちとともに過ごし、ＩＢＭのカード読取機、カード穿孔機、作表機の使い方を教える重要な役割を果たすことになる。

ベティはすでにＩＢＭの穿孔カードについてよく知っていたが、他の女性たちはそうではなかった。彼女はファーム・ジャーナル社に勤めていた頃のことを思い出し、雑誌の調査結果の算出に使われた幅7・375インチ×高さ3・25インチ［187ミリメートル×83ミリメートル］の厚紙のカードの感触を思い出していた。そのカードに数字を打ち間違えることがよくあり、その結果、解釈を誤らせやすいことを彼女は知っていた。今度は彼女自身がそのカードの使い方を学ぶことになった訳注1。

彼らが5人の女性たちに最初に見せたのは、配線盤だった。それは、ＩＢＭのカード読取機やカード穿孔機を制御するための12インチ×18インチ［約30センチメートル×約46センチメートル］のパネルである。配線盤には「コネクター」と呼ばれる穴が500個ほどあり、一定の順序で接続されるように配線されている。ＩＢＭのカード読取機に差し込むと、結線された配線盤はＩＢＭのカード読取機に信号を送り、穿孔されたカードのデータ形式を伝える。[14] 例えば、数値の長さはどのくらいか、何列

訳注1……ファームジャーナル社で使っていた作表機などは、レミントンランド社製だった。それらはＩＢＭのカードを用いてはいたが、ＩＢＭ製品とは設計思想が異なっていた。

目から始まるか、などである。ＩＢＭのカード穿孔機の場合は逆に、配線盤は、出力されるデータがどの行、どの列に印字されるかを伝える役割を担っていた。

ジョンソン軍曹とスミッティは優れた講師だった。女性たちはグループに分かれ、配線盤の練習に取り組んだ。たいていの場合、ルースとマーリンが一つのグループに、ベティ、ジーン、ケイがもう一つのグループになった。「私たちは、そこにあるすべてのＩＢＭの機器について、あらゆることを学びました。そして、とても素晴らしい時間を過ごすことができました」とケイはのちに振り返った。[15]

すべてがとても興味深い内容だったが、ある日の授業でベティは怒ってしまった。ときどき３人目の講師マシンカップ先生が来るのだが、ベティは彼女の説明が理解できなかったのだ。「ついには、彼女の言っていることがまったく理解できなくなってしまったのです」[16]。これは、技術的なことはすべて完全に理解したいベティにとって、非常に不満なことであった。

ベティは業を煮やし、スミッティに助けを求めた。整備に使うＩＢＭの説明書を借りられないかと尋ねたが、スミッティは、基地内に１冊しかないものを持ち出すことを許可することはできなかった。もしその貴重なものを紛失したら、彼はクビになる。ベティは落胆した。しかし、ある金曜日に彼がやってきて、ベティに「今週末は出かける」と言いながら、技術説明書を机の上に置いたままにしておく、と目を向けさせた。[17] そして、月曜の朝も同じ場所にあるといいのだが、と言った。[18]

彼が帰った後、ベティはその言葉を、大切な説明書を借りていいという暗黙の了解のように解釈した。彼女は週末中、カード読取機やカード穿孔機に必要な配線盤の使い方や回路の配線など、疑問が解決するまで、その説明書や図解を熟読していた。彼女が顔を上げることはほとんどなかった。あくる月曜日の朝、スミッティが教室に着くと、説明書は彼が置いていった場所にあった。スミッティは微笑み、ベティも微笑んだ。彼女は自分の仕事に自信を持てるようになった。ベティにはベティなりの技術の習得の仕方があり、他の人が教える方法では理解できないとき、それを独学するのはこれが最後ではなかった。

「配線盤の高度な機能をどう扱うかわかっていたのはベティ・スナイダーだけで、他には誰も扱い方がわかりませんでした」とルースが後で回想しているように[19]、何を学ぶにしても、ベティは熱心に学んでいた。

とはいえ、配線盤を使ったカード読取機やカード穿孔機の設定、カード穿孔機からカードを移動させる方法、カードに印字する作表機の設定など、基本的なことは全員が身につけた。彼女たちは、出発時よりもずっと多くのことを学んでフィラデルフィアに戻っていくことになる。

§

弾道研の男性の中には、ムーア校で軌道を計算するときの入力データを作成するために、大砲の試験をどう実施しているかを女性たちに見せて回った人もいた。小型の銃の試射を行う、地下にある小さな射撃場を案内し、教室でサイレンが鳴って大きな音がしても警戒してはいけない、それは地下で試験が始まろうとしているだけだと教えてくれた。

他の男性たちは、５人の女性たちを性能試験場の射撃場に連れて行き、大榴弾砲などの大砲の試験の様子を見学させ、軌道計算の入力に使われる計測の様子も見せてくれた。「弾道の軌道に沿って、個々の高さや距離の点に対応するセンサーを持っていること」をジーンは学んだ。「それらのセンサーは砲弾が通過すると作動し、正確な高さ、距離、発射からの経過時間が記録されるのです[20]」。

ある日、ベティとジーンは配線盤の練習をするために外に出て、近くの野原に迷い込んでしまった。その日は夏の天気のいい日で、太陽の下で作業するのは気持ちのいいものだった。ベティは、「そういえば、電線を調べていたのだ」と思い出し、試験の開始を知らせる笛の音も聞こえないほど作業に熱中していた。そのとき、だしぬけに頭上から「発射が始まり……その場所が崩れ落ちるかと思いました[21]」。

ベティがヒステリックになったので、ジーンは急いで現場からベティを連れ出した。ふたりは、性能試験場の本当の姿を知った。

ハゲタカに囲まれて

性能試験場では、仕事ばかりしていたわけではない。特にジーンとルースは、ちょっとした遊びをすることにした。ジーンはこう振り返っている。「ある日、配線盤の結線をしていたら、海兵隊の軍曹2人と陸軍の軍曹1人が部屋に入ってきて、私たちに話しかけてきました……そのうち、海兵隊の2人目の軍曹がルースを誘い、陸軍の軍曹が私を誘ったのです」[1]。

こうして、下士官クラブでの楽しいデートが始まった。「そこには、座って食事や飲み物を注文できるブースがあり、ジュークボックスで、『真珠の首飾り』や『リンゴの木陰で』などのグレン・ミラーのレコードをかけて踊ることができました」。

ジーンは他のスポーツが得意でもダンスは好きになれなかったが、少し踊ったり、しばらくは何時間もくつろいでおしゃべりを楽しんだりしていた。

しかし、まもなく彼女たちは、「大勢の兵士たちが威圧的だった」[2]ため、交際は難しいと気づいた。実際、2万7000人の兵士のほとんどは若い下士官兵で、5人の女性は弾道研と寮を除けば、ほとんどこに行っても視線を集め、しばしば品のない口笛を浴びせられることになった。若い男性たちと一緒にいることの楽しさは、もう薄れていた。「どこに行っても、ハゲタカに囲まれた肉塊のような気分だった」[3] とジーンは女性たちの心のうちを振り返った。

その代わりに、彼女たちは女性同士で親睦を深めていった。寮には調理場がないので、夕食には基地の外にある静かな場所を選んだ。ノートを部屋に置いて、シャトルでゲートの近くまで行った。お気に入りの食堂を見つけ、5人だけで静かな夜を過ごしながらじっくりと話すために、「小型列車線」に乗って、基地からアバディーンの町まで行った。[4] のんびりと食事をしながら、そして寮に戻ってからも長い時間にわたって、善悪についての考え方や意見、戦時中の国の動き、家族の背景、またフィラデルフィアに戻ってからプロジェクトXで何をするかなど、あらゆることを語り合った。

ベティは自宅から持参したミキサーでフローズンダイキリを作り、持ち回りで誰かの部屋に集まって話すときに、彼女たちはそれを飲んだりした。

ジーンは「あのグループは、完全にお互いに魅了されていました」[5] と振り返る。ベティが「自由討論」と呼ぶ、夜遅くまでの長い話し合いに没頭した。[6] この5人は、家族の歴史も宗教もかなり多彩であった。ケイ、マーリン、ルースは移民の家系で、ベティとジーンは100年以上前から米国に住んでいる家系である。彼女たちは宗教のるつぼだった。ケイはカトリック、マーリンとルースはユダヤ教、ベティはクエーカー教、ジーンは長老派である。ケイはそのすべてに心を奪われた。「私たちはあらゆることを議論しました。グループにとても満足していました」[7] と振り返る。

木曜日の夜には、ボルチモアのデパートは戦時中の産業でフルタイム勤務する多くの女性のために遅くまで営業していて、5人はよく列車で30マイル［50キロメートル］南の街まで行き、夕食と買い物を楽しんだ。ボルチモアに来るまで、ジーンはロブスターを見たこともなければ、食べたこともなかった。彼女はビブスを着て、くるみ割り器と小さなフォークを使い、バターソースが入ったカップに浸して食べるのが好きだった。「気がつくと、私はすぐにあの小さな脚を異国情緒たっぷりにかじり、その味に夢中になっていました」[8]と彼女は回想している。もちろん、他の女性たちも面白がって、ジーンが発見した新しい食事の体験をすぐそばで楽しんでいた。

§

ジーンに東海岸の素晴らしさを伝えるときが来た。ある週末、ルースは彼女をニューヨークに連れて行った。ジーンは102階建ての当時世界で最も高い建造物であったエンパイア・ステート・ビルを目にしたとき、自分の目で見ているのが信じられないと思った。ふたりは有名なレストラン「ブラスレイル」で一杯やり、街区を進み、ロケッツを観るためにラジオシティー・ミュージックホールへ行った。[9]たしかに、スタンベリーには6000人を収容できるような講堂はなかった。冒険のあとはいつも、地下鉄に乗ってファー・ロッカウェイに行き、ルースの両親と長い間語り合った。ジーンはとても歓迎されていると感じた。

次に、マーリンはツアーガイド役を務め、ジーンをワシントンDCに案内した。議事堂、ジェファーソン記念館、リンカーン記念館、ワシントン記念塔など、重要な場所をすべて網羅した。ワシントン記念塔の頂上に行きたかったが、戦時中は閉鎖されていた。アーリントン国立墓地にも行き、何列も立ち並ぶ白い墓標の列を見て、ジーンは深い感動を覚えた。兄弟、義兄弟、いとこ、従軍中の友人、そしてジョーのことを思い、「どうか、ここが彼らの人生の終着点になりませんように」と祈った。[10]

週末には、ケイやベティがジーンを連れて帰省することもあった。マクナルティ家では、ケイが家に入るなり、あまりに強いアイルランド訛りとなったため、ジーンは彼女の言うことをほとんど理解できなかった。ケイの家族は遠くから来た若い女性を温かく迎えてくれた。それはスナイダー家でも同様だった。

7月末に性能試験場を去るとき、彼女たちはより思慮深くなり、より熟達していた。自分たちの軌道計算が大砲の試験や使用の全体像の中でどのように位置づけられるのかをよりよく理解し、兵士たちが戦場で直面する砲撃などの騒音や恐怖をよりよく感じとれるようになっていた。

5人全員が、IBMのカード読取機、カード穿孔機、カード整列機、作表機の使い方を習得したことで、彼女たちは使命を終え、帰任することになった。

そしてジーンは、もう一つの使命を果たして戻ることになる。彼女は給料から貯めたお金と、陸軍から支給された生活費の一部で、姉とおばのグレッチェンに返済し、借金から解放された女性となった。[11]

あの夏、彼女たちが築いた絆は強かった。5人の女性は、個々に性能試験場にやってきた。そして今、彼女たちはチームとして旅立とうとしていた。

学部長の控えの間

THE DEAN'S ANTECHAMBER

1945年7月下旬、女性たちはIBMの機械に関する新しい知識を得て、アバディーンから凱旋した。彼女たちはいよいよ「プロジェクトX」に取りかかろうと意気込んでいたが、放っておかれた。ハーマンもジョン・ホルバートンも、誰も彼女たちに次の仕事を与えなかった。

「彼らは私たちを本当に持て余していました」とジーンは振り返った。彼女たちはうまくやりくりして、まだ陸軍のプロジェクトで溢れかえっているムーア校の中に、利用可能な唯一の場所を見つけ出した。学部長の控室を占領し、机を並べたのだ。その場所は当時、「控えの間」と呼ばれていた。

ケイとベティは1942年から、マーリンとルースは1943年から、それぞれ週6日、陸軍の計算プロジェクトで働き詰めだったので、大きなプロジェクトが始まるとわかっているのに、案内も紹介もないことに、やや困惑していた。少なくとも、今のところ何の音沙汰もない。

しかし、軍の任務を急かすのは自分たちの仕事ではなく、必要とされれば連絡が来ることもわかっていた。今は待つことが仕事である。物資の調達難もあって、すでに数か月も遅れていたENIAC

を完成させるために男性たちが奔走していることを、彼女たちは知る由もなかった。

控室には学部長を訪ねてくる人々が出入りしていた。彼女たちが来てから数日後、見知らぬ男性が2人やってきた。女性たちが挨拶すると、男性たちも立ち止まってそれに応えた。「スタン・フランケル博士とニック・メトロポリス博士だと紹介されました」とケイは言う。「それ以外は全く何も言われませんでした」[2]。軍の秘密が多いので、質問してはいけないことを承知していたのだ。

彼女たちが待機している間、米国国民も待機していた。7月末から8月の第1週にかけて、日本本土への侵攻がいつ始まるのかと米国全土が息を潜めていた。双方にとって酷い損失を伴う戦いが何年も続いた後、島から島へ、ハワイから太平洋を横断し、米軍は海軍の船に乗りこんで、日出ずる国の玄関口に立っていた。

7月31日と8月1日のフィラデルフィア・インクワイアラー紙は、米軍幹部が海沿いの日本の12の都市を対象として、米軍の爆撃機が到着する前に市民を避難させるよう[3]、さらには東京からわずか80マイル［約130キロメートル］の沿岸を焼打ちにすると警告したと[4]報じた。終戦が近いことは誰もがわかっていたが、それがいつになるのかは誰にもわからなかった。

国民のほぼ全員と同じように5人の女性は新聞を毎日読み、ラジオのニュース放送に耳を傾けていた。8月5日の日曜日には、米軍の警告は「降伏か死か」となり、対象とする日本の都市は「日本本土の全域」に広がった[5]。

多くの米軍が日本侵攻のために集結したが[6]、誰もそれが簡単なことだとは考えておらず、日本は一向に降伏する気配を見せなかった。8月5日、米国国民は日本からの強い公式回答を受け取った。

途方もない空爆や艦砲射撃が日本本土に浴びせかけられる事態にもかかわらず、日本の政府は（中略）航空戦力で屈服させられることは決してなく、連合国のいかなる侵略にも応じる用意があることを宣言した。[7]

米軍が入手した報告書には、日本が民間人、つまり男女を問わず、子供にも身を守るための訓練を行っていること、その一方で日本の当局者が突破不可能と断言する防御施設を国中に建設していることが記されていた。一般の国民にも、日本への侵攻が米国と日本にとって多大な犠牲を強いることは明らかであった。しかし、米軍内部の予測では、100万人の米軍犠牲者と数百万人の日本の民間人が犠牲になる可能性があることを、国民は知らなかった。[8]

控えの間に座っていたケイは、兄のパットのことが心配でたまらなかった。ジーンとベティは、弟たちのことを心配していた。マーリンとフランは、他の家族や友人、そしてすべての米軍兵士のことを一緒に心配していた。好転するのを、国中が待ち望んでいた。

それからほどなくして、8月6日の朝、女性たちも、また米国の人々も、腰を抜かすようなニュースで目を覚ました。その日、陸軍が広島市の中心部に秘密兵器である原子爆弾を投下したのだ。フィラデルフィア・インクワイアラー紙は、この地球を変える出来事を、次のような見出しで報じた。

「世界で最も殺傷力の高い原子爆弾が日本を爆破した。米軍の秘密兵器によって、戦争の新しい時代の幕が上がった」[9]。人口35万人の広島市街地の1平方マイル［約2・6平方キロメートル］が破壊されたのである。

多くの人々が、日本はすぐに降伏すると予想していたが、そうはならなかった。8月9日、新聞やラジオは、またしても恐ろしい原爆投下を報じた。フィラデルフィア・インクワイアラー紙の一面は、「人類が発明した最も破壊力のある爆弾である世界で2番目の原子爆弾が、本日の正午、戦略上重要な九州西部の長崎に投下された」[10]と書いている。日本は降伏した。

5人の女性は、ほっとしたと同時に、ぞっとしたような気持ちにもなった。一方では、戦争がついに終わり、兵士たちが帰ってくるだろう。双方ともに、何百万人もの命が救われたのだ。その一方で、その恐ろしい兵器の標的が、なぜ民間人でなければならなかったのか、彼女たちには理解ができなかった。ケイは、それは「ひどい、ひどい終わり方」だと思った。

もし原爆を使うのなら、なぜもっぱら日本が海軍国であったからこそ持っていた大きな海軍施設に使わなかったのでしょうか。……なぜ、海軍施設の破壊ではなかったのでしょうか[11]。

ジーンは、広島だけでも8万から20万人の犠牲者が出たという原爆の惨状に衝撃を受けた。「原爆の現実は、想像を絶する恐怖だった」とのちに語っている。「私たちの国が投下したとはいえ、私の知るフィラデルフィアの人々は、その驚くべき恐ろしい威力に恐れをなしていた[12]」のである。ハリー・S・トルーマン大統領が、この決断を下した夜はよく眠れたと言ったと知り、彼女は気分を害した。

ベティは悲嘆に暮れた。クエーカー教徒である彼女は、破壊の規模と範囲、特に女性と子供の現実を受け止め、辛い思いをした。トルーマン大統領とは違い、彼女は何日も眠ることができなかった。

日本は無条件降伏に同意したが、今上天皇が皇位に留まるという条項がついていた。8月14日、天皇は初めてラジオで国民に語りかけた。「敵ハ新ニ残虐ナル爆弾ヲ使用シテ頻《シキリ》ニ無辜《ムコ》ヲ殺傷シ惨害ノ及フ所眞《シン》ニ測ルヘカラサルニ至ル」と告げた。続けて、もし日本が降伏しなかった場合の見通しを示した。「終《ツイ》ニ我カ民族ノ滅亡ヲ招来スルノミナラス延《ヒイ》テ人類ノ文明ヲモ破却スヘシ[13]」。

それは、日本の国民が初めて天皇の声を聞いた瞬間だった。かの国民は天皇と同様に、連合国に無条件降伏し、新たに連合国最高司令官に任命されたダグラス・マッカーサー元帥の発する命令に従うことになる。長い戦争がついに終わったのだ。

8月15日、フィラデルフィアの新聞は、一言の見出しを掲げた。「平和[14]」。フィラデルフィアをはじめ全米で、「対日戦勝記念日」(VJデイ)の祝賀行事が街角で沸き起こった。控室にいた5人の女性たちは、他の計算手やフィラデルフィアの何十万人もの人々とともにお祝いに駆けつけた。

ジョン・ホルバートン、ケイ、そしてケイの義理の姉でパットの妻であるアルマは、ダウンタウンで一緒に祝杯をあげた。「狂喜の歓声、歌、ダンス、笑いがあり、みんなが他の人をつかまえてキスをしていました。戦争が終わったことを、みんなが大喜びしていました。喜びのあまり、私たちは我を忘れていました[15]」とケイは語った。

あちこちに人だかりができ、女性も男性も路上で踊り、男性たちはトランペットを吹いていた。路面電車も車も通れないほどの人出であった。真珠湾攻撃から4年半後、兵士たちは帰還し、普通の生活に戻ることができた。多くの女性が好きな仕事を失うことを心配する中、この5人は次の仕事がはっきりしないままでも、自分たちの地位は安泰だと感じていた。

VJデイが過ぎると、ムーア校の雰囲気は一変した。戦時中の仕事を終えた他の計算手たちは、荷物をまとめて故郷に帰るか、フィラデルフィアやその他の場所で新しい仕事に就くための準備をした。ルースは、ルームメイトだったグロリア・ゴードンに別れを告げた。彼女は、ブルックリン海軍工廠で働くためにニューヨークへ帰っていった。以前はベティの計算チームにいて、その後は微分解析機チームにいたマリー・ベアスタインは、アバディーン性能試験場へ異動し、弾道研の解析機を担当することになった[16]。

やがて、ENIACに関係する女性たちだけが残り、ムーア校はとても静かになっていた[17]。しかし、5人の女性たちは解雇も、配置転換もされていなかった。戦後の新たな活躍の場に向けて歩み始めている、この国の他の人たちとは異なり、5人はまだ待機していたのである。

§

ついに、8月のある日、アーサー・バークスが控室にひょっこりと現れた。ケイは、彼が解析機室のチームのアリス・ロウと結婚したので彼のことを知っていたが、他には誰も彼を知らなかった。アーサーは博士号を持った記号論理の専門家で、電子工学に長けていた。彼は陸軍の戦争遂行を助けるためにやってきて、ENIACのチームに加わった。

彼は両手に、長い筒状に巻かれたたくさんの大きな白い紙を携えていた。アーサーは彼女たちと話をしたかったのだが、大きな図面を広げるためにはスペースが必要だった。

5人の女性たちは、興奮した面持ちで顔を見合わせた。これがついに、彼女たちが待ち望んでいた次の仕事なのだろうか?

新たなプロジェクト

ケイ、マーリン、ルース、ベティ、ジーン、そしてアーサーは、2階に大きな机がある空き教室を見つけた。彼は木製の机の上に計算機の「設計図、配線図、ブロック図」を置き、その非常に大きな機械をＥＮＩＡＣと呼んだ。

アーサーは「エニアック」と発音し、プロジェクトXは、ＥＮＩＡＣを構築するプロジェクトの名称の一つだと説明した。そしてＥＮＩＡＣは「Electronic Numerical Integrator and Computer（電子式数値積分・計算機）」の略称であると言った。それはムーア校1階の奥にある「立入制限」の標識が掲げられた研究室で構築されていた計算機だった。ＥＮＩＡＣの技術チームは、ジョン・モークリー博士とＪ・プレスパー・エッカートが率いており、アーサーも、彼女たちが廊下で見かけた若いエンジニアたちとともに従事していた。

彼は、弾道研とムーア校が結んだ引き渡し契約には、ＥＮＩＡＣのハードウェアに加えて、実用的な弾道計算プログラムが要求されていると説明した。それが女性たちの仕事だった。さらに、ジョンとプレスが弾道研と交わした約束を果たすためには、ＥＮＩＡＣがその軌道計算を目にも止まらぬ速さで実行しなければならなかった。

結局のところ、弾道研が膨大な時間、資金、資源を費やしたのは、現代的な計算機を作るためではなく、射表の作成時間を大幅に短縮するためだったのである。戦争が終わったからといって、弾道研がカーペットを巻いて帰るわけではない。ヴェブレンは第1次世界大戦から第2次世界大戦の間も、軌道計算を続けていたのだ。誰も新たな戦争を望んではいなかったが、弾道研はミッションの継続を計画していた。陸軍が新しい榴弾砲を作れば、弾道研はその射表を提供する。もしＥＮＩＡＣが目的通り稼動すれば、弾道研の将来にとって重要な役割を果たすことになる。

5人の女性たちは注意深く耳を傾け、自分たちの新しいプロジェクトを理解した。ＥＮＩＡＣの弾道計算プログラムの作成、つまり、まだテストモードであるこの計算機の「受け入れテスト」が彼女たちの任務であった。それは、「私たちのミッションの一つ」になったとジーンは振り返った。

§

戦争は終わり、しかもプロジェクトはかなり驚くべきものだったが、誰一人として断ろうとは思わなかった。第一に、彼女たちはまだ戦時モードであった。陸軍が必要とするならば、協力するつもりだった。第二に、この仕事は彼女たちにとって筋が通っていた。なんといっても、彼女たちは弾道研の軌道方程式に関する専門家だったのだ。弾道研は、彼女たちが大学院レベルの数値解析と軌道計算の方法を習得するために多くの時間を注ぎ込んでいた。総じて彼女たちには何年もの経験があった。ハーマンとジョン・ホルバートンが、彼女たちをENIACのチームに加えるのは当然だった。

世界初の電子的でプログラム可能な汎用計算機のプログラミングを学ぶという、誰もやったことのないことを求められても、躊躇することはなかった。ケイがのちに語ったように、「多くの人が普通でないことをしていた」のである。[2]

女性たちは計算手としての自分たちの努力が大成功を収めていたことを、そのときは知らなかった。第2次世界大戦中、米国の大砲は破壊的であることに加えて、驚くほど正確であることで知られるようになった。第2次世界大戦の従軍記者として有名なアーニー・パイルは、1944年に「我々の大砲は……ドイツ軍が我々が持っているものの中で最も恐れていたものだ」と書いている。[3]弾道研は、弾道方程式の計算と正確な射表の作成を継続すること、それもできればENIACを使うことで、この状態を維持することを目指した。

しかし、彼女たちが最初に知るべきことは、ENIACの仕組みだった。つまり、アーサーの図面をもっと詳しく見る必要があった。アーサーは5人の女性たちが習得するために、たくさんの工学的な図面を用意した。もちろん、アーサーがプログラミングの説明書を持ってきてくれたなら簡単だった。アデルが水面下で説明書を書いていたとはいえ、彼女たちがこのときそれを手にすることはできず、公表されたのは翌年の1946年6月になってからだった。[4]「教えてくれる本も、なにもなかった」ことに少し驚いたとジーンは記憶している。[5]

まず、アーサーが回路図を広げて、これはエンジニアのための図面であると説明した。ケイは、「真空管Bを作動させる真空管Cを、どのように真空管Aが作動させるか」を示しているのだと学んだ。[6]彼は「真空管がＥＮＩＡＣの主要な電子部品である」と説明した。ＥＮＩＡＣには1万8000本もの真空管があり、それらがよく焼き切れてしまうと打ち明けた。

回路図には、難解ながらもワクワクするような内容が書かれていた。ベティは、設計図は左下の「エネルギーを取り込む部分」から読み始め、ゲートによって通されたり止められたりするエネルギーの流れを、ページの右側へ向かって読み取ることを学んだ。[7]

次に、アーサーはブロック図と呼ばれる2種類の図面を開き、彼女たちに説明した。彼女たちはブロック図と回路図の違いを学んだ。ブロック図は、あるユニットやシステムの機能が、どのように相互に関連しているかを示すものである。ベティは、「ブロック図は、エンジニアや機械の配線をする人たちが使うものではなく、（計算機が）すべて完成した後に使うもので……その次の段階で用いる情報である」ことを学んだ。[8]

最後に、アーサーは「論理図」と呼ばれるものを広げた。それには、ＥＮＩＡＣのユニットの前面が描かれていた。5人の女性たちは身を乗り出した。この図には、ＥＮＩＡＣのユニットの前面にあるダイヤル、スイッチ、プラグ、ケーブルの位置が示されていた。アーサーは、これらのスイッチやプラグが、ユニットに自分たちの望むことをさせたり、ＥＮＩＡＣの他のユニットと通信させたりするためのものであることを簡単に説明した。これらの図面が「機械全体を動かす流れ」の鍵であることを、ケイは把握した。[9]

ケイは、3種類の図面を高く評価し、それらで概要がよく理解できると思った。「私たちは……背面から前方に向かって学んだと言えるかもしれません。まず真空管のことをすべて学び、そこから回り込んで、前面の働きを知ったのです」[10]。

しかし、アーサーはすぐにＥＮＩＡＣルームに戻らなければならなかった。彼はこの説明に、できる限りの時間を割いた。しかし今は、戻ってＥＮＩＡＣのテストを続けなければならない。彼女たちは協力し、ＥＮＩＡＣの40台のユニットがどのように機能し、それらをどのようにプログラムするのか、自分たちで学ばなければならないのだ。

ついでにアーサーは、残念ながら彼女たちにはまだＥＮＩＡＣルームに入るための機密事項取扱許可がない、と告げた。それは計算手としての許可や、ケイが解析機室に入るための追加の許可とは異なるものだった。廊下で彼を見かけたら遠慮なく質問してかまわないが、ＥＮＩＡＣルームに入って計算機を見たり、エンジニアに質問したりすることはできないのである。

その代わりとして、アーサーは再度図面を指さした。[11] 5人の女性はまだまだ聞きたいことはたくさんあったが、「しっかりとそれを読み込め」と促され、納得できなかった[訳注1]。

この状況は、彼女たちを窮地に追い込んだ。「これほどまでに自分たちが利用できる資料が少ないとは思いもよりませんでした」[12]。ケイは少し途方に暮れた。

ジーンも同じように感じていた。「大きなブロック図が配られ、それを見て、どのようにプログラムすればいいか、どのように動作するかを考えろということだったのです。私たちは明らかに、自分たちがなにをしたらいいのか、まるで見当がつきませんでした[13]」。

しかし、マーリンは、みんなで一緒になって手探りをしながら、解き明かしていくのだろうという気がしていた[14]。蓋を開けてみれば、彼女のその予感が正しかった。

訳注1……アーサー・バークスが軌道計算のプログラムに取り組んだ時期については、巻末「原注」内の11を参照。

分割して統治せよ

教室にこもって、女性たちは資料をじっくり読み込んだ。そこには累算器、高速乗算器、除算・開平器、開始ユニット、周波ユニットなど、一風変わった名称が並んでいた。彼女たちは、ユニットを分類し、組を作って特定のものを調べ、お互いに教え合うことにした。分割統治アプローチ[訳注1]である。

彼女たちはそのとき、どのユニットから始めようとしたのだろう？ ジーンとベティは累算器を希望し、ケイは高速乗算器を選択した。[1] マーリンとルースは、おそらく算術演算に特化した第3のユニットである除算・開平器を担当したのだろう。

組に分かれて、担当するユニットの図面を書庫から取り出し、「またね」と言って、使用できる場所を探しにいった。今や戦争は終わり、ムーア校は隅々にまで陸軍のプロジェクトがあるわけでもなく、かなりの場所が空いていた。ベティとジーンは、上のほうで工事をしていて少しうるさかったが、2階に空き教室を見つけた。[2] マーリンとルースは、32番街とウォルナット通りの角にある古い学生寮に居場所を確保した。そこはライラ・トッドの計算機チームが去って、今や静かだった。ケイは控えの間に残り、引き続き来客に対応しながらテーブルの上で仕事を続けていた。[3]

ある日、ケイは驚きながらも喜んだ。フランが現れたのだ。ケイが性能試験場に行った後も、フランは解析機の作業を続けていた。それはハーマンとジョン・ホルバートンが監督者であるケイとフランを同時に失いたくなかったからだが、彼らはＥＮＩＡＣのチームにフランを加えることを望んでいた。彼女は軌道計算結果の一覧と機密文書を弾道研へ送付する、アナログ機械をムーア校へ返却するなど、解析機の仕事を締めくくるための仕事の支援を終えたとき、彼らから新しいプロジェクトで陸軍の仕事を続けたいかと尋ねられた。フランがそれを承諾すると、ハーマンとジョン・ホルバートンは彼女をＥＮＩＡＣチームに異動させた。

ケイはすぐに、アバディーンで夏に学んだことや、アーサーから教わったＥＮＩＡＣの図面の読み方など、基本的な情報をフランに伝えた。ふたりは一緒に高速乗算器を研究し、その仕組みを解明するために知恵を絞った。親友どうしがまた一緒になったのだ。

３台の乗算ユニットには、それぞれの中央に縦５個×横８個のスイッチが整然と並び、その下に小

訳注１……分割統治アプローチは、古代ローマの政治手法である「分割して統治せよ（*divide et impera*）」に由来する言い回し。与えられた問題をいくつかの小さな問題の集まりに分割して解くことをいう。それらの小問題の解をまとめあげることで、もとの問題に対する解が求められる。アルゴリズムの世界では分割した小問題がもとの問題と縮小版であるような場合を指すことが多いが、ここでは広い意味で用いている。

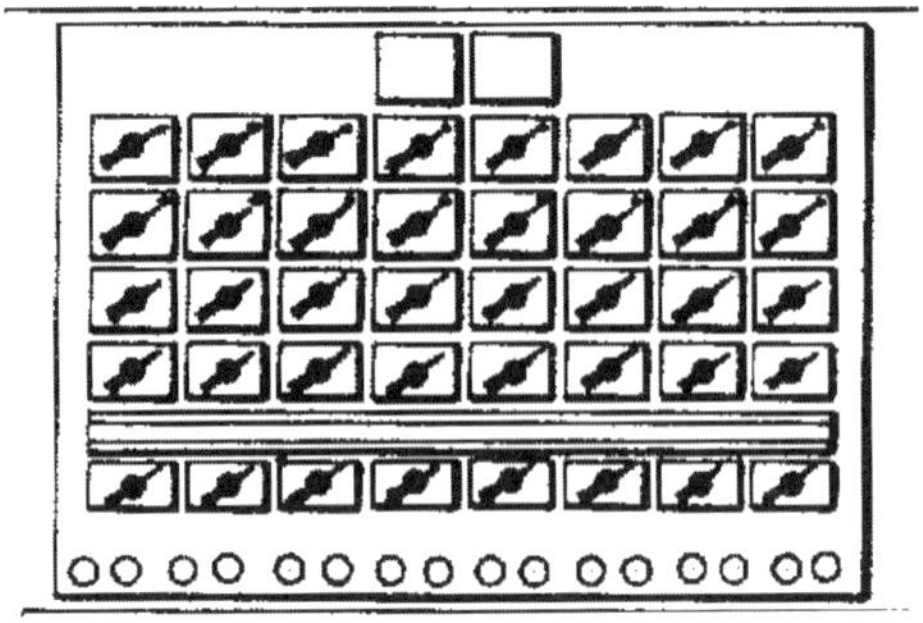

図1　乗算器[4]

高速乗算器ENIACの前面パネルの中央にある40個のスイッチ
ENIAC特許3,120,606, シート37

さな丸いコネクタプラグがある（図1）。彼女たちは、その乗算器のメインパネルを見つめて、どのように機能するのか理解しようとした。

　一方、マーリンとルースは学生寮で仕組みを解明しようとしていたが、その答えは簡単には出てこなかった。「思わしい答えが出ないことに、私たちはもどかしさを感じていました。しかし、これは新しいことで、実験的であることは理解していたと思います。根気強くなければならなかったのです[5]」。

　ジーンとベティは2階の教室に座って、累算器の図面を見ながら細かい検討を始めた[6]。彼女たちは背面の設計図や配線図を少し見たが、興味を持ったのは累算機の前面の図面であった。ブロック図と論理図には、縦長の直方体のユニットがあり、そこに四つの主要な部分があることが示されていた。

　最上部は、真空管が縦10個×横10個の格子状になっている。その下には、幅の広い大きな長方形の頭部でワイヤー

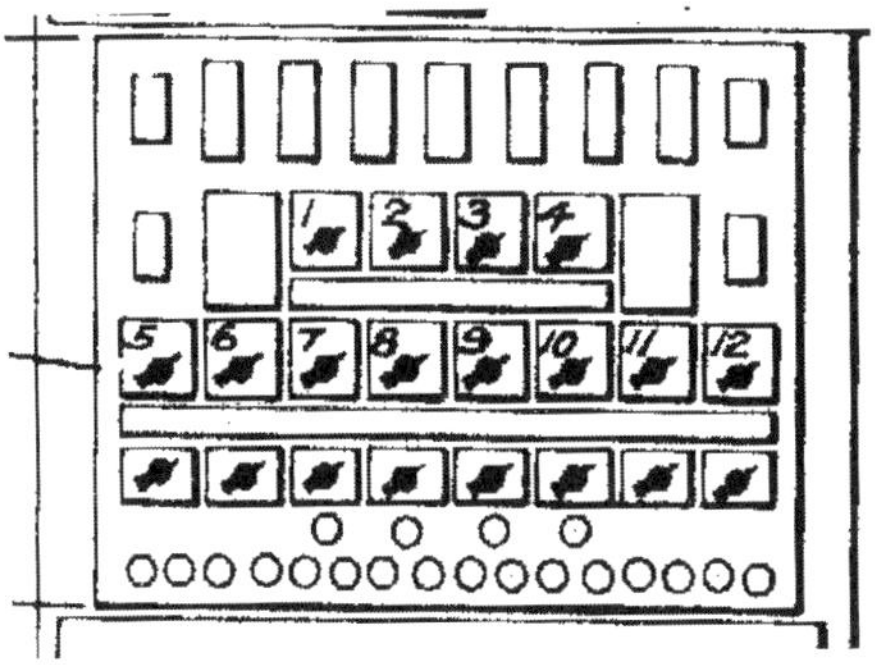

図2　累算器

累算器の前面パネルの中央にあるスイッチ
ENIAC特許3,120,606, シート25

を差し込むと思われる場所がある。前面パネルの中央部には、上部に4個、下部に8個ずつのスイッチが2列、合わせて20個のスイッチが3列に並んでいる。[7] その下にある20個の小さな丸いプラグは、何らかの特別な接続ができるようになっているようだった（図2）。

　彼女たちは、しばらくその図面に頭を悩ませていた。その頃、ムーア校は3階を増築中で、削岩機がフル回転していたため、背後から耳をつんざくような音がしていた[8] 訳注2。8月の日中は蒸し暑かったが、彼女たちは窓を開けたほうがいいのか悪いのか、判断がつかなかった。どちらにしても、とてもうるさかった。

　彼女たちは座って、大きく広げられた図面をじっと見つめ、それを理解しようと努力していた。それぞれが「肘掛け部分が折りたたみ可能なテーブルとなる」学生用の椅子に座り、2台の机に図面を広げ、頭を寄せ合ってすべてを

訳注2……ムーア校の外観は、写真2-5を参照。

理解しようとしていた[9]。

ある日、削岩機が激しく音を立て、女性たちの頭に埃が降り注ぐ中、背が高くて細身の眼鏡をかけた男性がやってきて、天井を熱心に見上げながら歩き回った。彼はしばらくして、この部屋に他の人がいることに気づくと笑顔で自己紹介した。彼はジョン・モークリーだった。「天井が落ちてこないか点検していたのだ[10]」。ジーンもベティも彼とは初対面だったが、彼のことは知っていたし、彼とプレスは彼女たちにとって「神話上の人物」のようなものだったので、会えて興奮した。彼は、もしムーア校が増築中の3階が崩壊したら、彼女たちがいる2階の教室が、ＥＮＩＡＣが構築されている下の1階に崩れ落ちるかもしれない、と説明した。とりあえず天井が無事であることに満足したようであった[11]。

この機会を逃すまいと、彼女たちはジョンに「今見ている図面について、いくつか質問に答えてもらえないか」と頼んだ。生まれながらの教師であるジョンは快諾し、累算器の高度な機能について学ぶのを手助けした。

累算器は全部で20個あったが、単に加算や減算ができるだけではなかった。「それぞれの累算器が、10桁の十進数を受信して保存できる[12]」こと、そして数値の正負を表す符号も格納できることをジーンは学んだ。これは戦時中、卓上計算器の計算結果を書き留め、次の計算のために再び卓上計算器に打ち込んでいたベティには、非常に便利な機能のように思えた。これなら中間結果を、プログラムの後半で必要になるまで、一時的に累算器に保存しておくことができる。

アーサーと同じように、ジョンも授業やENIACのテストの監督をしなければならないので、一時的にしか居られなかった。けれども、ジョン・ホルバートンと隣の部屋を共有しているので、在席中なら、喜んで質問に答えると彼は言った。

§

約2週間後、6人の女性たちは再び集まって、図面から学んだことを共有した。彼女たちは、グループが新しい編成となることに胸を躍らせていた。まず、ケイがみんなにフランを紹介すると、他の4人の女性たちはフランを温かく歓迎した。ハーマンの任命によって、今やフランはプログラミングチームの常勤メンバーだった。それから6人の女性たちは腕まくりをして、ENIACのユニットについて互いに教え合った。

この最初のおさらいで、彼女たちは「算術演算ユニット」、つまり演算機能に特化したユニットを理解した。ベティとジーンは、累算器を加算、減算、そして一時的な保存に使う方法を、ケイとフランは、高速乗算器を大きな数の乗算に使う方法を教えた。

ルースとマーリンは、ENIACの第3の算術ユニットである除算・開平器について詳しく述べたようだ。もしそうなら、彼女たちは、このユニットには前面パネルの中央に縦4個×横8個のスイッチがあり、除算の分子と分母、または被開平数（平方根を取る対象となる数値）を受け取るように設定する必要があることを伝えただろう。ジーンとベティは、累算器は演算結果を一時的に格納しておくという貴重な機能を備えているというさらなる発見を共有した。しかし、格納できる容量には限りがある。累算器は20個しかないため、一時的に格納できるのは、最大で20個の数値だけであった。

共同作業の手始めとしては悪くない。この日は、新しい知識と進め方を祝うときであった。ウッドランド通りにあるリドのレストランは、まさにうってつけの場所だった。「ボックス席に身を寄せ合って座りました……あのイタリアンレストランはやや暗く、いつも混雑していて、お祭りのような雰囲気でした[13]」。また一緒になって楽しむことができた。

5人の女性たちはフランを話し合いに参加させ、心を開かせようとしたが、フランはケイの近くにいて、静かにしていた。マーリンはフランのことをもっとよく知りたいと思ったが、内気な性格がいかに難しいかを知っていたので、フランの望む距離感を尊重した。

フランはとても静かでした……他の人よりも自分の殻に閉じこもっていました。彼女は自分がすべきことをやっていました……みんなとはそんなに交流しませんでした……とても内向的で、とても静かでした[14]。

§

翌日、彼女たちは作業を再開した。ＥＮＩＡＣのユニットにはまだまだ学ぶべきことがあった。数値の保存を制御するユニット、ユニットの電源をオン・オフする操作、プログラム実行時に計算機を循環するパルスなどである。

次に学び、共有するべきユニットとして、ベティとジーンは「関数表」を選んだ。この一風変わったユニットには、二つの四角い面にぎっしりとダイヤルが並んでいる。各面に28個のスイッチが26列あり、一面当たり７２８個、ユニット当たり１４５６個のスイッチで構成されている。

このユニットについてもっと詳しく知るために、ベティとジーンは廊下でボブ・ショーを引き留めた。彼がこの関数表を設計・製造したエンジニアだと聞いていたので、理解を助けてもらえるかもしれない。[15] 彼女たちはＥＮＩＡＣルームの中へは入れなかったが、その外にいる人に近づいてはいけないという決まりはなかった。ボブは温厚な性格で、茶目っ気があり、喜んで彼女たちを手助けした。

ジーンとベティは、ＥＮＩＡＣの弾道計算における関数表の特別な役割を学んだ。軌道計算の方程式には「定数」と呼ばれる、計算ごとに固定された数値がたくさんあり、関数表はこれらの数値を保持するために設計されたものであった。ジーンとベティは関数表のスイッチを0から9まで回し、数値の各桁を設定することができた。

ひとたびスイッチに設定した数値はプログラムの途中で変更できないため、現在では関数表を「読み取り専用メモリ」と呼んでいる。ジーンとベティは自分たちが進歩していることを実感した！　チームで集まって共有し、教え合うのが待ちきれなかった。

チームは時間をかけて、４種類のユニットについて学んだ。

1 自分たちが知っている演算ユニット：加減乗除や平方根を取るための累算器、高速乗算器、除算・開平器。

2 読み出し専用メモリの関数表と一時記憶用の累算器。

3 他のユニットを制御する「制御ユニット」、特に他のユニットの電源をオン・オフする「開始ユニット」、他のユニットの動作を開始させるプログラムパルスを発する「周波ユニット」。

4 ＥＮＩＡＣの入出力ユニットは、彼女たちがよく知っているＩＢＭの機器と連動していた。ＥＮＩＡＣの「定数送信ユニット」は、ＩＢＭのカード読取機と対になって、穿孔済みカードからデータを読み取り、他のユニットに送って計算させるものであった。ＥＮＩＡＣの「プリンター」ユニットは、ＩＢＭのカード穿孔機と対になっており、ＥＮＩＡＣの計算結果をカードに穿孔して送っていた。このカードはＩＢＭの作表機に運ばれ、人々が読むためにつづら折りの紙に印字することができる。[16]

女性たちは、特に「周波ユニット」に興味を持った。それはＥＮＩＡＣの他のユニットの「進め！」スイッチとなるパルスを発し、他のユニットの活動を開始させるものであった。周波ユニットは規則正しいパターンでパルスを発し、巨大なＥＮＩＡＣの鼓動を生み出した。[17]

§

9月下旬になると、フィラデルフィアの生活は平常に戻りつつあった。店には新鮮な野菜が並び、ペンシルベニア産の香り高い秋のリンゴが棚に並んでいた。ガソリンスタンドでは、ガソリンが豊富に供給され、車のタイヤも新品が用意されていた。6人の女性たちは何度も何度も集まっては、自分たちが学んだことを共有し、教え合った。そのたびに、彼女たちは自信を深めていった。自分たちで新しいユニットを学び、互いに学び合うことで、チームとして成長していった。

戦地から戻った男性たちが工場や農場で仕事を再開したため、1945年の秋、政府は女性たちに兵士のために職を離れることを推奨する運動を展開した。喜んで家に帰った女性もいれば、仕事とその収入で楽しく過ごしていたので、不本意ながら戻った女性もいる。しかし、ENIACの6人の女性たち、「ENIAC6」は違っていた。帰還兵の中に彼女たちの技術を持つ者はおらず、帰還したGIが彼女たちに取って代わることはできなかったのである。

§

まだ2台の「マスタープログラマー」は、謎のままであった。それぞれのユニットの中央にあるメインパネルには、目もくらむような数のスイッチ類が並んでいる。上段には4個のスイッチ、その下に縦6個×横10個のスイッチ、さらに下段には5個のスイッチが並んでいる。下段のスイッチの下には、55個の小さな丸い輪があり、特殊な接続ができるようになっているようだ。しかし、この特殊なユニットのことは、また別の機会に紹介することにしよう。

彼女たちはＥＮＩＡＣのほとんどのユニットがなにをするのかすでにわかったので、次の課題に移ることにした。ＥＮＩＡＣの各ユニットは、それぞれ一つか二つのことをやり遂げるが、どうすればすべてのユニットを一緒に働かすことができるのだろうか？

問題を操作の列にする

6人の女性たちは、人間が理解できる問題を、この入り組んだ計算機にどう伝えるか考え出す必要があった。戦時中のプロジェクトが一段落し、ムーア校にも余地ができたので、ジョン・ホルバートンが2階に彼女たち専用の事務所を与えた。一緒に仕事をする単一の場所ができ、次の仕事は楽になった。彼女たちは、ＥＮＩＡＣでどのように問題をプログラムするか、腰を据えて考え始めた。

現在では、本や授業、オンラインコース、アクティビティなどでプログラミングを学べる。また、現代のプログラマーは、プログラミング言語、オペレーティングシステム、コンパイラなどのツールも使用している。これらのコースやツールは、１９４５年の秋には一切存在しなかった。

そればかりか、ムーア校では彼女たちに誰も教えなかった。6人の女性たちは、アーサーが置いていった図面の中から手がかりを見つけなければならなかった。ベティは「どうやってプログラムする方法を習得したのか、さっぱりわかりません」と言い、「自分たちで考え出したのでしょうね」と語った。[2]

断片的に理解したことを何段階かに積み重ねて導き出した、とケイは回顧する。ユニットの前面の図面を見ながら、「どうやって問題を設定するのか、どうすれば機械に希望通りのことをさせられるのか、その方法を見つけ出さなければならなかった。そして、その通りに実行できるように前面からスイッチを入れたり、プラグを差し込んだりする必要があったのです[3]」。

6人の女性たちは、乗算や除算などの演算をするためには、ENIACのユニットを数珠つなぎにして、ひとつのユニットから別のユニットに数値を受け渡す必要があることに気づいた。ENIACでは、数値を「数字列《ディジット》」と呼び、「ディジットトレイ」に沿った「ディジットワイヤー」を通して、この10桁の数字列からなる数値をユニット間で行き来させた。

また、各ユニットの操作《オペレーション》を開始させるために、ENIACの「進め!」であるプログラムパルスを周波ユニットから移動させる必要があった。この周波ユニットのパルスはユニットの背面に沿って流れ、プログラム技師はそれを用いて、プログラムの次なるステップに対応させ、ユニットを起動することができた。あるユニットの操作が終わると、そのユニットがプログラムパルスを発し、他のユニットに送ることで次の操作を開始できた。

ベティは、ENIACのプログラミングとは「操作の列を生み出すために……とにかく機械をつなぎ合わせなければならないということなのです」と、彼女たちが突き止めたことをまとめた[4]。プログラムの論理的、物理的な各段階を制御し、全体の「問題の操作列」を作り出すことは、完全に彼女たちにかかっていたのだ。

ウォール・ストリート・ジャーナル紙のトム・ペッツィンガー記者はのちに、ENIAC6をENIACの「オペレーティングシステム」と呼んだ。

ENIACを動かすには、何十ものダイヤルを設定し、黒くて太いケーブルの束を機械の表面に差し込む必要があり、その構成は問題ごとに異なっていた。すべてのデータと命令は、それを必要とする操作に間に合うように、5000分の1秒以内に、正しい場所に到達しなければならなかった。[5]

弾道研に勤めていた記者たちはこの数年後、類似した言葉を使うようになった。ある人は、「パルス、スイッチ、ケーブルを使ったプログラミング」と呼び、[6] 別の人は「ダイレクトプログラミング」と名付けた。[7] この独自のダイレクトプログラミングの手法は、今日でもコンピューター科学者を魅了してやまない。[8]

ENIACの詳細については、まだまだ解明しなければならないことがたくさんあったが、彼女たちは、ユニットがどう機能するかについての基礎やニュアンス、そして問題を解くためにそれらをつなぎ合わせる体系だった手順を順調に学んでいた。しかし、ENIACに弾道を計算させるのは、「並大抵のことではない」[9] ということは明らかであった。

§

図面を綿密に研究し、各ユニットの相互作用を調べているうちに、ケイにひらめきの瞬間が訪れた。マスタープログラマーのユニットには、「ループして（環状に）」動かすという重要な機能があることに気づいたのだ。2台のユニットには、計算を複数回実行できるように設定可能なスイッチがあった。例えば、同じ配線とスイッチの並びで、計算を5回実行できるようにスイッチを設定できる。各計算では、一つ前の計算の結果が使われる。

今日のプログラマーは、この処理をループと呼び、それはコードの反復的な利用を伴う。ENIACでは、マスタープログラマーのループによって、ENIAC6は以前に設定した配線やスイッチを繰り返し利用できるようになった。「ケイはとても創造性に富んだ人で、ループ技法がいかに強力かを初めて私に理解させてくれた人でした」とジーンは振り返る。[10] これはチームにとって画期的な出来事だった。

こうしている間も、彼女たちがENIACを目にすることはなく、いつになったらあの部屋に入れてもらえるのだろうか、と訝しんでいた。

§

ENIACのユニットと「ダイレクトプログラミング」というプログラミング方法を学んだENI

ＡＣ６は、弾道プログラムについて考え始めた。どのように分解すればいいのか。どのようなステップが必要なのだろうか。

ケイによると、この作業はほどなく中断されてしまったという。

ロスアラモス研究所（以降、ロスアラモス）からこの機械に問題を設定するために2名やってくると言われたのは、私たちが、やっと軌道をプログラムするのに十分な機械の知識を持てたと思い始めたころでした。[11]

11月中旬、ハーマンがだしぬけに出入口に現れた。真剣な表情をしている。指示を出そうとしているのが明らかだった。「ついてきなさい」と言い、「君たちがＥＮＩＡＣルームに必要だ」と告げた。彼女たちは、いずれ戻ってきて弾道計算の仕事を再開することになる。だが、このとき彼はそれをさしおいて彼女たちに割り振りたい問題があった。

女性たちは、興奮した面持ちで顔を見合わせた。ついに待ちに待った瞬間である。ＥＮＩＡＣルームからの追放が解かれたのだ。彼女たちは満面の笑みを浮かべ、すっくと立ち上がってハーマンの後をついて行った。

途方もなく大きなもの

ケイと解析機チームが2台の累算器のテストを見て以来、女性たちは初めてENIACを目にした。その様子は、1年半前にケイが見たときとはすっかり変わっていた。ENIACは、今や高さは8フィート［約2メートル半］、長さは80フィート［約24メートル］あり、広い部屋に収まるように巨大なU字型に配置されていた。ユニットが左右に16台ずつ、その真ん中に8台がそびえ立っている訳注1。背面からも手前からも利用できるように、ユニットは壁から離されて配置されていた。

部屋には他の人もいたが、最初はENIACにしか視線がいかなかった。それはとても強く目を引きつけた。

マーリンは「すごい！　これに何かをさせようとしても、絶対にうまくいかない。あまりに大掛かりだ」と思った。

ジーンは感激した。想像していたよりも壮大で威圧感があったからだ。[2]

ベティはENIACを少し不吉なものだと感じていた。「それは大きな部屋全体に広がっていて、この上なく黒く、光を吸い込むようでした[3]」。

ルースは真空管の数（１万８０００本）と部屋の大きさに驚嘆した[4]。

彼女たちの気持ちを最もよく言い表していたのは、ケイだった。「それがすべて組み立てられているのを初めて見ました。40台の大きな背の高い黒いユニットが、周りに立って私たちを見下ろしているようでした。……（そして）私たちは大喜びしました[5]」。

彼女たちは、高速乗算器、除算・開平器、多数の累算器など、ユニットを１台ずつ見て回った。読み込んだ図が、目の前に浮かんでくるようだった。彼女たちはこの瞬間を、生涯忘れることはなかった。

ハーマンは、少し時間を置いてから、女性たちの意識を引き戻した。

彼が咳払いをすると、彼女たちはこの部屋には他にも大勢の人がいることを思い出した。ハーマン、アデル、ジョン・モークリー、プレス・エッカート、アーサー・バークス、ボブ・ショー、そして廊下で見かけたＥＮＩＡＣの若いエンジニアたちだ。

7月下旬に控えの間で短い挨拶をしたニューメキシコからやってきた二人組もそこにいた。ハーマンは、今度は彼らをきちんと紹介することができた。ニューメキシコ州のロスアラモス科学研究所のニコラス・メトロポリス博士とスタンレー・フランケル博士である。当時、その軍事施設が原子爆弾

訳注1……Ｕ字状のＥＮＩＡＣは、写真3-2を参照。

を作り出した場所であったことが国民に公表されたばかりだった。彼女たちは会釈し、彼らが何者であるかを知り、はっと息をのんだ。

「ニック」ことニコラス・メトロポリスと「スタン」ことスタンレー・フランケルは、ロスアラモスからＥＮＩＡＣ用の計算の作業を持ってきたが、高度な機密事項なので詳しいことは話せない、と6人の女性に告げた。[6] 後日、彼女たちはこの時期にＥＮＩＡＣを使うことについて、ジョンとプレスが反対していたことを知ることになる。彼らはこの2年間、請け負ったことを完了させ、弾道計算プログラムを動かせる計算機としてＥＮＩＡＣを引き渡すよう、弾道研の上層部から絶え間ない圧力を受けていたのである。ＥＮＩＡＣが永住の地である性能試験場に引き渡された後、弾道研が使用を望み、計画していたのは弾道プログラムなのだ。ジョンとプレスは、このロスアラモスによる中断によって、契約の納期がさらに遅れることを懸念していた。弾道研の上層部は同情的ではあったが、ジョンとプレスの異議は却下された。それがなんであれ、ロスアラモスが必要とすることが最優先だった。

§

ニックとスタンが6人の女性たちに、「問題の詳細についてはこれ以上説明できなくて申し訳ない。しかし、カードの扱いや機械の動かし方を教えよう」と言ったのをルースは記憶している。[7]

ふたりの科学者は、多くのＥＮＩＡＣのユニット前面にあるホルダーに用意してきた小さなカードを差し込んだ。そのカードには、そのユニットのスイッチとワイヤーの設定が書かれていた。ニックとスタンの問題をＥＮＩＡＣに組み込むために、スイッチを設定し、ワイヤーを接続するために必要な人手として彼女たちはそこにいるのだと、すぐにわかった。

人々は部屋全体に広がり、ハーマンが大指揮者のように振る舞った。カードに従って、ＥＮＩＡＣ全体の配線を指示した。太くて長いディジットワイヤーと、黒くて細いプログラムパルスケーブルの両端に2人ずつつき、彼は指示を発した。

「テスト用意！　累算器1番！」ハーマンは叫んだ。「プログラムライン入力Ａ‐０をスイッチ５へ、アルファから受信するように設定せよ！」。続けて、「累算器2番、プログラムライン入力Ａ‐０をスイッチ５へ、アルファを加算するように設定せよ、出力プログラムパルスはラインＡ‐１へ」と命じ、彼に指示された女性や男性が急いで累算器１、２番を設定した。[8]

その号令とともに、メンバーは素早く行動に移り、ディジットワイヤーやプログラムパルスケーブルを張り巡らし、何千ものスイッチをセットしていく。女性たちはハードウェアチームと一緒に長くて重たい黒いディジットワイヤーを持ち上げていく。彼女たちは、それより細いプログラムパルスケーブルを配線する。カードに書かれた設定に従って各ユニットの数十個ものスイッチを丁寧にセットし、関数表の何百個ものスイッチをセットした。

彼らは同時進行で、連携して作業していたのだ。ハーマンが多くの人手を必要とするのも無理はなかった。

彼女たちは、ついに計算機に近づけたことに感激した。「スイッチを見よ！」、そして「スイッチを入れよ！」とジーンは言った。彼女にとって、これは天国のようだった。「物理的な体験であると同時に、知的で論理的な体験[9]」だった。

しかし、それはまた漫画のひとコマのようでもあった。ハーマンが「よおぉぉい」と言うと、「みんながスイッチを設定するのです」。「それはまるでルーニー・テューンズみたいなシーンだった」とジーンは後でからからと笑いながら振り返った[10]。

しかし、それは真剣な瞬間でもあった。誰もが、その瞬間に自分たちが証言者になったという歴史の重みを感じていた。ENIACが動き出し、累算器のランプが光ったとき、彼女たちは少し感慨にふけった。ENIACの次に来る計算機はどのようなものなのか、それらはどれくらいの大きさになるのか、どうやってプログラムするのか、彼女たちにははっきりとは言えなかった。しかし、彼女たちはこれが新しいなにかの始まりであり、世界を変えるなにかであることは理解していた。

§

6人の女性たちは数週間ENIACルームにとどまり、ロスアラモスの科学者、ジョン、プレス、ENIACのハードウェアチームと一緒に仕事をした。毎日が刺激的だった。

当時、彼女たちは自分たちが取り組んでいた問題（以降、ロスアラモスの問題）について、それ以上なにも知らされていなかった。数年後、ENIACが水爆の連鎖反応の引き金を大まかに計算するのを手伝っていたことを知った[11]。ロスアラモス研究所はロバート・オッペンハイマーら原爆の父たちの反対を押し切って、秘かに原爆の1000倍の威力を持つ水爆の開発に着手していた。しかし、ロスアラモスの科学者や数学者たちは、この連鎖反応の引き金を設計するのに苦労し、その答えを見つけるための助けとなる何かを必要としていた。世界的に有名な物理学者であり数学者でもあるジョン・フォン・ノイマン博士は、ロスアラモスにコンサルタント、そして客員という立場で関わり、弾道研の顧問でもあった。彼は双方のプロジェクトを知っており、ロスアラモスの科学者たちのニーズを聞いて、弾道研にENIACの使用を依頼した。

ジョンとプレスはこのタイミングに反対していたが、このロスアラモスからの任務が重要であることは明らかで、ジョン・フォン・ノイマンは弾道研のレスリー・サイモンとポール・ギロンを説得して、これを許可させた。したがって、ふたりの共同発明者に選択の余地はなかった。ENIACは、まずロスアラモスのモルモットになったのである。[12]

§

さて、ロスアラモスの科学者たちが一員となり、立入制限されたENIACルームには、さらなる秘密ができた。誰もデータを見てはならなかったため、スタンとニックはロスアラモスから約100万枚の穿孔済みのカードを持ってきた。[13] 次に、6人の女性たちはそのカードを使って機密の「テストプログラム」を実行するのを手伝った。彼女たちは、自分たちに課せられた責務の重さに驚いた。

ケイとフランは主にニックと同じ昼のシフトで働き、ベティとジーンは主にスタンとともに夜のシフトで働いた。マーリンとルースは、必要に応じて両方のシフトを手伝った。この期間、プレスとジョンは常に部屋に居続けて、テスト中のＥＮＩＡＣにとって、「卵をかかえた雌鶏のようでした」。「彼らは、昼も夜も計算機につきっきりで、問題が起こるたびに駆けつけていました」とケイは振り返る。[14]

プレスは日勤、ジョンは夜勤が多かったが、仕事が規則的なシフトに収まるわけもなく、日勤が夜にまでなだれ込むことも多かった。「エッカートと私は、30番街の駅まで6ブロックも走りました」、「そのあと郊外に向から最終列車でぐっすり眠り込んでしまったものです」とケイは回想した。[15]

このプログラムはカードを穿孔し、女性たちはそれを集計機に通して印書した。ニックとスタンは計算結果を印刷したつづら折りの紙を、まず鍵のかかったブリーフケースに入れ、さらに金庫に入れて厳重に保管していた。[16] ある日、プレスと近くのドラッグストアに立ち寄った際、ニックがブリーフケースを置き忘れてしまった。失態に気づいたふたりは猛烈な速さで戻り、店員からカバンを受け取って安堵の息をついた。そのとき店員は皮肉っぽく「もし、金目のものが入っていたら、とっくになくなっていたところですよ」と言った。[17] 当時、これほど厳重に守られていたものはなく、それらの文書の多くは、今日でも最高機密として扱われている。ＥＮＩＡＣチームの女性と男性は、自分たちが計算した方程式がどのようなものであったかをそのあと何年も知ることはなかった。

ロスアラモスのプロジェクトに数週間専念した後、ケイとフランは、ニックとスタンのところに残ってロスアラモスの仕事を続けることが決まった。彼女たちは彼らと親しくなり、ケイはその後も長年にわたって彼らと連絡を取り合うことになる。

プログラムとペダリングシート

ジーンとベティは真っ先にその問題から離れて、2階にあるチームの場所に戻った。ＥＮＩＡＣを実際に使うことで新たな自信にあふれ、多くの学びを得た彼女たちは、軌道のプログラミングという難題に、より深く取り組む準備ができていた。何事もそうであるように、作業を管理しやすいように分割した。最初の役割分担は単純だった。「数学はジーンで、論理は私」と、ベティは誇らしげに語った。数学専攻のジーンは、複雑な軌道方程式をより細かく分解した[訳注1]。記号論理に熟達したベティは、それらの細かな数理的な断片をＥＮＩＡＣが処理できるような小さな段階までさらに細かく分割した。

計算手《コンピューター》として、彼女たちは直観や知識、さらには経験を頼りにしていたが、ＥＮＩＡＣにはそういったものがなかった。ＥＮＩＡＣに求められていることと、自分たちが計算手としてやってきたことは大きく異なるということに気づいたのだ。987,643と495,145を足すには、987643という数字列をモンロー電動計算器に打ち込んでから次のようにすればよいことが、計算手にはわかっていた。

1　足し算のボタン（＋）を押す。
2　計算器に数字列495145を入力する。
3　再度、足し算のボタンを押し下げる。
4　小さな歯車が回るのを見て、計算器上部のバーの下段にある小さな窓に合計が表示されるのを見てから、白い縦長の軌道のシートに合計を書き留める。

しかし、ＥＮＩＡＣは何も知らなかった。プログラム技師が綿密な計画と準備によって実行させたことだけを行う。ＥＮＩＡＣがこの２個の数値を足すには、次のような多くのステップが必要だった。

1　累算器４には、次のステップに必要な先行計算の結果（例えば、987,643）が格納されていると知る。
2　プログラミングスイッチの上にある「アルファ」のディジット入力コネクターから数値を受け取るために、累算器４の操作スイッチを「アルファ」に設定する。
3　累算器６の数値（例：495,145）を、ディジット出力コネクター「Ａ」を通じて、累算機４に送信して加算するために、累算機６の操作スイッチを「Ａ」に設定する。

訳注1……ＥＮＩＡＣで使われた方程式は、写真2-4を参照。

4　同じプログラムパルスで、累算器6の送信と、累算器4の受信を開始する。
5　プログラムの後半で必要になるまで、累算器4に演算結果を保存する。

翻って、大規模な弾道計算プログラムに必要な情報の範囲と広さについて考えると、ベティとジーンは、弾道計算プログラムの数学的・論理的なステップと物理的な詳細のすべてを把握できる表記システムが必要であることに気づいた。それを自分たちで作ろうと決めた彼女たちは、どこから手を付けたらいいかはわかっていた。大きな白い用紙を使うのである。

使い慣れた白い用紙の前に座ると、ふたりは書き始めた。まず、上端に27の列を書いた。左端の列には、「マスタープログラマー」の意味でMP、累算器1と2にはそれぞれAcc1とAcc2、除算・開平器にはDivider、累算器3から10にはAcc3からAcc10、「高速乗算器」にはHSMと、ENIACのほとんどのユニットにラベルを付けた。[2]

シートの左側には、プログラムの1ステップに対して1行ずつ、16行を縦に書いた。この後、軌道プログラムの多数のステップのために、さらに多くのページを作成する必要があることはわかっていた。行と列が交差する部分には450個の小さなマスが並んでいて、そこにディジットワイヤー、プログラムパルスケーブル、スイッチの設定など、プログラムのステップの詳細を書き込んでいった。

さらに情報を追加するために、ベティは色を使うことにした。彼女はノーマペンシルという4色のシャープペンシルを持っていて、計算機の中のパルス、スイッチ、ケーブルの並びを表示するのに役立てた。[3] それは計算機の中のデータの流れを示す際の助けとなった。[4]

シートを扱う際のコツは、1ステップずつ順番に当たっていくことだった。ベティにとって、それはまるで自転車に乗ってペダルを一つずつ踏んでいくようなものだった。そこで彼女は即座にこのシートを「ペダリングシート」と名付け、ジーンも大いに同意した。[5]

ふたりは弾道プログラムの数学的、論理的、物理的な詳細をペダリングシートに記入する作業に取りかかった。「機械の加算サイクルごとに」1行となる。ベティはそれを「私たちが発案したフローチャート」と誇らしげに説明し、ジーンとともに考案したのだと言った。[6]

頭がはち切れそうになっていたこの時期、ベティとジーンはお互いの家を行き来するような生活をしていた。ベティはまだ両親と暮らしていたので、ジーンはベティの実家であるスナイダー家と一緒に過ごすことが多かった。「彼らはナーバースで生活していて、私は週に2、3日、泊まりに行っていました」。ベティの弟とバドミントンをしたり、尊敬する「学校の先生で天文学者」であるベティの父親と話をしたりした。簡単に言えば、ベティの母親とは娘同然に過ごした。「彼女は料理がうまくて、とても快活ですてきな母親でした」[7]。ジーンはいつも素晴らしい時間を過ごしていた。

ジーンのルームメイトが留守のとき、彼女たちは逆のことをした。「ベティはよくフィラデルフィアに来て、私のところに泊まっていました」。それから、街を散策したり、食事に出かけたりもした。ENIACに着手したときから、ジーンは「ベティとは一つのチームだ」と感じていた。ベティのことを「私の最初の完璧なパートナー」と呼んでいた。[8]

一方で、ベティはマスタープログラマーというユニットに思いを巡らせていた。この秋にケイは、マスタープログラマーが「ループ」させて動かすことで、以前に設定したケーブルやスイッチを繰り返し利用できることを突き止めた。彼女たちは長年その洞察力を讃えている。しかし、他にも秘密がないだろうか。ベティはマスタープログラマーの図面を手にして、改めて腰を据え、謎解きに取り組んだ。

ループに加えて、ベティはマスタープログラマーは、ある一定のロジックを実行し、現在の状態が特定の条件を満たしているかどうかチェックできることに気づいた。もしその条件を満たしていればプログラムはある方向に進み、満たされていなければ別のステップを実行する。[9] マスタープログラマーは、ＥＮＩＡＣを汎用的でプログラム可能なものにするための鍵であることは明確であり、それは軌道計算に必要な柔軟性をＥＮＩＡＣに与えるものだった。プログラム技師は、計算結果がゼロであれば、砲弾が地面に衝突して飛翔を終了したと判断することができる。もし飛翔が終了していれば、プログラム技師は軌道プログラムを最終ステップに進めることができる。[10] そうでない場合は、計算を続行できた。

これらの洞察の多くは、ベティの独自の分析から得られたものである。「私はマスタープログラマーを自分で習得しました」。そして、彼女はその威力に感銘を受けていた。ＩＦ文は、計算機にやらせることのできる最も難しいことの一つだった、と彼女は振り返る。[11]

この機能は巧みなものであり、これを使いこなすには、プログラム技師にかなり高度な技術が求められたが、ベティは夢中になり、すんなりとできるようになった。IF-THEN文は、今日でもプログラミングロジックの基本的な部分である。[12]

ベティは、ジョン・モークリーにマスタープログラマーのことを話してみようと思い、ジーンも同行した。話し始めるとジョンの顔は輝き、ベティとジーンは、ジョンがマスタープログラマーの生みの親であることに気づいた。マスタープログラマーはジョンのお気に入りのユニットで、彼が考案したものであり、「ENIACの魂」であった。[13] それどころか、このマスタープログラマーこそが、ENIACがすべて電子式であることに加え、世界初の汎用プログラム可能計算機であるというジョンの構想の鍵を握っていたのである。

ジョンはベティと意気投合すると同時に、自分にはない際立った才能を見出した。彼とベティはともにマスタープログラマーを愛し、汎用コンピューティングに深い関心を持つことで仲間意識を持った。ベティは、プログラミングの力と汎用性、そして論理があれば、ほとんどすべてのことをプログラムできることに気づいた。

ジーンもまた、ジョンとの会話を楽しんでいた。彼女は、彼がとても包容力のある人であることに気づいた。男性だけでなく女性の話もよく聞き、その人がやっていることをフォローしてくれた。ジーンが歌を歌えば、きまってジョンもあわせて一緒に歌い、ジーンが『不思議の国のアリス』から一節を引用すれば、「続けて彼が引用を締めくくってくれました[14]」。

ベンチテストとベストフレンド

1945年の11月下旬から12月上旬にかけて、ケイとフランは引き続きロスアラモス研究所のプロジェクトの運営を手伝い、ベティとジーンは弾道計算プログラムの作業を進めた。しかしこの最中、ベティとジーンはある疑問を抱いていた。それは「自分たちの弾道計算プログラムが正しく機能しているかどうか、どうやって確認すればいいのだろう」ということである。

ハーマンとジョン・ホルバートンは、マーリンとルースにその打開策を見つけるよう依頼した。彼女たちはベティとジーンと協力して、弾道計算するためにENIACが追うべき逐次的なステップを突き止め、同じステップを使って別個に答えを計算することにした。ベティとジーンはペダリングシートのステップを共有し、4人のグループはテスト用のデータ、すなわち大砲と砲弾、温度と横風、湿度、目標地点までの距離、そして弾道研の弾道サンプルを実行するのに必要なその他のデータを受け取った。マーリンとルース、ベティとジーンの二組が、このテスト軌道を実行することになった。

マーリンとルースは再び卓上計算器と静かな作業場所を探しに出かけた。その仕事は尋常ではなかった。たくさんの加減乗除や開平をしなければならない。非常に時間がかかり、困難で骨の折れるものだった。しかし、このふたりはこの厳しい仕事にふさわしいペアであった。ルースは正確で優れた仕事ぶりで知られる尊敬すべき計算手である。そして、マーリンの印象は素晴らしかった。ムーア校で何千時間もの卓上計算を担当したマーリンは、決して計算を間違わないことで知られていた。ジョン・モークリーでさえ、レーダー・プロジェクトでの彼女の驚くべき仕事ぶりを語っている。

> 彼女が彼のために働いていた間、一度も間違いを犯したことはなかった。彼女は本当に非の打ちどころがなく、そんな人に出会ったのは初めてだった。それがマーリンの資質であり、彼女は理想的な計算手だった。[2]

どうにか、完成した！　ルースとマーリンは、軌道プログラムの各々のステップで、どの数値が累算器に格納されＩＢＭカード穿孔機に印字されるべきかを理解していた。ベティとジーンは、ＥＮＩＡＣが再び利用可能になったときには、軌道プログラムを任意のステップで止めて、累算器の上部のランプを調べ、累算器の数値がマーリンとルースが計算した数値と一致するかどうかを確かめることができるようになった。

もし一致していればプログラムは正しく機能しており、彼女たちは次に進むことができる。もし一致していなければ、プログラムのロジックや配線、スイッチに誤りがないか、立ち止まって調べる必要がある。今日でも、プログラマーは「ベンチテスト」と呼ばれる手法で、プログラムをテストするために独立した計算を実行する。

ベンチテストを計算するうちに、マーリンとルースはより親しくなった。彼女たちの友情は3階の計算チームで始まり、性能試験場で育まれた。今やふたりの友情はベティとジーンのように深まり、ルースとマーリンは、ムーア校で過ごす時間と同じくらい、仕事以外の時間も一緒に過ごすようになった。

マーリンは変わらず物静かで控えめだったが、「とても陽気で、物事をはっきりと言い、一緒にいるととても面白い」友人とともにいることを楽しんだ。[3] ルースがレベッカ・グラッツ・クラブ（ユダヤ人独身女性向けの住居）に移ると、マーリンは頻繁に訪ねた。そこは「ピアノの周りに集まって歌ったり、ラウンジでトランプをしたり、女子学生クラブ会館特有の仲間意識を楽しむ」素晴らしい場所だった。[4]

時折、彼女たちは街に出かけた。「映画を観たり、コンサートや演劇に一緒に行ったりもしました」。戦争が終わった今、さらに多くのイベントが開催され、彼女たちにはそれらを楽しむ時間とお金があった。マーリンは、ルースが「とても落ち着いた一面を持っている」ことを知り、ゆったりとした気分のときは家に連れていき、マーリンの家族（ウェスコフ家）の温かさをともに楽しんだ。[5]

マーリンの父親は他界していたが、母親は温かくもてなしてくれた。料理が上手で人を招くのが好きな母親は、実家から離れたルースを泊めることを喜んでいた。ルースは「何度も夕食に来てくれました」[6]とマーリンは回想する。彼女のおばもよくそこに来ていて、家の中はあふれるほどの音楽と東欧の伝統料理であるブリスケットやクーゲル、そしてぬくもりであふれていた。[7]

同様に、列車でニューヨークまで行き、そこからロングアイランドへ向かい、ファー・ロッカウェイに住むルースの両親を何度かを訪ねた。[8]大西洋に面した美しく長いビーチで知られるファー・ロッカウェイは、ニューヨーカーの遊び場であり、ルースの両親が引退して生活するには最適な場所でもあった。マーリンが何十年も大切にしてきた当時の写真には、水着とローブ姿で満面の笑みを浮かべている2人の若い女性が写っている訳注1。太陽の下で、一緒に、最高の友達として過ごすのは気分がよかった。

訳注1……海岸のマーリンとルースの姿は、写真2-3を参照。

並列プログラミング

その間、ベティとジーンは自分たちのプログラムをテストし続けた。彼女たちは「明けても暮れても」取り組んだ。依然としてＥＮＩＡＣはロスアラモスの問題に縛られていたため、じかに利用することはできなかったが、お互いのロジックを追跡し、お互いの仕事に疑問を投げかけることはできた。彼女たちは、プログラムの物理的、論理的な細部に至るまですべての作業を行った。そして、その仕事上の関わり方は独特だった。

お互いに相手のやっていることの欠点を見つけようとしていた。片方が不具合を見つけると、もう片方は怒るどころか、「これでプログラムにエラーが残らなくてすむ」と喜びました。

しかし、もう一つの問題にぶつかっていた。プログラムがあまりにも遅かったのだ。だが、弾道計算の速度こそが、ＥＮＩＡＣが弾道研に受け入れられるかどうかの鍵になることを、ジーンとベティは理解していた。ベティはわずかな処理時間でも無駄に使いたくなかった。

もし複数のステップを一斉に実行するようにＥＮＩＡＣを設定できるとしたら？　何十年もの間、大半の計算機は「直列」または「逐次的」プロセッサとして一度に一つの命令しか実行しなかったので、今日の視点から見ると少し風変わりに思えるが、ＥＮＩＡＣは並列プロセッサだった。[2] プログラム技師が非常に注意深く、本当に腕がよければ、同時に複数の操作を実行することもできた。

コンセプトは単純明快だった。一つのプログラムパルスを一斉に複数のユニットへ入力することができるのだ。つまり、累算器が加算を始めるのと同時に、高速乗算器も乗算を開始できた。

しかし、時間的な調節が問題であった。累算器は乗算器の10倍の速度で動作し、乗算器が１秒間に５００回の乗算を行う（それでも当時としては驚異的な速さではあった）のに対して、累算器は１秒間に５０００回の加算を行うことができた。そのため、プログラムが次のステップで累算器と乗算器の演算結果を必要とする場合、プログラム技師は乗算が終わるまで十分に待ってから、累算器と乗算器の演算結果を使って次のステップに進まなければならないのである。

つまり、のちにジーンが気持ちを吐き出すように語ったとおり、「タイミングを調整して……同期した状態に戻すことが求められた」ため、ＥＮＩＡＣの並列プログラミングは大変な作業だった。[3]

ベティはこの挑戦を受け入れ、「直列にプログラムを組むこともできたが、１マイクロ秒たりとも無駄にすることはできなかった。だから、すべてを並列にした」[4]。しかし、並列に考えることは難しかった。ベティはその理由を探って、次のように結論づけた。

人は並列で考えません。直列で考えるのです。本を読むのも直列だし、文章を書くのも直列です。すべてを並列でやらなければならなくなったら、自分のしていることについて別の論理を使わなければならなくなります。時間軸の中ですべてが破綻していくでしょう。[5]

彼女はのちに、ENIACのプログラミングは「おそらく私がこれまでに経験した中で最も難しいものの一つ」であったとコメントしている。[6] 今日に至るまで、並列プログラミングはプログラマーが直面する最も困難な課題の一つである。

ベティとジーンは弾道プログラムをできる限り並列に動かすことを目指していた。幸運にもこの頃（1945年晩冬）、ケイとフランがENIACのチームに戻ってきた。ニックとスタンはロスアラモスの問題について大まかな答えに達し、[7] まだしばらくはENIACのプログラムを続けるものの、大規模なチームの必要性は薄れてきていたのである。

ケイはENIAC6に戻ると、すぐに着手した。彼女は、並列プログラミングの複雑さと、それがプログラムの高速化に貢献する度合いを把握し、ベティとジーンの複雑な作業を手助けすることができた。[8] 協力して、並列な軌道プログラムをENIACに適合するように微調整し終えた。「すべてを同時に実行するためには、少しばかり特殊な方法をひねり出さなければなりませんでした」と、ケイはのちに語っている。[9]

6人の女性たちは楽しかった。道すがら、エンジニアに質問をしてきた。だが今やENIACルームから締め出されることはなくなり、ユニットの制御スイッチやプラグを見たり、エンジニアに質問したければいつでも入室できる。もはや約束の地からの流浪の民ではなくなっていたのだ。

やがて、彼女たちはＥＮＩＡＣチームの一員となり、ジョンやプレス、エンジニアたちとともに昼食や夕食をとるようになった。しかし、それでも彼女たちはまだ一緒にいるのが好きだった。時間があればリドの、時にはアーサーのステーキハウスに行き、円卓に座って「丁寧に調理され、ちょうど良い大きさに盛られた」ステーキと、お互いがともにいることを楽しんでいた。[10]

のちにケイは「ＥＮＩＡＣのプログラム技師をしていた彼女たちとの仕事は本当に楽しかった」と、優しい笑みを浮かべて語った。

§

１９４５年12月の休暇は、６人の女性たちにとってもフィラデルフィアや全米の人々にとっても喜びに満ちていて華やかなものであった。ほとんどの兵士が家族や友人と一緒に過ごすために帰国していた。ドイツや日本に残っていた兵士たちにとっても、銃声は静まり、戦闘は止んでいた。

１９４５年のクリスマス当日、フィラデルフィア・インクワイアラー紙の見出しは、「戦艦ワシントン」が「１６２６人のヨーロッパからの帰国ＧＩ」を乗せて、ニューヨーク港に到着したという嬉しいニュースと、パットン将軍が軍葬によって「今日、第三軍の死者たちとともに、ちょうど1年前にともに戦ったアルデンヌ（ベルギー）の厚く赤い粘土の下に」埋葬されたという悲しい知らせを伝えた。[11]

しかし、ＥＮＩＡＣ６のメンバーの休日はあっという間に過ぎ去った。仕事に没頭していたため、十分に祝う余裕はなかったのだ。彼女たちは、１９４６年の寒さが厳しい１月になっても、軌道プログラムの仕上げと改良を続けていた。

そして、彼女たちは一つの大きな問いを自分たちに投げかけ続けていた。いつになったら私たちのプログラムをＥＮＩＡＣで実行させることができるのだろうか？

サインとコサイン

女性たちのオフィスの外は、ざわざわと活気づいていた。1946年1月、陸軍はENIACの存在を世間に公表することを決定した。弾道研は、多くの人からうまくいかないと言われていた技術に、大きな危険を冒して出資したのだ。弾道研は、総額48万6804・22ドル（現在の690万ドル）を支払い、その賭けは見事に成功したのである。[1] ENIACは世界初の汎用プログラム可能電子計算機であり、地球上のどの計算機よりも1000倍以上高速であった。[2] 弾道研は、称賛を得たい、そしてきちんと祝福したいと願い、それはペンシルベニア大学やムーア校も同様だった。

ハーマンは、陸軍省の広報局と緊密に連携していた。彼らはENIACルームをお披露目する日を二つ設定した。2月1日は、科学技術に関心のある報道関係者向け、2月15日は、米国の科学技術界のリーダー向けに、という具合である。

2月1日に向けて、陸軍は全米科学作家協会と科学雑誌、大衆雑誌の記者に招待状を送った。それから、ハーマン、ジョン、プレスの3人は、計算技術の歴史、汎用計算機の利点、ENIACの詳細な説明、将来像、軍事目的だけでなく産業・科学目的でどのように使われるかについての考えなどを詳しく記した小冊子を作成することになった。この発表資料は、記者たちが記事を書くときや、詳細な情報を必要とするときの手引きとなった。

ハーマンは、「ENIACの軍事利用についての説明」という自らの発表に着手した。ジョンは「高速で汎用な計算機の必要性」と題したドラフトを書き、ENIACのような計算機があれば、将来的に「数理物理学と工学の進歩が大幅に加速されるだろう」と予言した。プレスは、「ENIACの物理的側面と操作の説明」という文書の執筆を主導した。[3] その後、彼らは互いの文書を編集し、いくつかの追加の文書を作成した。[4]

しかし、彼らの協力関係はそこで途切れた。「ENIACを開発した人物の略歴[5]」という文書を書く段になって、ハーマンは自分自身を開発者として記載した。ジョンはそれに異議を唱えて、小冊子を書き換え、ハーマンの経歴は添付にとどめた。[6] 結局、最初に記載されたのは、このとき大佐に昇進していたポール・ギロンで、長文の経歴が添えられ、次にハーマンの長文の経歴が記載された。その後、グリスト・ブレイナードがこのプロジェクトのためにムーア校の事務を担当したと記されていた。最後の3ページ目にはジョンの経歴が「電子式汎用デジタル計算機の独創的な着想で、ENIACの開発に成功した人物」として載っていた。プレスの経歴と記述は、「ENIACプロジェクトのチーフ・エンジニア」、そして「チームの中心的人物」として4ページ目の隅に押しやられた。[7]
ハロルド・ペンダー、ENIACのエンジニアたち、続いてアデルについての短い言及が続いた。

しかし、6人の女性については全く触れられていない。ベティ、ジーン、ケイ、フラン、ルース、マーリンの名前は、資料のどこにも出てこない。

陸軍省広報局は、この文書をすべて、縦長のリーガルサイズの用紙にきれいにタイプし、記者1人につき1セットずつ用意した。しかし、それぞれの文書の冒頭には、陸軍からの警告が書かれていた。

　1946年2月16日（土）朝刊に掲載。ラジオは1946年2月15日、東部標準時午後7時以降に放送。[8]

記者たちは2月1日にENIACを見学しても、その2週間後まで、記事にすることは許可されなかった。この陸軍による「記事差し止め」は、明らかに2月15日の公開実験に合わせた発表が、マスコミで大きな評判となることを狙ったものであった。また、記者たちに発表資料をじっくり読む時間を与えるためでもあった。

記者向けの文書の準備を終えると、ハーマンは報道関係者に向けた公開実験の企画に取りかかった。加算、乗算、平方や立方、サインやコサインなど、ENIACの基本的な演算能力を紹介する短いプログラムを、アデル、アーサー・バークスと共同して作ろうと決めた。[9] 彼らは、作業を開始した。

§

その間に、陸軍のカメラマンがやってきて、報道関係者用の資料に添えるためのENIACの写真を撮影した。その大きな計算機を撮影するのは容易なことではなかった。大きくて黒い金属板が、フラッシュの光を吸収してしまうのだ。[10] そのため、特殊な照明が用意された。さらにカメラマンがENIACルームを俯瞰して、その大きなU字形の大部分を撮影できるように、梯子が運び込まれた。そのうえで、ジョン、プレス、ルース、ジーン、ハーマン、フランなど、ENIACチームのメンバーがENIACの周りに配置され、写真が撮影されたのである［訳注1］。

この有名な写真では、プレスとジョンが部屋の中央に立ち、プレスは関数表のスイッチを回すふりをしてにっこりし、ジョンは中央の柱に寄りかかっている。ジーンは後方の右端に立ち、別の関数表のスイッチを回している。ルースは手前の右下で、いくつかのユニットの前でカメラに向かって立っている。ハーマンは制服姿でその間に立ち、短いケーブルに手をかけている。ホーマー・スペンス一等兵も制服を着て、左奥に立っている。[11]

ENIACの5台のユニットだけをクローズアップした別の写真［訳注2］では、左側にジーン、右側にフランが立ち、ふたりの顔は計算機のほうに向いている。[12] また、別の写真では、フランにズームインし、カード読取機にカードを送り込む様子と、彼女の横顔を捉え、女性と機械を一緒に撮影していた。ジーンは写真の左端にいるが、カメラは明らかにフランに焦点を合わせている。[13]

どの写真も白黒で、時代を超越している。報道資料のために、そして後世の人が思いをめぐらせるために、光沢のある画像で制作された。高くそびえ立つユニットに対して人々は小さく見えるが、巨大な新しい計算機の前で、冷静で自信に満ちた専門家としての姿が写し出されている。

カメラマンがそれを意図したかどうかは別として、写真には、ＥＮＩＡＣで貴重な貢献をした三つのグループ、すなわち発明家、陸軍、そして女性たちの姿が写っている。

最後の準備として、1月下旬、ハーマンは女性たちにイベントの際、ＥＮＩＡＣルームに来てもらう必要があると通知した。それは、プログラム技師としてではなく、「接客係」としてだった。[14]

§

１９４6年2月1日金曜日の午前11時、東海岸一帯の記者たちがムーア校に到着した。彼らはフィラデルフィアの新聞やニューヨーク・タイムズ紙、そしてさまざまな科学関連出版物の代表者で、ムーア校の2階の教室で概要説明を受けた後、ＥＮＩＡＣルームへと向かった。
そこで彼らは、巨大なU字を描くＥＮＩＡＣを目にした。ジョン、プレス、グリスト、ハーマン、そしてグラデオン・バーンズ少将が冒頭の挨拶をした。続いて、ハーマンとアーサーが発表を始めた。加算、乗算、平方と立方の表、サインとコサインの表など、計画した通りに実演した。[15]
その次にハーマンは、機密事項（ロスアラモス計画）のため説明できないが、あるプログラムの一

訳注1……ＥＮＩＡＣと6人の写真は、**写真3-5**を参照。
訳注2……ＥＮＩＡＣの5台のユニットをクローズアップした写真は、**写真3-4**を参照。

部を実行すると発表し、これは「長くて複雑な計算の実例」[16]であると断言したのである。記者たちは少し戸惑いながら帰っていった。

イベント終了後も記者の質問に答えるために数人が残り、ルースは記者から質問があればユニットの機能を説明するよう頼まれた。[17]

一方、ベティとケイはフランクリン協会に向かい、参加者のために用意されたランチの手伝いをした。[18] フィラデルフィアのテクノロジーとイノベーションの推進を使命とするフランクリン協会が、そのために会場を提供してくれることになったのだ。

もしハーマンがベティとケイをきちんと紹介していれば、記者たちは自分たちがＥＮＩＡＣの専門家と同席していること、自分たちが目にしたものを理解する手助けをしてくれる人物と一緒にいることがわかったはずである。しかしハーマンは、彼女たちを男性客にコーヒーを注ぐ接客係としてテーブルに座らせた。[19] 彼女たちは落胆した。

ベティはフランクリン協会の広報担当者の隣に座り、ケイは別のテーブルで「当時の主要新聞」であるフィラデルフィア・ブレティン紙の科学記事の主筆とペン大の学長の近くに座った。彼らはＥＮＩＡＣのイベントを終えて、「これが何を意味するのか、誰も全く理解できなかった」と途方に暮れた。[20] もしその日、コーヒーを注いでくれた人々の正体を記者たちが知ってさえいれば、その数週間後、彼らの新聞に掲載される記事がどのようなものになったか想像できただろう。

記者たちが帰った後、ハーマン、アデル、アーサーらは、このイベントが的外れであったこと、あるいは（参加していなかった）ある人が後でジーンに言ったように「かなり悲惨なものであった」ことに気づいた。[21] しかし、これはあくまでも試運転である。2月15日が大々的な公開実験を行う日であった。それは弾道研の幹部と国内有数の科学技術者に向けたものだった。ハーマンは観客の注目を集めるために、もっと大規模で大胆なものを必要としていた。しかも、準備期間は2週間しかなかった。

次の日くらいに、ハーマンとアデルはベティとジーンをお茶に招いた。[22] 夫妻が計算手と交流することは今までなかったので、これは奇妙なことだった。ジーンとベティは、喜んで彼らの家まで足を運んだが、この会合の目的を訝しんだ。

アデルがリビングで紅茶を出すと、「大きなペルシャ猫が私の膝の上に座りたがった」とベティは覚えている。[23] 彼女は猫があまり好きではなかったが、会話がとても興味深かったので、追い払うことはできなかった。

ベティによると、ハーマンはかなり唐突に「ＥＮＩＡＣに弾道計算を設定してくれないか？」と尋ねた。彼はさらに「設定する準備はできているか？」と付け加えた。

ベティとジーンは「もちろんです」と答えた。

彼は「それでは、公開実験に間に合うように用意してもらえるか？」と依頼した。

すると女性たちは「もちろんです。問題ありません」[24] と言った。

ベティとジーンは興奮気味に顔を見合わせた。「あの機械に近づきたくてウズウズしていました[25]」。彼女たちは、弾道プログラムを実行するのが待ち遠しかった。

ハーマンとアデルは、弾道はどの程度完成しているのか、ジーンとベティがそれをＥＮＩＡＣに設定して手直しし、公開実験の日に実行させることができるのか、と畳みかけた。

ふたりは、「できる」と断言した。[26] 彼女たちはそれまでに何度もプログラムを確認していた。

ハーマンは「よし、君たちは公開実験の問題に取りかかれ」と指示した。[27] 翌日からすぐに彼女たちはＥＮＩＡＣにプログラムを設定することが許可された。

ベティとジーンはアパートを出て、２月の寒空の下、足を踏み出した。ジーンは「私たちはワクワクしていました」と語った。「まるで夢がかなったようでした[28]」。

ENIACルームは彼女たちのもの！

翌朝、ベティ、ジーン、マーリン、ルース、ケイ、フランは、両腕にペダリングシートとベンチテストを抱えながら、顔をしゃんと上げてＥＮＩＡＣルームに入っていった。彼女たちは、これまでの人生の中で最も重要な仕事を始める準備ができていた。

彼女たちの計画は単純明快で、ＥＮＩＡＣに軌道プログラムを設定し、サンプルの軌道を求めて、その計算結果をマーリンとルースのベンチテストの結果と比較することだった。単純ではあるが、決して簡単ではなかった。

まず彼女たちは、ディジットワイヤー、プログラムパルスケーブル、その他のプログラムに必要な機器の一覧表を作った。ルースは「必要な機材が足りているかどうかを判断する担当でした。その結果、ワイヤーが足りないことがわかったのです」。プログラムに必要な非常に長いワイヤーが１本、完全になくなっていた。「そこで、ルースはクレム（電線屋）に頼んで作ってもらいました」。ディジットワイヤーやプログラムパルスケーブルは、近所のホームセンターに行っても買えるものではなく、それぞれＥＮＩＡＣのために特別に作られたものだった。

ワイヤーが用意され、すぐに使えるようになると、ルースは次のステップも主導した。ニックとスタンがロスアラモスの問題で行ったように、彼女はＥＮＩＡＣの各ユニットのスイッチとワイヤーの設定を書いた小さなカードを用意した。[2] ルースの美しい手書きのカードが、ほとんどのＥＮＩＡＣのユニットの前面にある張り出し棚に差し込まれた。

次に、女性たちはＥＮＩＡＣの配線やダイヤルの設定など、「設定」の作業に取りかかった。ただし今回は、ハーマンが指揮をとるのではなく、彼女たちが采配を振るうのだ。全員が一丸となって仕事をした。「問題を演算の列にするため、累算器をプログラムトレイにつないでいく必要があったのです」とベティは言い、その楽しかった思い出を語ってくれた。

> 建築家と建設技術者を掛け合わせたような役割なのです。レゴの部品やエレクタセット 訳注1 の部品を組み立てるように、部品を手にして、目の前にあるすべての部品を配置するのですから。[3]

彼女たちはカードに従って、累算器、乗算器、除算・開平器を軌道プログラムの順番につないでいった。

女性たちは重労働もこなした。50ポンド［約23キログラム］のディジットトレイ（それぞれ長さ8フィート［約2メートル半］、幅2フィート［約60センチメートル］で、黒い金属で覆われ、10本のディジットワイヤーを収容できるもので、一度にＥＮＩＡＣの４台のユニットを架け渡せるように設計されていた）を吊り上げた。ジーンはチームメイトとともに50ポンドのディジットトレイを、その数字列が流れるユニットの上段に持ち上げたとき、父や兄たちと一緒に背負っていた干し草の俵に似た感触を覚えた。[4] 次に彼女は低い姿勢でしゃがみ、パートナーとともに50ポンドのプログラムパルストレイを、そのプログラムパルスが走るユニットの底面に沿って置いた。

女性たちはルースのカードに注意深く従って、どの数値を除算の分子にし、分母にするか除算器と開平器のダイヤルに設定し、加算と減算のため、どの数値をいつ累算器に送り、追加の計算のためにどの結果を高速乗算器に送るかなどを設定した。

そして、サンプルの軌道に必要な定数に合わせて、関数表のスイッチを何百個もセットした。不在の間に誰かがスイッチを押さないよう願った。

６人の女性たちは、軌道プログラムをＥＮＩＡＣに設定するのに３日ほどかけ、念入りに仕上げた。そして、次の段階へ進んだ。プログラムのデバッギング[訳注2]である。ロジックは正しいだろうか、ワイヤーやスイッチは正しく設定されているだろうか。

訳注1……エレクタセットは、橋、塔、建物などを作る子供用の組み立てセット。

訳注2……プログラムを手直しするために、誤り（バグ）を見つけて取り除くことをデバッグ、デバッグするためにプログラムを実行して状態を分析し対策を打つ一連の流れをデバッギングという。

ベティとジーンの組は、マーリンとルースの組と緊密に連携し、一方のグループがペダリングシートを持ち、もう一方がベンチテストをして、物事を解決していった。

彼女たちはジョンとプレスが作った特別な道具を手にして、ＥＮＩＡＣの大きなＵ字の真ん中に立っていた。細長い黒いワイヤーで計算機とつながっている、ボタンが4個ある遠隔操作用の黒いプラスチックの箱である 訳注3 。のちにドレクセル大学コンピューター・サイエンス学部のブライアン・スチュアート教授はこれを「移動式制御局用装置」と表現し、「機械全体を歩き回れるほど長いケーブル」[5]が付いていたと述べている。デバッギングに最適なツールだ。

§

女性たちが特定のボタンを押すと、ＥＮＩＡＣが「１加算時間」進んだ。[6] これは、プログラムが１回の加算、つまり１０００分の５秒進んだという意味である。この遠隔制御装置によって、彼女たちは偉大な計算機のステップを段階的に制御することができた。

累算器内の計算に到達するたび、すなわち処理のために他のユニットから累算器に数値が渡されるたび、ベティとジーンは遠隔制御装置を押すのを止め、いま使用されている累算器に一時的に格納された計算結果を確認した。累算器の上部にある縦10個×横10個の格子状になった小さな表示ランプの中に、いくつかの小さな電球が点灯しているのが見える。それぞれの電球は、そのとき累算器に格納されている0から9までの数字を示している。その数値をマーリンとルースに読み聞かせ、彼女たちは丹念に計算したテスト結果と照らし合わせた。[7]

結果が一致すれば、女性たちは笑顔を見せ、次のステップに進んだ。もし結果が一致しなければ、中断して、プログラムのそのステップに関わる全ユニットのスイッチの設定、各々のディジットの配線やプログラムパルスケーブルを再確認する。再配線や再設定の必要な箇所はすべて修正した。さらにそのステップに戻るまで、プログラムを１加算時間ずつ再実行し、累算器をチェックした。結果が一致するようになったら次に進む。この作業は、現在では「デバッギング」と呼ばれ、プログラマーは皆、自分のプログラムをチェックするときにこの作業を行う。

徐々に、軌道プログラムの長い処理を進めていった。プログラムはある段階で、加算時間ごとに進めるのでは解明できないところに、はまり込んでしまった。すぐに遠隔制御装置の別のボタン、つまりプログラム全体を動かすボタンを使おうと考えたが、それではおそらく最後まで進んでしまう。

そこでベティはあることを思いついた。彼女はその式の直前のステップで使っていた累算器まで足早に向かって行き、その累算器と次のステップをつなぐプログラムパルスケーブルを引き抜いた。まさに彼女はそれを引き抜いたのだ。[8]次に、ベティは移動式制御装置の別のボタンを押し、今度はプログラム全体を実行させた。ＥＮＩＡＣはほぼ光速で進み、ベティが見たいと思っていたステップに到達するまで、プログラムのすべてのステップを実行した。そして、その時点で、停止した。

訳注３……ＥＮＩＡＣの遠隔制御装置は、写真３-１を参照。

次のステップに進むためのプログラムパルスがないため、計算が止まり、ベティがパルスを「遮断した」累算器の上部の表示ランプが煌々と点滅した。ベティとジーンは、その計算結果をマーリンとルースに読み聞かせ、デバッギングを続けた。

ベティはこの自分の技術を「ブレイキング・ザ・ポイント」と名付け、現在でも使われているこの言葉を自分の手柄だと嬉しそうに語った。「ブレイクポイントという言葉は、そこから来ているのです。私たちは実際に接点《ポイント》を遮断《ブレイク》しました[9]」と彼女は笑いながら言った。

「ブレイクポイント」という言葉は、現在でもデバッギングの際に、プログラマーが確認したい箇所でプログラムを停止させ、中間結果を表示するために使われている[10]。

さて、彼女たちがプログラムの主要な部分を進めていたとき、奇妙なことを発見した。すでにテストとデバッグを終えたプログラムの一部が正しく動作しなくなったのだ。軌道プログラムのステップが、ある日には正しく動き、次の日には同じように動かないのはおかしなことだった。いったい何がいけないのだろうか？

その後、彼女たちはＥＮＩＡＣルームのセキュリティーが思っているほどではないことに気づいた。時折、ムーア校の教授が客人を連れて忍び込んできては巨大な計算機を自慢気に見せ、時には、そうすべきではないと十分知りながら、スイッチを回したりケーブルを動かしたりしているのを目撃した[11]。

マーリンとルースは、ＥＮＩＡＣのスイッチやケーブルの設定をチェックする専門家となった。毎日部屋に入ると、前日の夜に変更されたものがないか、特に目線や腕の高さのものを、ざっと確認した。[12]彼女たちは入室許可のない人たちがＥＮＩＡＣに手を出さないことを願った。

女性たちが軌道計算プログラムの終わりに近づくにつれ、別のエラーが出始めた。マーリンとルースはスイッチや配線が適切にセットされていることを確認した。

少し時間はかかったが、問題はプログラムでもなく、ＥＮＩＡＣの前面にあるスイッチやワイヤーでもなく、別のところにあることがわかった。ＥＮＩＡＣの１万８０００本の真空管のうちの１本が切れたのだ。「１本の真空管がおかしくなったら、正しいものは何も出てこないし、正しい計算もできないでしょう。だから、それを見つけ出す必要があったのです[13]」とマーリンは言う。

しかし、どうやって切れた真空管を見つけられるのだろうか。ＥＮＩＡＣは巨大で、しかも、彼女たちはユニットの裏側を触ることができなかった。ＥＮＩＡＣの前面が彼女たちの領域で、背面の電子回路や配線はエンジニアの領域であったのだ。

その代替として、彼女たちは診断に集中した。新たなエラーが発生する地点に到達するまで、プログラムを加算時間ごとに実行した。[14]その場所が、問題のある真空管を搭載したユニットである可能性が高かった。

エンジニアは当初、手助けのために自分たちの仕事を止めるのを渋った。しかし、彼女たちが「真空管に至るまでハードウェアをデバッグできる」ことを知ると、「魅了されていました[15]」。１万８０００本のうちのどれを交換すればいいのか、彼女たちにはわかった。これはＥＮＩＡＣチーム全体の勝利であり、「エンジニアたちは、私たちのほうがＥＮＩＡＣのデバッグが上手にできるとわかると、喜んで任せてくれました」とジーンは振り返った。[16]

実際、男性たちは真空管の問題、今でいう「ハードウェアの問題」の診断を、女性たちに頼るようになった。つまり、彼女たちは「診断プログラム」を作っていたのである。

総じて、女性たちの多大な努力、複雑な軌道を描くプログラムを「エラーなく」走らせ、「どの部品がエラーを起こしたかを診断できる」能力は周囲に認められるようになった。[17]「エンジニアたちは私たちをとても尊敬してくれていました」とジーンは語った。[18]

そしてすぐに、尊敬の念はやがて友情へと変わっていった。40フィート［約12メートル］×60フィート［約18メートル］の部屋で、若いエンジニアたちと共同して何日も働きながら、面識ができ、深く相手のことを知るようになった。そこにはアーサーがいた。中国から来たばかりの若い移民チュアン・チュウもいた。[19] 30代後半のカイト・シャープレスもいた。彼はムーア校の卒業生で、穏やかなユーモアのセンスを持った人物である。[20]そしてジョーク好きのジャック・デイビスもいた。ジーンとベティがすでに知っていたボブ・ショーはチーム全員と面識があり、みんなに好かれていた。「まさに万能型の教養人で……偉大なエンジニアであり、優れた作家であり、話し上手でした[21]」。彼はユーモアのセンスがあり、白皮症のため視力が弱く、高温の真空管に顔を近づけていたので、周りの人たちは彼か彼の書類が燃えてしまうのではないかと心配していた。[22]誰もが大イベントに向かって進んでいるとき、ジョンとプレスは昼夜を問わず監視を続け、テストに協力した。

女性も男性も、ＥＮＩＡＣチーム全体が一緒に過ごすようになった。時として、遅くまで仕事をしたときには、夕食のために抜け出すこともあった。フラン、ケイ、マーリン、ルース、ジーン、ベティ、エンジニアたち、そしてジョンも何度も参加した。夕食を注文して待つ間には、計算機の話をしていた訳注4。

ジーンの記憶では、彼らはお互いに「あの機械はどのように使われるのだろうか？ ENIACをどう扱っていこうか？ 未来の機械はどのようなものになるのだろうか？」と意見を交わしていた[23]。

世界中のエンジニアがそうであるように、彼らのナプキンには、来るべきコンピューティングのビジョン、すなわち自分たちが創り出す未来が描かれていた。

訳注4……リドのレストランの様子は、写真3-7を参照。

THE LAST BUGS BEFORE DEMONSTRATION DAY

公開実験の日を前にして最後まで残ったバグ

ようやくプログラムがうまく動き始め、ベンチテストと同一の計算結果が出力されるようになった。彼女たちのプログラムは目標を達成し、手作業で30～40時間かけて計算していた軌道を20秒程度で計算した。並列プログラミングが功を奏し、すべての1マイクロ秒を最大限に活用することができたのだ。

バレンタインデー（公開実験の前日）の朝、ベティとジーンは最後に残ったバグに頭をひねっていた。残りは二つだけだった。一つは、計算結果がきちんと印字されないというバグだ。1、2、3、4の代わりに、0・8、1・8、2・8、3・8というように、整数ではなく小数点以下が打ち出されるのだ。このエラーはベティを悩ませた。

午前11時の試運転では、部屋に数人の見学者がいる中、ベティとジーンが軌道計算を走らせ、ルースが穿孔したカードを作表機に運び、紙に打ち出して一部の見学者に渡した。「なぜこれは・8と印字されるのですか？」とある人が尋ねると、ベティはため息をついた。これは明日までに直さなければばならないバグだ。

二つ目のバグはというと、ジーンが出力結果を見たときに、軌道が「小さな穴を掘っている」ことに気づいたのだ。[2] なぜか飛翔体が目標や地面に当たってもプログラムが止まらず、ほんの少し先まで進んでしまうのだ。でも、どうして？

ジーンとベティはこの二つのバグの解決に取りかかった。公開実験は明日だ。何度も何度も細部を確認し合い、ふたりはＥＮＩＡＣとペダリングシートのこと以外、何も目に入らなかった。

学部長のハロルドが入ってきて、調子はどうかと尋ねたので、ふたりは驚いた。彼女たちは大丈夫だと答えたが、ハロルドには、彼女たちがどれだけ一生懸命働いているか見てとれた。ハロルドの手には、「小さな茶色の袋」が握られていた。少し話をした後、「彼はその袋を作業中のテーブルの上に置いて、部屋から出て行ったのです」。

そして、「頑張れ」[3]、「その調子で、いい仕事を続けて」[4]と言い、帰っていった。

彼女たちが袋を開けると、中には「蒸留酒のボトル」が入っていて、ジーンとベティは「大きな驚きの声」[5]を出した。たまにカクテルを飲むくらいで、強い酒は飲まなかった。

奇妙なことに、その数日前にも、ジョン・モークリーが同じような贈り物を持って立ち寄っていたのだ。彼はアプリコット・ブランデーの瓶を持参し、ふたりに「小さなグラスで飲んでくれ」と言った。ジーンは、「初めて味わったもので、おいしかった」と回想した。

この二つの出来事は、彼女たちにとって大きな意味をもっていた。「モークリーのそぶりと同様に、ペンダー学部長のそぶりも私たちに感銘を与え、彼らがどれだけ私たちの成功を願っているか、そしてこのイベントがペンシルベニア大学にとって、どれほど重要な意味があるものかを理解させてくれました」[6]。

来るべきイベントにおける自分たちの役割の大きさを再認識しながら、彼女たちは仕事を続けた。印字の問題は解決したが、その夜遅くになってもまだ軌道が掘った小さな穴は解決できていなかった。深夜12時ごろまで残っていたが、ベティはナーバース行きの最終列車に乗らなければならなかった。「私たちは消灯して家に帰りました」。ジーンは、「このまま放っておくしかないと思ったのです」と回想している[7]。

翌朝、彼女たちは公開実験の日に向けた最高のスーツに身を包み、いつもより早く7時45分ごろに到着した。ジーンがベティを見たとき、ジーンには何かがあったのだとわかった。ベティの目には決然としたものがあり、その立ち居振る舞いには新たな自信が感じられた。

ジーンは、ベティがマスタープログラマーのたくさんのスイッチのうちの1個に向かって足早に進み、ひと刻み回して、彼女たちのプログラムが完成したと告げるのを見ていた。ジーンは驚嘆した。

眠っている間に、ベティはENIACのすべてのスイッチと配線を見直し、「ENIACの3000個のスイッチのうち、どのスイッチを再設定すればいいか」、そしてそれをどの位置にすればいいか、正確に理解したのだ[8]。その後、何年にもわたり、ジーンは、ベティは睡眠中に、普通の人が起きているときよりも多くのプログラミングの問題を解決したと力説し続けた[9]。

ベティのほうは、もっと謙虚であった。彼女は「0」がマスタープログラマーにおいて地表面を表す数字であることを忘れていたのだ。[10] それを思い出したことで、マスタープログラマーの1個のスイッチを1から0に切り替えないとループが正しい位置で終わらないことに気づいた。このとき彼女は「私の最初のDoループエラーでした」[11] と認めたが、後に続くほとんどすべてのプログラム技師が同様の経験をすることになった。その後、ベティは常に、プログラム技師が自分の使っているツールで犯しやすいミスについて慎重に考えるようになった。

女性たちは軌道プログラムを再実行し、「私たちは有頂天になっていました。プログラムは完成し、準備万端となったのです」[12]。彼女たちは、今や完成した軌道を出力した最終版の穿孔済みカードの束を手に取り、ケイ、マーリン、ルース、フランに手渡した。彼女たちはグループ一団となって、イベントの最後にゲストが銘々に持ち帰る記念品として、描かれた軌道を作表機のつづら折りの紙に打ち出すことになった。[13]

それから、6人の女性たちは互いに顔を見合わせ、ＥＮＩＡＣの公開実験のための最後の準備を始めた。そのときは、午前11時に予定されていた。

公開実験の日、1946年2月15日

DEMONSTRATION DAY, FEBRUARY 15, 1946

ムーア校の準備は整い、列車や路面電車で人々が到着し始めた。ジョンとプレス、そしてエンジニアや学部長、教授たちは最高のスーツを身につけて、陸軍士官たちは勲章を輝かせた礼装を着ていた。6人の女性たちは、職業にふさわしいスカートスーツとドレスで登場した。

ケイとフランはムーア校の正面玄関に立ち、遠くボストンから来た人たちを含め、科学者や技術者を温かく出迎えた。彼女たちは来た人全員に、重い冬物のコートを、ムーア校の職員が手近に置いたコートラックに掛けるように伝えた。そして、廊下の角を曲がってＥＮＩＡＣルームへ行く道案内をした。

午前11時前、フランとケイは公開実験が始まる時間に合わせてＥＮＩＡＣルームに駆け戻った。

会場の奥に急いで進むと、すべての準備は完了していた。巨大なU字型のＥＮＩＡＣの前には講演者用の場所、数列の座席、そして招待客とＥＮＩＡＣチームメンバーのための十分な立ち見場所があった。部屋の向かい側の後方にはマーリン、ベティ、ジーンの3人が立っていて、互いに微笑み合っていた。彼女たちの晴れ舞台がまもなく始まろうとしていた。ルースは外に残り、遅れて来た人たちを誘導していた。

会場は満員で、初めて見るＥＮＩＡＣへの期待と驚嘆に包まれていた。

公開実験の日は、いくつかの紹介から始まった。バーンズ少将はまず弾道研の将校とムーア校の学部長を紹介し、ジョンとプレスを共同発明者として発表した。次にアーサーが部屋の前に来て、ＥＮＩＡＣのイベントの司会者であると自己紹介した。彼は手に持っている遠隔制御の箱を使って５本のプログラムを実行すると言った。

最初のプログラムは足し算だった。アーサーがボタンを押すと、ＥＮＩＡＣは生きているかのように目まぐるしく動いた。次いで、掛け算を実行した。聴衆の専門家たちは、ＥＮＩＡＣが世界のどの機械よりも何倍も速く計算していることを知った。さらに、平方と立方の表、その後すぐにサインとコサインの表を走らせた。ここまでは２週間前の公開実験の日と同じで、この見識ある聴衆にとってはかなり退屈な発表であった。

しかし、アーサーにとってこれは序の口であり、ドラマは始まったばかりだった。彼は、今からＥＮＩＡＣで弾道計算を３回実行すると告げた。

ボタンを押し、１回目を実行した。ベティは、その軌道を「見事に描いた」と記憶している。その後、アーサーが穿孔カードに印字しないバージョンで軌道を再び描かせたところ、それよりも速く実行した。実際、穿孔カードによって、少し速度が落ちていたのだ。

それから、アーサーは累算器の上部にある格子状の小さなランプを指し示し、今から注目するようにと参加者に呼びかけた。壁際に立っていたプレスに向かって頷くと、突然プレスが電気を消した。真っ暗な部屋の中で、ＥＮＩＡＣのユニットの上のいくつかの小さな表示ランプだけが点灯している。他はすべて闇の中であった。

ボタンを押して、アーサーがＥＮＩＡＣに命を吹き込んだ。まばゆいばかりの20秒間、ＥＮＩＡＣは光り輝いた。累算機を近くで見守っていた人たちは、１００個の小さなランプが瞬時に動き、まず砲弾が上空に上がるとともに上昇し、そして地上に戻るとともに下降し、ランプが絶えず変化し点滅するのを目にした。その20秒間は永遠のようでもあり、一瞬のようでもあった。

その後、ＥＮＩＡＣが動作を終えると、部屋は再び暗闇に包まれた。アーサーとプレスはしばらく待ち、間をおいてプレスが電気をつけ、アーサーは、ＥＮＩＡＣは砲弾が大砲の砲口を離れて目標に命中するよりも速く軌道を完成させたことを朗々と告げた。「全員が、息をのんだ」。20秒足らずだった。この科学者、技術者、エンジニア、数学者からなる聴衆は、微分方程式を手で計算するのにどれほどの時間がかかるかを知っていた。彼らは、ＥＮＩＡＣが１週間分の仕事を20秒以内で計算したことを知った。世界が変わった。

クライマックスを迎え、その部屋にいた全員がにこやかになっていた。陸軍の将校たちは、自分たちの賭けが報われたことを知った。ＥＮＩＡＣのエンジニアたちは自分たちのハードウェアが成功したことを知った。ムーア校の学部長たちは、もはや恥をかく心配がないことを知った。そして、ＥＮ

ＩＡＣのプログラム技師たちは、自分たちの軌道計算が完璧に目的を果たしたことを知った。長年の労力、創意工夫、創造性が、20秒間の純然たるイノベーションとして結実したのだ。

　この瞬間をのちに、「電子計算機革命の誕生」と名付けた人もいれば[2]、情報化時代の到来と呼ぶ人々もいた。この貴重な20秒間の後、誰もが偉大なるマークＩ型機械式計算機や微分解析機に見向きもしなくなった。公開実験の日を境に、この国は汎用的でプログラム可能な全電子式計算機への道をはっきりと歩み始めたのである。これ以外の道はなく、これ以外の未来はなかった。

§

　ジョン、プレス、ハーマン、そして何人かのエンジニアたちが招待客から寄せられた質問に答え、正式なセッションは終了した。ところが誰も立ち去ろうとはしなかった。参加者たちは、ジョンとプレス、アーサーとハロルドを取り囲んだ[3]。

　女性たちは巡回した。彼女たちは順番に穿孔カードを集計機に通し、軌道を打ち出した配布用の紙の束を持った[4]。そのシートを切り取り、部屋を回って手渡した。参加者たちは、今しがた証言者となった重要な瞬間の記念品として軌道を受け取り、喜んでいた。

　しかし、ひとりの参加者もこの女性たちを祝福しなかった。なぜなら、彼女たちが何をしたのか知っている招待客はいなかったからだ。陸軍士官、ムーア校の学部長、ＥＮＩＡＣの発明家などの発表や紹介の中で、プログラム技師たちは省かれていた。その日、「私たち女性は、誰ひとりとして紹介されなかったのです」と、ケイは後で指摘した。[5]

弾道の軌道をプログラミングした6人の若い女性の名前を紹介する者がいなかったため、聴衆は彼女たちが苦心してＥＮＩＡＣのユニットを学び、「ダイレクトプログラミング」法を研究し、弾道の軌道を個別のステップに分解し、軌道プログラムの詳細なペダリングシートを書き、ＥＮＩＡＣにプログラムを設定し、ＥＮＩＡＣを「真空管に至るまで」習得するのに何千時間も費やしたことについて何も知らなかった。[6] のちにジーンは、ＥＮＩＡＣのチームから「多くの賛辞を受けた」と言ったが、[7] このとき彼女たちは、部屋にいた客人たちに知られていなかった。

だが、このときは、そんなことはどうでもよかった。彼女たちはＥＮＩＡＣと自分たちのチームの成功を喜んでおり、この日の成功のために自分たちの役割を、それも重要な役割を果たしたことも自覚していた。この日は歴史に残る一日であり、彼女たちはその場に居て、かけがえのない一翼を担ったのだ。

§

来賓がＥＮＩＡＣルームから退出し始めると、フランとケイは学校の正面まで走って戻っていった。映画の逆再生のように、フランとケイは男性たちがコートや帽子、手袋、マフラーを探すのを手伝った。２月のフィラデルフィアはまだ寒く、みんなが防寒していた。

招待客が帰った後、６人の女性たちは再び集まった。その日の出来事や、出会った著名な数学者や科学者のことなど、話したいことは山ほどあった。

彼女たちは、ジョンとプレスが前夜、白いピンポン玉を半分に切って表示ランプの先端にかぶせ、誰でも読めるように数字を描いて、ＥＮＩＡＣに化粧直しをしたことにも気づいた。それに一晩の半分も費やしたそうだが、その効果は絶大で、小さな光が暗闇の中で見事に輝き、「ラスベガスの電光掲示」のように見えた。[8]

彼女たちは、公開実験の内容とその成功、さらには自分たちが紹介されないことのおかしさについても話した。女性たちの反応はさまざまだった。

ジーンとベティはこの催しに極端な排他主義を見た。この仕事には女性も男性も参加していたものの、「男たちのショー」になってしまったとジーンは感じ[9]、ベティも同じように感じたという。あの日紹介されなかったことについて、彼女は「予想していたことです。当時は女性がまったく認められていなかったので、ごく普通のことでした」と語った。[10]

マーリンは、自分たちの何千時間にも及ぶ地道な仕事について説明されなければ、出席者は自分たちのことを「単にあの機械のオペレーターで、それだけのことだ」と思ってしまうだろうと考えていた。[11]

しかしケイは、看過されるのは嫌だったが、紹介の仕方は理にかなっていたともいえると理解があった。資金繰りやＥＮＩＡＣの納期遅れなどで何年も奮闘してきた男性たちが、一体感を高めるときだったのだ。

あれはムーア校の日だったと思います。つまり、エッカートとモークリーや機械を作ったエンジニアたちに敬意を表していたのです。そして、あのような投機的なものに金を出す度胸のある、アバディーンの上層部を称えていたのです。[12]

女性たちについてはこう語った。「私たち女性はムーア校に属していなかったので見過ごされていて、単なるプログラム技師にすぎませんでした。陸軍の上層部に言わせれば、私たちはただの計算手だったのです[13]」。単なるプログラム技師――。しかしケイにとって、自分たち女性の貢献がいかに価値があり比類のないものであったかは、一瞬たりとも損なわれることはなかった。

今にして思えば、私たちは戦闘機のパイロットのようなものでした。つまり、あれは、とても素晴らしい機械なのです。でも、普通のパイロットを戦闘機に乗せて、「さあ、やってみろ！」と言っても無理な話です。つまり、そういうわけにはいかないのです。[14]

彼女は、世界でも数少ない人々しか訓練を受けていないこと、数少ない人々にしかできないことをやり遂げたのだと知っていた。彼女たち全員がそのことを理解していた。

さらに時間をかけて話し合い、片づけをしてから、「1日が終わり、家に帰りました」とマーリンは振り返った。その夜、続きのイベントがあったのだが、「私は何にも招待されなかったのです」[15]。フィラデルフィアの寒い冬の夜は、日が早く沈む。彼女たちは、おやすみなさいと言って、立ち去った。

「これほど感動的な高揚と、これほど憂鬱な消沈を続けて味わった日は、おそらく人生の中で他にないでしょう」とジーンは語った。「ベティも同じように感じていました」[16]。彼女たちは疲れ果てて、「興奮の後の虚しさを感じながら」[17]厳しい寒さの中、とぼとぼと家路についた。やがて分かれ道となり、ジーンは路面電車に、ベティは郊外行きの電車に乗った。ふたりはそれぞれの思いに耽った。

§

その夜、ペン大は、ヒューストン・ホールという学生会館の大宴会場[18]に、陸軍や学長、その日の来賓を招いて、「限りない科学の未来を拓く最新の技術開発」であるＥＮＩＡＣの完成を祝う盛大な晩餐会を開催した[19]。主賓は、ベル研究所の所長で全米科学アカデミー会長のフランク・ジュエット博士であった。ハーマンは当初アイゼンハワー大統領を希望していたけれども、ジュエットで良しとした。

ジュエットはＥＮＩＡＣについて詳しくは知らなかったが、「注目すべき科学の進歩のための道具」であると評した[20]。ペン大の学長であるジョージ・マクレランド博士も、ジュエットとともにこの夜会の指揮をとり、自分の大学の先見性を評価した。

バーンズ少将はジョンとプレスの功績を称え、その資金調達における陸軍の役割に言及した。「ＥＮＩＡＣはまもなく性能試験場に配置され、この国の科学者たちから提示されるかもしれない多くの問題を解決するだろう」と述べた。[21] 弾道研はすでに、ＥＮＩＡＣを軍事・非軍事の両面で利用する計画をしていたのである。

その夜、女性たちは帰る前に、盛大な晩餐会が開かれること、女性は誰ひとりとして招待されず、アデルでさえ招かれていないことを知った。当初はＥＮＩＡＣの若いエンジニアたちも招待されていなかったが、ジョンとプレスがそのことを断固として許さなかったことも知った。ＥＮＩＡＣを称えるのであれば、それを作ったエンジニアたちを招待すべきだ。

しかし誰も、上司のハーマンやジョン・ホルバートンさえも、その軌道をプログラムした若い女性たちを招待すべきだと、きっぱりと主張した者はいなかった。そして、「無視されたことは痛ましく感じました」とジーンは告白した。[22]

こうしてその夜、男性たちは「ロブスターのビスク」や「牛フィレ肉の煮込み」または「サーモンの炙り焼き」を食べ、[23] ワインやコニャックで乾杯し、葉巻を吸った。戦争中の配給制による長年の規制から解放され、過剰なほどの食事とアルコールとともに背中をポンと叩きながら祝福し合うときだった。戦勝のために集まった陸軍と学術界が、戦後の世界を変えるような新しい技術の創造を支援したのである。それは、男性向けの祝宴の夜であった[訳注1]。

§

女性たちは、ささやかではあるが、自分たちでお祝いをした。２月15日、陸軍はＥＮＩＡＣの報道を許可し、マスコミは熱狂的に反応した。フィラデルフィア・レコード紙[訳注2]の一面には、「点滅するＥＮＩＡＣは、点滅の達人だ」と面白おかしく書かれ、「ペン大で稼働している電子計算機は2万人分の仕事をこなす」と副題が掲げられていた。[24] 陸軍広報局が望んだ通り、ジーンとフランがアーウィン・ゴールドスタイン上等兵やＥＮＩＡＣとともに写った写真が一般公開されたが、写っている人の名前は誰ひとりとしてキャプションに記されなかった。

計算手やプログラム技師としての仕事の秘密厳守がようやく解除され、マーリン、フラン、ケイ、ルース、ベティ、ジーンは、戦時中そして戦後の長い間に自分たちが何をしていたかを、家族やルームメイト、友人に話せるようになったことを喜んだ。そこで、彼女たちは存分に語った。

新聞を読むマーリンの家族は、「あらゆる広報を見て興味を持った」そうだ。彼女の家族は彼女が何をしているのかはある程度わかっていたが「これからどんな情報が流れてくるのかは知りませんでした」[25]。彼女は嬉しそうにその続きを話した。

その日の出来事は街中の夕食時の話題になって盛り上がり、人々は新聞記事について意見を交わし、ラジオ放送に耳を傾けて、ＥＮＩＡＣのニュースを共有した。ＥＮＩＡＣのプログラム技師たちは、その日のことや自分たちの軌道計算の成功を家族や友人と分かち合った。彼女たちが自分の業績はも

訳注1……男性たちの姿は、写真3-6を参照。
訳注2……フィラデルフィア・レコード紙は、フィラデルフィアで発刊されていた日刊紙（１８７７年創刊）。

とより、他の女性たちやＥＮＩＡＣチーム全体の業績を誇りに思ったのは、もっともなことであった。ベティの家系には、特殊な知識と能力があった。彼女の祖父が米国電気委員会の委員として国中に電気を普及させ、国立標準局の創設者であったことをはじめとして、「二世代にわたって時代を先駆けていた」のである。[26]

その夜、ベティは家族に自分の仕事と、自分がプログラムした偉大なＥＮＩＡＣについて話した。スナイダー家では、息子だけでなく娘を通じてもイノベーションが受け継がれ、第三世代が誕生した。ベティは、光速に近いスピードで動くプログラム可能な汎用コンピューターが登場する未来についていくつかの考察を付け加えた。彼女は噴火を始めたばかりのこの技術的な「火山」に、これからも熱中し携わり続けたいと思った。[27]

奇妙なアフターパーティー

その日から数日間、ＥＮＩＡＣは東海岸のあちこちで話題になり、やがて全米の見出しを飾った。友人や家族は、新聞の記事を切り抜いてマーリンに送った。

「電子式コンピューター、瞬時に答えを出す、工学を加速させるかもしれない」、
ニューヨーク・タイムズ紙、1946年2月15日
「世界最速の計算器、数年の仕事を数時間に短縮」、
ボストン・デイリー・グローブ紙、1946年2月15日
「ロボット計算器、稲妻のように数字を打ち出す」、
シカゴ・デイリー・トリビューン紙、1946年2月15日[1]

彼女はそれらを生涯保存し続けた。ベティも記事を切り抜いて、『そのとき、私たちはそこにいた』[7]

というスクラップブックを作り始めた。

ボストン・デイリー・グローブ紙の記事にはマーリンとルースの写真も掲載され、「ロボットの読取機に入力する―ルース・レクターマン（ママ）（左）とマーリン・ウェスコフが新型のコンピューターの読取機を操作している」と説明文が付けられている。彼女たちは穿孔済みカードを持って、今にもカードを送り込みそうなポーズをとっている[3] 訳注1。

スタンベリー・ヘラルド・ヘッドライト紙は、「さまざまな数学的問題の解法をその機械向けにプログラムし、機械の操作も助ける」6人の女性のひとりとして、ジーンの功績を伝える記事を掲載した。故郷自慢風に、彼女が高校時代に優秀な成績を収めたことを考えれば、「そのような重要な職に就いていることがわかっても、大きな驚きではない」と記者は書いている[4]。ジーンは、ついに家族や町の誰もがやったことのないことを、やり遂げたのだ。

しかしほとんどの場合、写真の説明文にはジョン、プレス、ハーマン、バーンズ少将の名は挙げられていたが、それ以外の個人の名前が示されることはなかった。新聞が見せたかったのは、巨大な黒いＥＮＩＡＣであったのだ。

ベティはニューヨーク・タイムズ紙の記事に、2月15日の観客の注目を集めた軌道について何も書かれていなかったことを嘆いたが[5]、それは先に行われた2月1日の報道関係者向けイベントとジョン、プレス、ハーマンが書いた技術的な小冊子に基づいて書かれた記事だった。記者たちは2週間後に行われた迫力ある軌道の実演を、見ていなかったのだ。

§

公開実験の日以降もENIACルームの扉は大きく開かれたままで、多くの記者、「ムービートーン・ニュース」のプロデューサー、科学者、教育者など多くの人々がENIACを見学しにきた。ケイは、撮影隊が録画していたのを覚えている。[6] まもなく、「ムービートーン・ニュース」の映像が劇場に流れた。そのなかで、「人間は取って代わられつつあるのでしょうか」という力強い声とともに、ケイが印字されたつづら折りの紙をジョンとプレスに持っていくシーンが映し出されている。[7]

そして、大きな声は続ける。「ペンシルベニア大学で巨大な電子頭脳が思考を始めました。これはラジオと同様、真空管でできていて、1ヤード［1メートル弱］の長さの数字の列を1秒で足し算することができます。これは世界初の電子式コンピューターです。今は米国陸軍のために数学の問題を解いていますが、でもどうでしょう？ いつの日かこのような機械があなたの所得税をチェックするようになるかもしれませんね」。[8]

もちろん、会場は笑いに包まれた。そのような巨大なコンピューターがいつか自分たちの生活の一部になるという考えは荒唐無稽だった。巨大なコンピューターは、巨大な問題、軍事的な問題のために作られたものだ。

訳注1……ボストン・デイリー・グローブ紙（現在のボストン・グローブ紙）に掲載された写真は、**写真3-3** を参照。

しかしジーンは笑わなかった。彼女は、確実にそんなことはないのに、人々がＥＮＩＡＣが実際に思考していると信じてしまうことを懸念していた。「ＥＮＩＡＣは、頭脳なんて呼べるものではありません。今のコンピューターも同じですが、あの機械にできたことは、論理的に思考することではなく、人々が問題を理路整然と考え抜くためのデータをより多く与えることでした」[9]。

全体的に、宣伝は良いものだった。ＥＮＩＡＣはその後の数か月間にわたって、米国全土からカナダに至るまでさまざまな記事で注目されることになった。

§

それは栄光と興奮、祝賀のときであり、そしておそらくは少しのくつろぎのときでもあるはずだった。しかし、アーヴン・トラヴィス研究部長には別の計画があった。アーヴンは戦時中、海軍で働いていて不在だったが、戻ってくると「ムーア校の研究活動全体を指揮する立場を任された」[10]。彼はグリストが行っていた職務のいくつかを引き継いだが、目にしたものにあまり満足していなかった。

アーヴンは、ムーア校のもとで行われた発明の特許をすべて所有することを望んだ。それには、ＥＮＩＡＣとその次世代後継機であるＥＤＶＡＣ《エドバック》（Electronic Discrete Variable Automatic Computer）の特許も含まれていた。これらのコンピューターの契約が、何年も前に交渉され、ＥＮＩＡＣは１９４３年、ＥＤＶＡＣは１９４４年に、署名されていたことなど大したことでなかった。また、ムーア校は特許に関心はなく、望みもしなかった一方で、陸軍はこの発明を保護することを望み、両者とも将来のパテントトロールから陸軍を守り、さらにおそらく十億ドルの産業を創出するためにも、ジョンとプレスに適切な特許を申請するように勧めていたことも、問題ではなかった。

ジョンとプレスが、彼らに特許を与えるという「ペン大の学長の署名が付いた承認書」をもらっていたことなど、アーヴンにとっては重要ではなかった[11]。アーヴンは特許の取り上げを強引に進められると考え、公開実験の日から1か月後の1946年3月15日金曜日、職員会議で「職員全員に特許の譲渡証書に署名してもらう必要がある」と宣言した[12]。

ジョンとプレスに加えてENIACのエンジニアであるボブ・ショーやジャック・デイビスなどの何人かは同意しなかった。「研究部門の指導者で穏健派のカール・チェンバースでさえ、これは常軌を逸していると考えた[13]」。

アーヴンは、彼らにもう少し検討するようにと言った。1週間後の3月22日金曜日、ジョンとプレスは「トラヴィスが書き、学部長のペンダーが署名した」手紙を受け取った[14]。それは特許権を放棄し、もう2年間ムーア校に留まることに同意するよう求めていた。期限はその日の午後5時までであった。

午後5時、ジョンとプレスはムーア校に辞職を申し出る「同一の手紙を届けた[15]」。特許は保持するが、仕事は辞めるというものだ。その日、彼らはENIACと、その後継プロジェクトであり現代のコンピューター・アーキテクチャーの基礎である「プログラム内蔵式」の、世界に先駆けたコンピューターをめざしていたEDVACから手を引いた。彼らのリーダーシップと才能を失い、弾道研へのEDVAC引き渡しは、数年遅れることになった。

女性たちは唖然としていた。「みんな呆然として、トラヴィスは無茶だと思いました」[16]とジーンは語った。

そして、歴史を評価する人たちは、このことがムーア校にとって致命的な過ちであったと言うことになる。長年フィラデルフィア・インクワイアラー紙の記者を務めたジョエル・シャーキンは、「原著が」1984年に出版された著書『コンピュータを創った天才たち：そろばんから人工知能へ』（邦訳：草思社刊）で、この極めて重要な瞬間についてこう書いている。

職員の商業上の権利を全面的に認める大学は少ないが、職員である科学者にその種の権利を完全に放棄するよう求めたのはペンシルヴェニア大学以外にはないだろう。トラヴィスのこのたった一つの決断のために、ペンシルヴェニア大学はコンピュータの開発における指導的地位を失い、さらには将来手に入ったはずの、おそらく何百万ドルという特許使用料と計り知れない名声をふいにしたのである。大学がこの解雇事件で失ったものは、取り返しがつかないほど大きかった。アメリカの大学がたどった歴史の中で、トラヴィスの決断はきわめて特異なものであった。ムーア・スクールでは、ENIACにまつわる二人の追放を、いまだに「大いなる誤算」と呼んでいる[17] 訳注2。

ENIACの構想を考案し、3年もの間、その機械を設計・構築し、命を吹き込んだチームを監督して、明けても暮れても取り組んでいたふたりの男性に対して、ＥＮＩＡＣルームの扉がぴしゃりと閉ざされた。

訳注2……『コンピュータを創った天才たち：そろばんから人工知能へ』（Ｊ・Ｎ・シャーキン著、名谷一郎訳、草思社、１９８９年、２０８頁）から引用。

百年問題と求められたプログラム技師

HUNDRED-YEAR PROBLEMS AND PROGRAMMERS NEEDED

ジョンとプレスが去った後、ＥＮＩＡＣ６はムーア校に残り、ＥＮＩＡＣルームを完全な形で利用できるようになった。終戦から７か月以上経った今も、陸軍は彼女たちの服務を解くつもりはなかった。弾道研は、自分たちが獲得したものの正体を知りたがっていた。汎用的でプログラム可能な、すべてが電子化されたコンピューターとはなんなのか、どれほどのことができるのか。これらの疑問に答えるため、弾道研は世界トップクラスの数学者や科学者数名に「無料で使用させることに同意」し、ムーア校はその受け入れに同意したのである。１９４６年の春、米国国内と英国から６人の科学者と技術者がＥＮＩＡＣを使うためにやってきた。

当初は数学者や科学者が、それぞれ時間をかけてＥＮＩＡＣのユニットとその特殊な「ダイレクトプログラミング」技術を習得し、自分たちでプログラミングをするのだろうという感覚があった。しかし、到着した数学者たちのほうがよくわかっていた。ＥＮＩＡＣは巨大で、使いこなすのが難しい。彼らは時間をかけてＥＮＩＡＣのプログラミング方法を学ぶのではなく、自分たちの方程式を理解し、仕事をしてくれるプログラム技師を見つけたかった。彼らは、賢明にも弾道研が雇い続けていた6人の女性プログラム技師の手を借りようとした。ＥＮＩＡＣ６は、もちろん喜んで協力した。

彼らが持ち込んだ問題は「百年問題」と呼ばれた。「この種の問題の解を導き出すのに、鉛筆と紙、それに卓上計算器では１００年かかる」[2]からだとケイは説明した。それらは当時としては、基本的には解くことができない問題だったのだが、それでも数学者や新しいプログラム技師たちは躊躇しなかったようだ。

１９４７年４月、英国からダグラス・ハートリー博士が早くもやってきた。彼は大きな問題と大きな食欲を携えてやってきた。長年にわたる深刻な配給制の後、彼は米国の農場の恵みを享受できることに感激していた。彼の大きな問題には、航空機の翼の周りの乱流の研究が必要だった。ケイは航空機の翼の周りの気流を計算する仕事を任された。これは当時、民間機か軍用機かを問わず非常に関心の高い問題であった。

ダグラスはプログラミングのいくつかの予備的な着想を持ってきて、それをケイに渡し、ケイはそれをもとにプログラミングを行った。

> 彼は来る前に、プログラムの仕方について、ある程度の情報を得ていました。つまり、大まかな案は持っていたのです。しかし、具体的なことはあまり知りませんでした。そのため、私がしたことは、彼のプログラムを一緒に確認し、手助けをすることでした。彼はすでに微分方程式から、

解かなければならない数値方程式に分解していました。それを彼と一緒にひとつひとつ検討して、確認したのです。そのあと共同して機械を設定しました。[3]

ケイとダグラスは、配線をつなぎ、スイッチを設定し、そのプログラムをテストしてデバッグした。その次に、何種類かの翼の形状についてプログラムを実行した。ケイはダグラスとの共同作業を楽しみ、彼があらゆる面で仕事に喜びを見出していることに気づいた。彼は「興味深く、楽しい人で、思慮深かった」[4]。ときどきダグラスは「数日間出かけて、私はそこに残り、彼の問題を実行し続ける」こともあったが、ケイはそれを喜んで引き受けた。彼はミシガン大学やウィスコンシン大学へ同僚を訪ねていき、ケイに親しみを込めて手紙を送り、彼女の仕事に感謝し、自分のプログラムがうまくいっていることに確信を持った。[5]

ケイは残ってプログラムを実行し、その計算結果を注意深く記録した。

隣のタウン科学校の学部長ジョン・ゴフは、「気体の熱力学的特性」、つまり、さまざまな気体が異なる温度や圧力に対してどのように反応するかという課題を持ってきた。これも、1940年代後半に米国の産業界や軍部が大きな関心を寄せていた課題である。[6] ゴフはすぐにルースとマーリンを探し出した。

彼女たちは、彼が微分方程式をENIACが扱える小さなステップに分解するのを手伝い、さらにペダリングシートを作成し、その問題のためにENIACを設定した。そして、さまざまな気体、温度、圧力のデータを使って何度も計算を繰り返した。コンピューティングの力がまた、これまで解けないとされてきた問題を解決したのである。

ベティはペン大数学科のハンス・ラーデマッヘルと協力して、ＥＮＩＡＣがどのように数値を丸めて計算しているかを調査した。コンピューターも人間と同じように、計算の精度を設定する必要がある。例えば、「１ドルの３分の１を渡したい」と言っても、１ドルの３分の１は３・３３３３３３…セントなので、正確な金額を渡すことはできない。そこで、計算結果を33セントに丸めるのである。ベティは、ハンスがＥＮＩＡＣで丸め誤差の影響を調べるのを手伝い、丸め誤差を確認するためのプログラムを共同して書き、実行した。ベティは「彼の計算結果は知りませんが、それ以来、私たちが丸めを使うことはありませんでした[7]」と認めている。どうやら、彼らは問題点を発見したようだ。

車で１時間ほどのところにあるプリンストン大学から、アブラハム・ハスケル・タアブ教授が衝撃波の物理を検証するためにやってきた。爆発には衝撃波がつきものであり、衝撃波がどのように伝わるかを知ることは、爆弾やダイナマイトを使う軍民双方にとって重要であった。ジーンは喜んで彼のチームに参加し、それはＥＮＩＡＣのプログラミングチームに新しく加わったアデルも同様だった。

数値解析の研修も終わり、グリストから依頼された技術説明書も書き終えたアデルは、新しいプロジェクトを求めていた。ジーンは少し驚いたが、敬愛する先生を助けられるのは嬉しいことだった。

私は彼女（アデル）にＥＮＩＡＣをプログラムする方法を教え、共同して問題を解くことになったのです。おわかりだと思いますが、私は彼女にユニット群がどう動くかを教えたのではありません。私が教えたのは、表記の仕方と問題を解くための調整方法、そしてすべてを一緒に実行する方法です。そうでなければ、あの時アデルがプログラムの仕方を学ぶのには、非常に長い時間がかかったでしょう。そう断言できます。[8]

「ある人を他のプログラム技師と組ませるのです。普通は……チームで仕事をするのですから」と、ジーンは付け加えた。[9] まさに現在の多くのプログラマーが行っていることそのものである。

ジーンはベティとともに作ったペダリングシートのシステムをアデルに教え、共同してタアブが検証するためのプログラムをＥＮＩＡＣ上で組み、デバッグし、さまざまな種類の衝撃波についてプログラムを実行した。一緒に仕事をするようになって、「私たちは素晴らしいチームになった」とジーンは感じていた。「彼女は私にとって2番目の完璧なパートナーでした[10]」。やがて、彼女たちも親友になった。[11]

§

自身の計算が終わるとすぐに、訪問者たちは発表や出版をし始めた。彼らの問題は機密ではなかったため、発見したことは共有された。

ハンスは、１９４６年の夏、ムーア校で丸め誤差について講演した。[12] ダグラスは、１９４６年10月にＥＮＩＡＣに関する論文を英国雑誌「ネイチャー」に掲載した。[13]彼のプログラムは数学的な処理のエラーのためにうまく機能しなかった[14]（そのことを彼はケイに謝罪した）のだが、ＥＮＩＡＣの熱心な伝道者となり、出版物の幅広い読者に向けてＥＮＩＡＣの意味を明確にする記事の執筆に献身した。とりわけ、「Ｋ・マクナルティに、この研究における機械の設定や操作に関する情報、助言、支援をいただきました」と感謝の意を表している。[15]

ふたりはその後、何年もお互いを訪ね、手紙を書き続け、「その間にとても素晴らしい友情が芽生えました」とケイは語った。[16]

タアブは１９４７年に研究成果を発表し、[17]ゴフは成果を弾道研に伝えた。弾道研はそれらを１９５２年に発刊されたＥＮＩＡＣで課された問題についての調査報告書に掲載した。[18]

弾道研も満足していた。ＥＮＩＡＣは「有用な仕事を幅広くこなす」という価値を証明し、[19]ジョン・モークリーが描いた「ＥＮＩＡＣは、人間のさまざまな問題を解決できる汎用的なプログラム可能電子式コンピューターである」というビジョンが実現しつつあったのだ。マーリンが笑いながら言ったように、「あの機械は、私たちが実行させたいことは何でもできるのです。私たちはそのことについてとても自信満々でした……[20]」。

このような過程を通じて、現代的なプログラミングという職業が誕生した。何かの問題に取り組む人々と、それを解く助けとなるコンピューターとの間を橋渡しするグループである。この６人の女性たちは、現代的なコンピューターにおける最初の職業プログラマーとなったのである。

ムーア校の講義

すでに戦時中の仕事もＥＮＩＡＣのお披露目の準備も終え、ＥＮＩＡＣ６はそれぞれの百年問題に取り組みつつも、少しは普通の生活を取り戻す時間ができた。ジーンは、聡明でハンサムなムーア校の大学院生ビル・バーティクと付き合い始めた。ジーンと同じように、ビルもムーア校の１階にある立入りが制限された部屋で働いていた。彼は「戦略情報局」（ＯＳＳ：中央情報局（ＣＩＡ）の前身）が運営している部屋にいた。

ビルは「電気ノイズ」の専門家で、大学院の工学の授業に取り組む傍ら、戦時中の一時期を、「デリケートな楽器をノイズの影響から守る方法」の考案に費やした。[1] フィラデルフィアで生まれ育ったビルは深みのある低音ボイスで、オペラのアリアやミュージカルのヒット曲を好んで歌った。ジーンは彼と一緒にいるのが好きで、ビルはミズーリ州の農場から来た聡明で率直なガールフレンドと過ごすことを楽しんでいた。

ホーマーはフランと交際を続け、一緒に多くの時間を過ごしていた。[2] マーリンはフィリップ・メルツアーというちょうど開業したばかりの、彼女の内気さと釣り合う社交性を持つ若い歯科医と知り合った[3]。ふたりは良いカップルになった。

§

まもなく、ＥＮＩＡＣを弾道研のある性能試験場へ南下させるときが来る。そこで陸軍とムーア校は、ＥＮＩＡＣの移設によって情報が散逸しないようにもう一つのイベントを開催したいと考えた。それは技術者や科学者を中心に、現代のコンピューターの基礎となったＥＮＩＡＣとＥＤＶＡＣについて一連の講義を開催しようというものであった。講義は7月8日から8月31日まで開催されることになった。

大胆な発想だが、彼らはもはやムーア校にいない2人を必要としていた。ジョンとプレスが不可欠だったのである。嫌な思いをしていたにもかかわらず、ジョンとプレスはムーア校に戻り、講義を担当することに同意した。彼らは、「現代のコンピューターは一部の人だけのものではなく、多くの人々のためにある」と深く信じていた。戦時中と戦後間もない時期に、自分たちが発明し、学び、作り上げたものを共有する機会であった。当時、初の商用コンピューターを製造することを目標に、コンピューター会社を設立したばかりの彼らにとってはあまり都合はよくなかったが、喜んで献身しようとした。

１９４６年7月8日、ジョンとプレスに学ぼうと、一流の技術企業、軍部、学術団体から人々が集まってきた。MITには5枠、GEと国立標準局にはそれぞれ2枠確保されていたが、ほとんどの機関には1枠と限定されていた。ベル研究所からはクロード・シャノン、ケンブリッジ大学からはモーリス・ウィルクス、弾道研からはサミュエル・ルブキンが参加した。そのほかの「学生」は、海軍研究所、陸軍保安局、リーブス計器社、英国のダグラス・ハートリーのいるマンチェスター大学からも来ていた。[4]

ムーア校の2階の教室は満員で、ジョンとプレスは、一連の講義の中で、彼らの洞察と発明を披露し、現代のコンピューティングの基礎を確立した。ジョンは「デジタル計算機とアナログ計算機」「二進数と十進数の変換」「コードと制御Ⅱ、機械設計と命令コード」などについて講義をした。プレスは「デジタル計算機の全体概要」「回路の種類 - 一般」「信頼性と検査」などと題した講義を行った。[5]

若手のENIACエンジニアの中には、発表する機会を得た者もいた。例えば、チュアンの「磁気記録」やカイトの「スイッチングと結合回路」と題した講義などである。ハーマンとアーサーは、「数値解析の方法」についての五つのセッションを分担した。[6]

聴講あるいは講義をするために招待された人だけが混雑した教室に入ることができた。つまり、女性は誰ひとりもいなかった。ベティは討論を聴きたくて、講義室の隣の教室に座っていた。気温が著しく高かったため、ムーア校の講義室の扉は、フィラデルフィアの蒸し暑い日に少しでも風を受けられるように大きく開かれていた。[7] ベティは黒板が見えず、参加もできなかったが、講義や討論を聴くことができた。

ベティが頼んでも入室は許可されなかっただろうし、頼むこともなかっただろう。やがてジーンが、ベティのすぐ隣に座った。まだ百年問題を解き終えていなかったが、彼女たちは次の百年のコンピューティングを形成することになる講義に耳を傾けていた。彼女たちに講演を依頼しようとする人が誰もいなかったのは残念である。

ムーア校の講義は歴史に名を残し、今でも公刊されている。[8]講義のほとんどをジョンとプレスが担当した。ジョンは最高の先見性の持ち主かつ究極の教師として、プレスは他の人が不可能だと確信していたことを乗り越えた究極のエンジニアとして講義を行った。両者ともに概念、知識、ビジョンを封じ込めたり、利用を制限したりするのではなく、自由かつオープンに共有した。

このあとモーリス・ウィルクスは急いでケンブリッジに戻り、姉妹機であるENIACやEDVACと平仄を合わせてEDSAC《エドサック》（電子遅延記憶自動計算機）と名付けられた自身のデジタルコンピューターを急速に作り上げた。[9]彼は再びムーア校に戻り、ENIACの誕生を祝う記念日をいくつか執り行うことになる。

§

それは、米国や英国から集まった男性たちが世界に革命をもたらすような着想を共有する、最高のひとときであった。しかし、ある人たちにとってはそれが最悪のひとときとなった。ムーア校の講義が終わってまもなく、ジョンとメアリーはニュージャージー州のワイルドウッドにある夏の別荘で短い休暇を過ごすことにした。

9月9日の真夜中過ぎ、彼らは泳ぎに行くことにし、2ブロック先の海まで歩いて行った。彼らはのんきに、裸で海に飛び込んだ。「愚かなことをした」とジョンは後年述べている。「あんな軽はずみなことは、それまでしたことがなかったのに[10]」。

メアリーは波にさらわれて倒れ、助けを求めて叫んだ。ジョンは二度メアリーに手を伸ばしたが、水に押し戻されてしまった。彼は近視が強かったため、よく見えなかった。そのうちに霧が立ちこめ、彼の視界からメアリーはさらに遠ざかっていった。彼は裸のまま2ブロック走り、最初に見つけた明かりのある家に向かった。そこはビーチパトロールの隊長の家で、隊長は警察を呼んだ。9月10日午前2時、メアリーの遺体が、彼女が海に入った場所から2ブロック先の砂浜で発見された[11]。

メアリーは39歳であった。その後、調査が行われ、ジョンも事情聴取を受けたが、聞き取り調査や検死官の報告からは、悲惨な事故死であることを示すもの以外は何も出てこなかった[12]。ジョンは打ちのめされた。彼らの2人の子供は11歳と7歳だった。

「ジョンは何週間もゾンビのように歩き回り、彼女を失ったことにすっかり打ちひしがれていました」。それは恐ろしい時間だった。「当時、彼はもう再び幸せになることはないと思っていたのでしょう……それは変化の多かった夏の終わりの、呆然とするほど悲しい出来事でした[13]」。

彼女たち自身の冒険

女性たちはというと、1946年の夏を迎えて百年問題に追われる一方で、休暇を取る時期にもなっていた。彼女たちは戦時中、陸軍の文官職としての休暇を繰り越しており、当時は難しかったが、今なら休暇を楽しむことができる。ジーンは戦争末期に陸軍の計算手プログラムに参加したので、ほんの数週間の休暇しかなかったが、ケイ、フラン、ベティ、マーリンには長期の休暇があり、これだけの時間をどう過ごそうかと考えていた。

マーリンはまず、計算手仲間のひとりと、話題の地ハバナに向かった。[1] キューバは当時、「社交界の名士やセレブが集う」場所であり、一般の米国人も押し寄せた。ナイトクラブ、ホットジャズ、スパイシーな料理が楽しめる場所だった。[2] マーリンはそこでとても楽しい時間を過ごした。

次にジーンが出発した。8月にはタアブの問題の準備は終わっていた。ジーンがビルを連れてミズーリに行き、家族に会わせる間に、アデルがこの問題のENIACへの搭載を完成させることにした。[3]

ジーンとビルは、ジーンがもと来た道を逆にたどった。フィラデルフィアからセントルイスまで列車に乗り、そこから西へ向かうウォバッシュ急行に乗り換えて、ミズーリ州スタンベリーに降り立ったのである。

ジーンにとって、それは待ちに待った瞬間であった。彼女は計算手やＥＮＩＡＣのプログラム技師として活躍し、フィラデルフィアの大都市で成功を収めた。今や、彼女には話すべきたくさんの物語があり、さらには家族に紹介できる聡明な青年がいる。これ以上の幸せはない。

ビルはというと、少し戸惑っていた。フィラデルフィアで生まれ育った彼は、東海岸を離れたことがなかった。小さな町アランサス・グローブ、農場での生活、ジーンの大家族の賑やかさには少し驚かされた。[4]

ジーンがジェニングス一族のメンバーを紹介し、農場、校舎、教会などを案内した後、彼はすぐになじむことができた。学校や墓地も含め、すべてにジェニングスという名前が付いていた。

ジーンは幸せだった。牛や鶏、犬やトウモロコシ畑に囲まれ、再び母の朝食用のビスケットを食べることができたのだ。

ある夜、ジーンの末の妹カッキーとそのボーイフレンドとダブルデートに出かけた。ビッグバンドが演奏するナイトクラブ「フロッグホップ」では、カッキーのデート相手以外はみんな踊っていて、彼はちょっと不機嫌そうだった。

ジーンがカッキーに交際の理由を尋ねると、カッキーは「彼が私と結婚したがっている」と言った。

「あなたはどうなの？」とジーンは尋ねた。

「その気持ちはない」とカッキーは答えた。

「あなたが結婚したい人としか、結婚してはいけない」。

そのデートの後、「カッキーは真実に気づき、彼を振りました」とジーンは振り返った。[5]

ジェニングス家の人々は、ジーンとビルの関係が真剣なものであることを見抜いていた。ある日の午後、ビル・バーティクとビル・ジェニングスが鶏の羽をむしっていると、ビルはジーンの父親に結婚の許しを請うた。しかし、ジーンの父親は、それは自分が答えるべき質問ではないと感じた。

「娘たちが誰に惹かれようと構いはしない」と彼は答えた。「ジーンは君と結婚したいと思っているのか?」

「そうだ」とビルは言った。

「それならいいんだ」とジーンの父は答えた。[6]

出発前、父親はジーンを強く抱きしめた。フィラデルフィアでの結婚式に出席できないのは残念だが、彼女が最初に旅立ったときにも言ったように、彼の居場所は農場にあった。ジーンとビルはいつでも実家に帰ってくることを歓迎されるだろうし、遠路はるばる自分と家族のもとに来てくれたことを父は喜んでいた。

同じ頃、ベティ、ケイ、ジョン・ホルバートンの3人は、自分たちの冒険を計画し始めた。休暇を利用して、車でアメリカを横断しようというのである。高速道路がなかった時代、2車線の道路を何千キロも走り、町や農場、草原や公園を通り抜けていくことになる。教室やオフィス、卓上計算器の裏、巨大な黒いＥＮＩＡＣのユニットの前で長い年月を過ごしてきた３人は、目の前に開けた道と、頭上に広がる空を求めたのである。[7]

旅行には計画が必要だ。彼女たちはノートをまとめ、経路や訪問する場所を考え始めた。

§

いよいよＥＮＩＡＣをメリーランド州アバディーンに移設させるときが来た。30トンもあるＥＮＩＡＣをすべて運び出す必要があったが、瓶の中で組み立てられた船のように、ムーア校の出入り口や廊下には入りきらなかった。

ＥＮＩＡＣは、１階の奥の大きなラボの壁際に作られていた。この元楽器工場の頑丈な厚いレンガ造りの壁の一部を取り去ることができれば、高さ８フィート［約２メートル半］、幅２フィート［約60センチメートル］の重い鋼鉄製の黒いユニットを取り外して梱包し、弾道研に運ぶことができるだろう。彼女たちは、ムーア校が良い運送業者を選び、ＥＮＩＡＣのユニットがメリーランド州の田舎町までのでこぼこ道を乗り切れることを願った。

ケイ、ベティ、ジョン・ホルバートンの３人にとって、部品の移動期間は休暇を取るのに絶好の機会であった。10月上旬に一行はホルバートンの車に乗り込み、西へ向かった。ホルバートンが運転手、ベティは助手席でナビゲートし、ケイは後部座席で解説したり話を盛り上げたりして、時には運転を代わった。[8] 素晴らしい旅になりそうだ！

1940年に開通したペンシルベニア・ターンパイクは、全米初の長距離高速道路であった。ジョンとケイが運転を交代しながら、ペンシルベニア州からオハイオ州に入り、オハイオ州のトウモロコシ畑やリンゴ園を通り抜け、インディアナ州を横切り、シカゴに到着した。そこでは、ロスアラモスから戻り、シカゴ大学で教鞭をとっているニック・メトロポリスを訪ねた。彼らは夕食をとり、周遊し、素晴らしい再会を果たした。[9]

その後、公園や小さなモーテルに泊まりながら、デンバー、ボルダー、ソルトレイクシティへと向かった。モーテルは1人当たり1泊約3ドルで、ベティとケイは相部屋にした。[10] 大きなステーキをメインにした夕食が60セントだった。最も高くついたのは、ヨセミテ国立公園のロッジに2泊したことだ。そこに泊まり、観光して、「ステーキディナーを食べた」のだが、1人当たり合計11ドルかかった。[11]

ホルバートンの父親は農務省の役人だったので、ジョンは牛、豚、馬のあらゆる品種と、さまざまな作物、植物、樹木を知っていた。牧場や農場を通りかかると、彼はケイやベティに聞こえるように動物や植物の種類を口にした。[12] やがて、ふたりもひとかどの専門家であるような気分になった。

ようやく彼女たちは初めて目にする西海岸と太平洋にたどり着いた。まずサンフランシスコ近郊に滞在し、郊外のケイのおばの家に数日滞在した。その地域を見学した後、ロサンゼルスに向かい、ケイの別のおばの家に泊めてもらうことになった。[13]

その一家は造船所を経営しており、「戦争中はPTボート（小型高速巡視魚雷艇）を作っていたが、今はマホガニーの無垢材でできた豪華なヨットを作っている」のだそうだ。一家は彼女たちを盛大にもてなし、その周辺を案内した。例えば、カタリナ島へ出かけたり、パロマー山に登り、「そこで望遠鏡の鏡を磨いているのを見ました」[14]。

それからさらに南下して、サンディエゴにいるベティの姉妹を訪ねた。「そこからメキシコに向かい、国境沿いの景色を見に行きました」[15] とケイは振り返った。

カリフォルニアでは、予約していた「私設私書箱《メールドロップ》」（旅行者が家族や会社が送った郵便を受け取れる場所）で、弾道研から予期せぬ手紙を受け取った。10月下旬にＥＮＩＡＣの１台のユニットが火災に見舞われ（誰かがバックパネルを外したまま動かし続けた）、再構築する必要がある、という手紙をディデリック博士（弾道研の副所長）が寄越したのだ[16]。ＥＮＩＡＣの移設は12月までずれ込むことになり、３人は急いで帰る必要がなくなった。

火災には少し落胆したが、怪我人がいなかったことを喜び、目覚ましい横断旅行を充実させることができる余分な休暇ができて、３人に少しも不満はなかった。

彼女たちは引き返し、今度は有名なルート66をのんびりと走った。「当時はまだ、大したルートではなく……ただの砂利道でした」[17]。それでも、アリゾナ州のペインテッド砂漠やグランドキャニオンなど、素晴らしい場所を通ることができた。

次に向かったのは、南東のメキシコ湾とニューオーリンズだ。そこにはディデリック博士からまた手紙が届いていて「私たちがＳＰから……Ｐ２に昇格した」と書かれていた。つまり、ケイとベティの文官職としての等級が「専門職補助」から昇格し、性能試験場での仕事を「専門職」として始めることになったのだ。[18] ふたりの女性たちとともにジョン・ホルバートンも大喜びした。

その夜、彼らはめかし込んで街に出かけ、祝杯をあげた！ 行き先はブルサードのレストラン（1920年開業で、現在も営業中の店）で、オイスター・ロックフェラーや、新鮮な魚をソースとスパイスと一緒にパーチメント紙で焼いた「魚のパピヨット」など、フランス料理とクレオール料理を味わった。ベティは「あの晩は街に繰り出しました[19]」と嬉しそうに思い出していた。陸軍は、彼女たちの努力と功績を認めてくれたのだ。

車は東へ向かい、次にフロリダ半島を南下してマイアミに行った。そこではジョンの友人を訪ね、暖かい大西洋を楽しんだ。

ジョージア州、サウスカロライナ州、ノースカロライナ州を北上し、やがて帰路につくときが来た。バージニア州南部では、ジョンの生家と農場を訪ねた。ジョンの家族と過ごし、彼は自分が育った美しい丘や農場を案内した。

1946年11月28日木曜日の感謝祭の日、彼女たちは総距離1万1000マイル［約1万8000キロメートル］を超える旅を終え、フィラデルフィアに凱旋した。[20]

アバディーンとその周辺のＥＮＩＡＣ５

その年の12月は活気に満ちた月だった。マーリンとフィリップ、フランとホーマーという二組の祝福すべき婚約があり、さらに一組の結婚式があった。１９４６年12月14日、ジーンはベティの実家の近くの教会で、ベティの家族がホストを務め、ＥＮＩＡＣチームの多くのメンバーが出席するなか、ビル・バーティクと結婚式を挙げた。[1]

ジーンは親友であり、今や新婦付添人をしているベティと結婚式を計画した。式はベティの家族が主催し、ベティの母親がそのほとんどを準備した。結局のところ、ジーンにとって「スナイダー家は第二の我が家」であり、今や第二の家族である。[2]

ＥＮＩＡＣ６に加え、ＥＮＩＡＣチームの多くの男性も参加した。アデルとハーマンも出席した。ジョン・モークリーはまだ喪に服していたが、ジーンからバージンロードを歩いてほしいと頼まれ、「君は手放すには惜しい存在だ」とからかいながらも快く引き受けた。[3]そして、そのことを誰も驚かなかった。ＥＮＩＡＣのチームもまた、彼らの戦時中の家族になっていたのだ。

一行は教会で記念撮影をした【訳注1】。白いタイトなウェディングスーツに白いロンググローブ、肘まで届く薄手のベールを付けたジーンと、ツイードスーツに鮮やかなストライプのネクタイをしたビル。結婚式の日のある写真には、ジーンとビルが幸せそうに微笑み、片側にはジョン・モークリー、もう片側にはビルの新郎付添人のアル、その真ん中に美しいドレスを着て小さな帽子をかぶり、満面の笑みを浮かべているベティが収められている。

その後、教会から近くのスナイダー邸に移動し、ジーンが「楽しくて温かい」、ケイが「美しい」と評した披露宴が行われた[4]。

それでいながら胸が裂けそうだった。これがともに過ごす最後の瞬間だったのだ。戦時中と戦後のＥＮＩＡＣルームで鍛え上げられたこのグループ、すなわちＥＮＩＡＣチームが、自分たちが選んだ生活共同体であることを誰もがわかっていた。一緒に懸命に働き、楽しく遊び、戦後数か月の間もお互いの仲間であり続けた。しかし、チームのメンバーは、新しい技術や新しいプログラミング技法の知識を新しい場所に持ち込むために、新しい会社や新しい機会へと移っていった。

§

結婚式が終わると、ベティ、ケイ、フラン、ルースは、アバディーンへの引っ越しの準備を始めた。

訳注1……ジーンの結婚式のときの様子は、写真3-8を参照。

1月から弾道研で新しい仕事を始め、ＥＮＩＡＣの新しい拠点に付いていくことになる。「私は、アバディーンに行く意思を固めていました。だから、その通りに実行しました」と、ベティは振り返った。[5]

ジーンはムーア校を通じて契約し、弾道研で働き続けることにした。弾道研の風洞［訳注2］プロジェクトの責任者であるリチャード・クリッピンガー博士は、超音速飛行に関する一連のプログラムを実行したいと考えており、そのためにＥＮＩＡＣを必要としていた。彼はＥＮＩＡＣのプログラム技師が空いていることを知り、ジーンを探し出して協力を求めた。[6] 彼女はフィラデルフィアに住み、クリッピンガー博士のプロジェクトを管理し、そして、彼にプログラムの方法を教えるためにアバディーンへ出向くことになった。ジーンは喜んでいた。

唯一マーリンだけが、１９４６年12月31日を最後に、弾道研のプロジェクトに参加することができなくなった。彼女はまもなくフィリップと結婚する予定だった。彼はフィラデルフィアから北東に30分ほど行ったニュージャージー州トレントンで歯科医院を開業していた。彼は新しい建物を購入し、結婚後はマーリンと2階に住み、１階で歯科医院を経営し、３階は賃貸するつもりだった。[7]

ＥＮＩＡＣがムーア校に残っていれば、マーリンはフィラデルフィアまで通い続けただろうが、ＥＮＩＡＣがさらに南の性能試験場に移ったため、毎日の通勤は不可能だった。[8] 弾道研はそれを受け入れた。

§

1947年1月、ケイ、ベティ、ルースの3人は、再び性能試験場に戻ってきた。今回は数年前より少し設備の整った宿舎に移った。そこは女子寮で、部屋は簡素なままだし、シャワーもホールの下にあったが、誰かが毎日ベッドメイキングをして、清潔なタオルを置いていってくれた[9]。新しい専門職の地位には、それなりの特権があった。

ベティとケイはルームメイトになり、廊下を挟んだ部屋にはルースがいて、旧友が再び集まった。フランは町に引っ越した。ホーマーと結婚したら、自分たちのアパートを手に入れようと考えていた。

1947年1月の性能試験場は、物理的には1945年7月に彼女たちが去ったときと同じだったが、ずいぶん違う場所のように感じられた。まず、彼女たちが滞在した1945年は、蒸し暑い夏だったが、今回は、冷たく凍りつくような風がチェサピーク湾から吹きつけていた。

彼女たちが試験場にいたときは3万2000人の兵士と民間人がいて、満員状態だった。何万人もの若者たちが至るところで訓練や行進をしていた。しかし今では、訓練中の部隊も少しはいるものの、ほとんどの若者は帰郷し、基地ははるかに静かになっていた。

訳注2……人工的な空気の流れの中に試験体を置き、空気の流れを可視化したり、試験体の空気力学的な特性を調べるための装置または施設を、風洞という。

ひとつだけ、変わっていないことがあった。上司であるジョン・ホルバートンが、彼女たちを出迎えてくれたことだ。彼もまたフィラデルフィアから移り、これからも一緒に仕事をすることになったのだ。もちろん、ケイとベティは大喜びだった。

§

ケイとルースはＥＮＩＡＣの再構築を手伝うよう任命された。ＥＮＩＡＣは、その機械を収容するために建てられた３階建てのレンガ造りの建物と、もう一つのラボである性能試験場内の弾道研の区画にある試験場３２８号棟に運び込まれていた。それは以前、女性たちが学んだ場所と同じ建物で、２階が特別に構築・補強されており、30トンのＥＮＩＡＣを収容するために、１８００平方フィート［約１７０平方メートル］の空間、空調、明るい照明が用意されていた。[10] そこはＥＮＩＡＣにとって、良い住処になりそうだった。

しかし、ＥＮＩＡＣは良い状態で到着していなかった。火災で破壊されたパネルは再建されたが、他のユニットはフィラデルフィアからメリーランド州アバディーンまでの移送途中で揺れに耐えられず、ダメージを受けた。このコンピューターを動作可能な状態にするのは大変な仕事である。

ケイとルースがチームに加わった。彼女たちは男性エンジニアたちと協力してＥＮＩＡＣのユニットを１台ずつ組み立て直し、まずユニットの裏側を丹念にチェックして、ワイヤー、電気回路、真空管などを修理した。次に、前面のプラグ、スイッチ、ランプなどを点検した。

ケイとルースは「ダイレクトプログラミング」を使いこなした。ムーア校で自力で身に付けたやり方で診断ソフトウェアを使い、各ユニットを徹底的にテストしたのである。[11] ユニットのありとあらゆる操作を確認したのちに、そのユニットは正常に動作していると判断した。

「ハードウェアの問題を発見するプログラム技師でした」とケイは笑いながら語った。[12] そして、その仕事がなかなかはかどらなかったことも覚えている。「午後の間ずっと十進計数器のテストのためだけに、ＥＮＩＡＣルームで座っていたことが何度もありました……」。[13]

ケイとルースが、ユニットの準備ができたと言うと、チームは次のユニットに移った。日を増すごとに、そして週を、月を追うごとに、ＥＮＩＡＣ独自の40台のユニットとＩＢＭの５台のユニットが新しい永住の地で再び立ち上がった。

「私たちは何度も何度もテストして、……やっと、再び使えるようになったのです」とルースは言った。[14]

７か月後の１９４７年７月末、ケイとルース、それにエンジニアたちは、長丁場の再取り付けからようやく抜け出した。ＥＮＩＡＣには電源が入り、稼働していた。彼女たちはエンジニアたちと良い友人になったが、ＥＮＩＡＣルームを離れて、新しいプロジェクトに移ることを喜んでいた。

§

ベティとフランは１９４７年の冬から春にかけて、弾道研が雇った新しいプログラム技師たちに会った。彼らの中には女性も男性もいて、与えられた問題に取り組んでいた。新しいプログラミング・ルームでは、ルースとマーリンが属する3階の計算チームのグロリア・ゴードン、エスター・ガーストン、ベティの計算チームのマリー・ベアスタイン、そしてフィラデルフィアで多くの人を指導したライラ・トッドなど、かつての計算手や旧友たちに囲まれていた。[15]

ライラ・トッドは、ホーム・マクアリスターとウィンク・スミスを「私の最高の従業員だから」[16]と連れてきた。ムーア校の約100人の計算手のうち、今や残っているのは十数人で、そのときには専門職に昇格していた。新人たちはENIACを学ぶのを楽しみにしていた。

しかし、当初は教える内容に新しいものはなにもなかった。ENIAC6と同様、性能試験場の最初のプログラム技師たちは、ENIACの図面を読み込んで、そのユニットがどのように動くかを確認しなければならなかった。「ENIACの『設計図』や配線図を理解し、ダイレクトプログラミングを習得しようとして長い時間を費やしました[17]」とホームはもどかしそうに語った。

ベティとフランはENIACの操作を説明するために最善を尽くしたが、それでも学ぶのは大変なことであった。しかし、ENIACの「ダイレクトプログラミング」の時代はまもなく終わりを迎える。このあと、風に吹かれたように大きな変化が動き出し、ジーンはその嵐の真っただ中に置かれることになる。

そうこうするうちに、1947年3月にフランはホーマーと結婚した。新婚旅行から戻ると、ホーマーは信頼される整備エンジニアとして、フランは尊敬されるプログラム技師として、夫婦二人三脚でENIACに取り組んだ。

§

2月には、ベティは毎週末をフィラデルフィアで過ごすようになった。それは休暇や遊びのためではなかった。ジョン・モークリーとプレスが新しい会社を設立し、新しい機械を設計していたのだ。ベティにとって、それはとても心躍ることだったが、この新興企業には資金があまりなかった。それでもベティは、「無償で」自分が知る限り最も刺激的なプロジェクトを手伝うために、週末をそこで過ごしたのだ。[18]

金曜日と土曜日の夜は両親の家に泊まった。土曜日はジョンとプレスとともに夜遅くまで働き、日曜日はアバディーン行きの最終列車の時間まで働いた。月曜日の早朝には弾道研に戻った。

ベティはジョンやプレスと密になって、新しいコンピューターについて、「この機械には何を備えるべきだろうか[19]」といったブレインストーミングを行った。その議論は、興奮に満ちた、激烈なものであった。この新しいコンピューターは、やがて世界初の現代的な商用コンピューターとして「UNIVAC」と名付けられ、その後、「コンピューター」の代名詞となるほど、全米に数多く納入されることになった。しかしそれはまだ先のことである。1947年当時、UNIVACの1号機はまだ完成していなかった。まだ構想の段階であり、銀行もなかなか資金を出そうとしなかった。

§

一方その頃、弾道研の風洞実験プロジェクトの責任者であり、ハーバード大学の数学教授でもある「ディック」ことリチャード・クリッピンガーは、風洞実験用の方程式についてジーンの助けを求めていた。[20] 彼はＥＮＩＡＣを使って、超音速での航空機の性能をシミュレートしようとしていた。当時はまだ、航空機は音速の壁を破っておらず、機体とパイロットが耐え切れるかどうかが疑問視されていた。

ディックは明晰な数学者であり、風洞方程式の専門家だったが、ＥＮＩＡＣのプログラミングについては何も知らなかった。一方、ジーンはＥＮＩＡＣのプログラミングに精通していた。ディックは彼女をプログラミンググループの指導者として採用し、彼の方程式をプログラムさせた。契約はムーア校がまとめていて、アーヴン・トラヴィスはしばらくの間うやむやにしていたが、ジーンに妊娠の意志がないことを知ると、即座に書類にサインした。[21]

ジーンはこのプロジェクトのマネージャーだった。彼女の最初の仕事は、４人の新しいプログラム技師を募集し、面接して採用することだった。この手の仕事に携わるのは初めてであり、さらに誰も現代的なプログラマーを募集したことがなかったため、彼女は手探りでそれを進めていった。彼女は「私が資質について尋ねるのではなく、仕事のことを私に尋ねてくる」候補者を選んだ。彼女は「熱意、好奇心、冒険心[22]」のある人を選んだ。

彼女は、キャス・ジャコビー、サリー・スピアーズ、アート・ゲーリング、エド・シュレインという、女性2人と男性2人を雇った。[23] 彼女のチームメンバーは、その後コンピューターの世界で長く成功したキャリアを歩み続けた。しかし、まずジーンは彼らに、ENIACとプログラミングについて教える必要があった。

同時に、ジーンはアバディーンに通い、ディックにENIACのプログラミングを教えていた。その代わりに彼は風洞のことをジーンに教えた。風洞とは、飛行機やロケットなどの物体がどのように動くかを知るために使われる、内部で空気が流れる大きな筒状の空間のことである。科学者は主に現物を一定の比率で縮めた模型を用い、ときおり実物大の模型を使った。[24] ENIACは風洞実験のプロセスをシミュレートしようとしていた。

しかしまもなく、ジーンとディックは問題があることに気づいた。ENIACはディックの風洞方程式には小さすぎたのだ。ジーンとケイとベティが軌道プログラムを最適化するために考え出したあらゆる技巧を駆使しても、「双曲偏微分方程式」を含む風洞のプログラムは、ENIACには大きすぎたのである。[25] そのプログラムが必要とするパルスケーブル、ディジットの配線、スイッチ類をすべて収納するには計算機の容量が足りなかったのだ。

彼女たちは諦めるのではなく、ENIACを変えようと考えた。そしてその方法を植え付けたのは、ロスアラモスの問題をENIACに持ち込んだジョン・フォン・ノイマンだった。

ジョン・フォン・ノイマンはディックに対し、「設計時に想定されていた方法とは全く異なる方法で、ＥＮＩＡＣを動かすことが可能だろう[26]」と提案した。ＥＮＩＡＣの可動式の関数表を、数値ではなく動作命令を格納する装置へと変えることができる。そうすれば、特別仕様で編成されたＥＮＩＡＣにそれらの命令を送り込むことができ、もはや容量の制約は問題ではなくなる。

こうして、ジーンの人生で最も忙しい時期の一つが始まった。１９４７年の春、ジーンとディックはフォン・ノイマンとアデルに会うために、プリンストンの高等研究所に通い始めた。彼らのミッションは、協力してＥＮＩＡＣを「プログラム内蔵型コンピューター」に変換するという並外れたものであった。[27]ムーア校で構築中のＥＤＶＡＣやケンブリッジ大学で構築中のＥＤＳＡＣとは異なり、ＥＮＩＡＣはプログラム内蔵式コンピューターとして一から作られたのではなく、そうなるように再構築されるのである。これはまさに、後方宙返りと側転を同時に行うようなものであった。

午前中、ジーン、ディック、アデルの3人は、ジョン・フォン・ノイマンとともに最適な命令セットに必要な動作命令は何かということを考えるために、高等研究所の１階で働いた。[28]そこにはアルベルト・アインシュタインのオフィスもあった。

午後になると、ジーンとアデルはそこを離れ、午前中に話し合った動作命令の詳細を補った。彼女たちは、その命令をダイレクトプログラミングしてＥＮＩＡＣに搭載する方法の概略を考えていた。「私たちはコードを実装する作業をし」、新しい命令セットをＥＮＩＡＣにプログラムする方法を大まかに検討していたのだと、ジーンはのちに振り返った。[29]彼女たちは、再び一緒に仕事ができることを喜んでいた。

ジーンとアデルは、午後は研究所の空き部屋や、戦時中に陸軍が研究所内に建てたかまぼこ型のプレハブ仮兵舎《クオンセット・ハット》で仕事をしていた。[30] 今にも倒れかかっている鉄骨の建物を、近所の人たちは「美しい町並みの中で、見苦しく目障りな小屋だ」と言って、とても不愉快に思っていた。[31] ハーマンとアデルは、あるプレハブの仮兵舎に住んでいた。ジーンとディックは、仕事が深夜に及んだり数日にわたったりするときは、別の2棟の仮兵舎で寝泊まりすることがよくあった。[32]

この一連の打ち合わせが終わった後、ジーンはフィラデルフィアに戻り、4人のチームとともに、命令コードの具体的な内容を詰めていった。[33] 彼女たちは、どのようなユニット、スイッチ、ディジットワイヤーやトレイ、そしてプログラムパルスケーブルを使って、どのようにENIACに搭載するのか、事細かに考案していった。

ジーンのチームが、ある動作命令がうまく機能しない、あるいは大きすぎたりENIACのリソースを使いすぎて他の命令のための容量が足りなくなることを突き止めたら、ジーンはプリンストンに戻って手直しや書き直しをした。[34] ENIACの再構築におけるケイやルースと同様、ジーンの評価とテストは信頼されていた。彼女が承認するまで、動作命令は受け入れられなかった。

ジーンが問題を抱えてプリンストンに戻ると、ジョン・フォン・ノイマン、アデル、ディックの3人が注意深く話を聞き、しばしばジョンから「より簡単な動作命令や命令の置き換えを提案された」[35] という。

それは対等な打ち合わせだったが、時として例外もあった。あるとき、チームで話し合っている際、ジョン・フォン・ノイマンが新しい動作命令を提案したが、ジーンはこの特別な命令はうまくいかないとわかっていたので、同意しなかった。朝の議論には常に同席していたものの「一度も貢献したことがなかった」ハーマンは、「まるで神を冒涜したかのように私を睨みつけたのです」とジーンは振り返った。[36]

しかし、ジョン・フォン・ノイマンは自身の間違いに気づいたため「ただ笑い」、そして「前言を訂正した」。[37]グループはまた仕事に取りかかった。

１９４７年の夏の半ばには、ケイ、ルースとエンジニアたちはＥＮＩＡＣの設置を終え、ジーンとフィラデルフィア―プリンストン―アバディーンチームは、「変換器コード」と名付けられたＥＮＩＡＣの新しい命令コードを完成させていた。ジーンのチームは「変換器コード」のプログラミングシートを、ディック・クリッピンガーと弾道研に紙で届けた。[38]ＥＮＩＡＣでこのプログラムを実行できるよう設定するためにアバディーンまで行くことはなかった。ほかの誰かが彼女たちの成果を使って、まもなくＥＮＩＡＣを「本格的なプログラム内蔵式コンピューター」に変身させるのだろう。

ケイとルースは新しいプログラミングの仕事を探し始め、ジーンとその優秀なチームは、いよいよディックが辛抱強く待っていた風洞実験に目を向けた。

新たな人生

1947年8月、ケイはENIACルームから抜け出した。ダグラス・ハートリーのために別のプログラムに取り組みたいと思っていた。彼は自分の計算の数学的な処理を修正し、それをもとにケイにプログラムを組み直してほしいと言ってきていたのだ。[1] 彼女はそれを楽しみにしていたが、すぐ目の前に別の問題と好機があることに気づいてしまった。

彼女は新しい計算手たちが見通しをしっかり立てずに動き回っていること、その次にアデルの説明書のコピーが弾道研の机の上に置かれていることに気づいた。この説明書はENIACの各ユニットがどのように機能し、何に使えるかを記したもので、悪くない発見だった。

ケイは、「とても素晴らしかった。でも、もっとずっと前からあればよかったのですが」と語った。[2]

彼女は自分の周りにいるプログラム技師を集めて、アデルの説明書と自分の経験をもとに指導を始めた。

§

ジーンのチームは、次なる納品物に取りかかっており、変換器コードを使ってディックの風洞方程式をプログラムしていた。彼女たちはA・S・ガルブレイスとジョン・ギーゼという数理論理学の若手研究者ふたりと緊密に協力した。[3]

軌道計算を担当したときの、ジーンが数学、ベティが論理というパターンに従って、ガルブレイスとギーゼは複雑な方程式を細分し、ジーンのチームはその方程式をENIACが実行できる個々の操作に落としていった。[4]

1947年の後半、ジーンは定期的にアバディーンに通い、ディック、ガルブレイス、ギーゼと仕事をした。一方で、ディックも定期的にフィラデルフィアに来て、ジーンのチームを励まし、彼の風洞実験が実現するのを見守っていた。[5]

ENIACチームの伝統を引き継ぎ、ジーン、ディック、キャス、サリー、アート、エドは、ウッドランド通りのリドのレストランで昼食をとり、コンピューティングに関する興奮を分かち合った。ディックは自分の海外旅行や海外生活の話を聞かせてくれた。彼はシベリア鉄道でロシアを横断し、パリのソルボンヌ大学に留学し、ヨーロッパを旅していた。[6]

ジーンは幸せだった。「彼はいつも私のチームを賞賛してくれて、私たち全員が彼を慕っていた」と書いている。一方、ジーンはといえば、「ENIACで働くのが楽しくて、死んで天国に行ったかのように思えました。毎日仕事に行くのが待ち遠しくて、とにかく最高でした」[7]と言っている。
しかし、何事にも終わりがある。ついに、ディックが求めた風洞方程式は完成し、プログラミングシートにきちんとプログラムされて、期限通りにディックへ引き渡された。「私たちはすべての目標を達成した」と、ジーンは誇らしげに書いている。[8]
ジーンのチームは、自分たちがディックと弾道研にとって重要なことをしたのだと自覚していた。「このプロジェクトを完遂したことで、私のチームは新しいプログラミング手法を生み出しました。それは、ＥＮＩＡＣ自体と同様に、世界を永遠に変えることになったのです」[9]。
ハンス・ノイコムは、２００６年の電気電子技術者協会（ＩＥＥＥ）のコンピューティング史紀要にあてた論文で、このことを「ＥＮＩＡＣの第二の人生」と呼んでいる。[10]

§

ベティはすぐにその新しいモードでのプログラミングに熟達した。１９４７年の夏、彼女は新しい変換器コードを使ってＥＮＩＡＣのための「一連のテストプログラム」を書くよう依頼され、それを実行した。[11]
細心で冷静沈着な性格のベティは、その新しいテストプログラムを作るのに最適な人物だった。その後も生涯を通して、支配的な地位を占めたＦＯＲＴＲＡＮ《フォートラン》やＣＯＢＯＬ《コボル》をはじめ、新しいコードやプログラミング言語のテストを依頼する人が、彼女のもとに集まってきた。

ケイは周りの新人プログラム技師を教育した後、ハートリーの問題に取り組んだ。[12] ルースは上級プログラム技師となり、多くのプログラミングチームを率いるようになった。[13] ホーム・マクアリスターが、ディック・クリッピンガーのために追加の風洞方程式を作成し実行するチームに配属された。[14]

ディックはこれを受けて、1948年9月に弾道研のために変換器コードに関する最初の論文を発表している。彼は変換器コードの「完成形」について、ジョン・フォン・ノイマン、アデル、ジーン、そしで自分自身の功績としている。ガルブレイス、ギーゼ、ジーンのチーム（キャス、サリー、エド、アートなど）の貢献も記されていた。[15] 彼女たちは、自分たちの苦労が認められたことを喜んでいた。

報道陣は引き続き、性能試験場にあるENIACの今や開かれた扉に殺到し、最高のカメラマンをアバディーンに送り込んで、人間と機械を撮影した。その多くの写真は女性と機械だった。雑誌「LIFE」の写真家フランシス・ミラーは、ベティが関数表の下部のバーに足を乗せ、偉大なコンピューターを使いこなしている姿を撮影している。

もう1枚の美しい写真には、ENIACの前に立つグロリア・ゴードンとエスター・ガーストンが捉えられている[訳注1]。エスターは腕に黒いディジットワイヤーを掛けた姿で立ち、グロリアは下部にプログラムパルスケーブルを差し込むためにしゃがんでいる。彼女が2009年に87歳で亡くなった際、この世界的に有名な写真がワシントン・ポスト紙に再掲載され、キャプションには、ふたりの名前と、グロリアが言った言葉「素晴らしい！　これでみんなに私の大きなお尻を見てもらえるわ！」[16]が記されている。

多くの写真の中で、ルースは写っているが名前はない。背景で若手のプログラム技師の仕事ぶりを見ている上司として控えめに佇んでいる。２０１９年にルースはニューヨーク・タイムズ紙の表紙を飾ったが、それでもそこに名前はなかった。[17]

§

ほどなくして、ＥＮＩＡＣ５は弾道研の一員としての仕事から離れるときが来た。彼女たちはＥＮＩＡＣを再建し、新しいプログラム技師や数学者のグループが方程式やプログラムをＥＮＩＡＣに設定できるよう訓練し、ＥＮＩＡＣを次のレベルに引き上げるための新しい変換器コードを作成し指導するなど、自分の仕事をきちんとやり遂げた。
フランは妊娠し、育児に専念するため、陸軍の仕事を辞めることを選んだ。[18]
一方で、ジョンとプレスは最初の顧客と前払い金を得ていた。ようやくベティを雇う余裕ができ、１９４７年６月、彼女はエレクトロニック・コントロール社（すぐあとにエッカート・モークリー・コンピューター社に社名を変更した）の社員番号13番として入社した。[19]
１９４８年３月には、プリンストン、フィラデルフィア、アバディーンでのジーンの目まぐるしい

訳注１……グロリア・ゴードンとエスター・ガーストンがプログラミングする姿は、写真4-2を参照。

年は終わった。「契約期間が終了し、契約で求められていた12項目を達成した」とジーンは記している。[20]ディックが、次の契約でもジーンと彼女のチームに協力を求めたが、彼女はプログラミングのペンを、「とても良い仕事をした」アートに引き継いだ。ジーンは次のプロジェクトに移る準備ができていた。新たな冒険へ備えていた。

ルースはアバディーンでの週末に退屈し、以前住んでいたレベッカ・グラッツ・クラブに戻り、週末のパーティーに参加していた。そこで彼女は、アドルフ・タイテルバウムと出会った。ふたりは意気投合し、その後、彼がマーリンの夫フィリップと大学時代の友人であることを知った。[21]4人は一緒にコンサートや演劇、ディナーに出かけ、幸せな時間を過ごした。まもなくルースとアドルフは婚約した。

1948年に結婚したふたりは、長い新婚旅行で米国南西部を車で横断した。帰ってきたルースはフィラデルフィアで働くためにムーア校に応募し、アーヴン・トラヴィスも迷うことなくこれに応えた。ルースは1年半ほど滞在したが、夫妻は南西部に魅了され、仕事の誘いも受けた。テキサス州ダラスに移り住み、生涯をそこで添い遂げた。

§

一方、ケイはというと、しばらくはアバディーンにいるつもりだった。彼女は幸せで、やりがいを感じ、友人もたくさんいた。プログラムしたり、新しいプログラム技師を指導したり、変換器コードを使ったりすることを楽しんでいた。

加えて、彼女はジョン・モークリーのために特別なプロジェクトを進めていた。どういうわけか、この起業したての技術系スタートアップ企業の過労気味な社長は、ムーア校の講義録の作成に行き詰まっていた。初期の磁気記録ワイヤーに録音されたものを、彼が一字一句書き起こさなければならなかったのである。彼は2人の小さな子供を育てる一人親であり、会社も経営していた。

ジョンがこの問題をケイに打ち明けると、ケイは「レコーダーと磁気ワイヤーを試験場に持ってくれば、テープ起こしを手伝ってあげます」と勧めた。[22]

それ以来、ジョンはUNIVACの顧客開拓のためにワシントンDCに向かう途中、この性能試験場にも立ち寄るようになった。最初のうちは自分のプロジェクトを確認するために立ち寄っていたが、次第にケイの様子を見るために立ち寄るようになった。1947年末、ジョンがケイに結婚を申し込むと、ケイは承諾した。こうして、彼女もフィラデルフィアに戻ることになった。

1948年2月、ケイが去るのを惜しんで、ENIACの再建に携わった昔の仲間たちが、独身最後のパーティーを開いた。翌日、彼らはケイのスーツケースに「結婚間近」と書いた紙を貼り、駅のホームでそれを誇らしげに掲げた。[23]

1948年2月、ケイとジョンは小さな教会で結婚式を挙げた。ENIACのプログラム技師たち全員が出席し、プレスが新郎介添人を務めた。[24]

§

ＥＮＩＡＣは、１９５５年10月まで性能試験場において積極的に活用された。変換器コードに改良を加えながら、新しい形態のＥＮＩＡＣは１００を超える重要な問題のプログラムを実行した。[25] 第二世代のＥＮＩＡＣのプログラム技師であるＷ・バークレー・フリッツは、１９４６年から１９５２年までのＥＮＩＡＣの運用と問題に関する調査で「（変換器）コードはＥＮＩＡＣ上の製作工程を次のように改善した」と述べ、問題の準備が容易になり、プログラムのサイズをより大きくできるようになり、プログラムの変更時間が短縮され、テスト方法が簡素化されたと整理した。[26]

変換器コードによってＥＮＩＡＣは使いやすさが向上し、より多くの人々がより大規模で複雑な問題をプログラムできるようになった。世界中から、大学、政府機関、軍関係者などが弾道研に押し寄せ、弾道研はさまざまな問題のプログラムの実行を快く許可した。[27]

知られているのは非機密なものだけで、それには気象予報、熱発火（兵器の火薬の燃焼）、ロケットの軌道、井戸の枯渇の数学モデル（米国鉱業局）、ＭＩＴの特殊風洞設計の計算などが含まれていた。[28] ロスアラモス研究所の科学者や数学者も、ニック・メトロポリス、クララ・ノイマン、ジョン・フォン・ノイマン、アデルなどの助けを得て、さらなる計算のために戻ってきた。[29]

この数年間、ＥＮＩＡＣは「読者がスーパーコンピューターを最も強力で高価なコンピューターと定義するならば」、世界で唯一のスーパーコンピューターであった、とバークレー・フリッツは記している。[30]

各チームは、ジョン・フォン・ノイマン、ディック、アデル、ジーンが丹念に設計し、ジーンのチームが丹念にプログラミングした変換器コードを使用した。もちろん、時間の経過とともに微調整や拡張は行われたが、核となる枠組みは変わらなかった。[31]

次世代のＥＮＩＡＣのプログラム技師たちは、変換器コードから多くのものを得たが、同時に何かを失ってもいる。初期のＥＮＩＡＣのプログラム技師たちがプログラムをマイクロ秒単位で制御し、強力な並列処理を構築し、確実にそれぞれの演算結果が適切なタイミングで次のユニットに到達するように、すべてのユニットについて個々の経過時間を追跡するという途方もない仕事に従事していたときのような、向こう見ずな日々はもうなくなってしまった。ＥＮＩＡＣ６は、このような形でＥＮＩＡＣを使用した数少ない幸運な人たちである。

変換器コードの成熟期になると、ＥＮＩＡＣは、処理のために命令コードを関数表からメインユニットに送る時間がかかったため、速度が４倍も遅くなった。また、「直列型」になり、同時に１個の命令しか処理できなくなった。

ＥＮＩＡＣを本来の強力な「ダイレクトプログラミング」モードで使用した人はほんの一握りで、この仕事のために採用されたのは、６人だけだった。

ベティ・ホルバートン、旧姓スナイダー
ジーン・バーティク、旧姓ジェニングス
キャスリーン・モークリー、旧姓マクナルティ
ルース・タイテルバウム、旧姓リクターマン
マーリン・メルツァー、旧姓ウェスコフ
フランシス・スペンス、旧姓ビーラス

ENIAC6だけである。

エピローグ　再会

ＥＮＩＡＣの白黒写真に写っていた女性たちは、私の心の中にずっと残っていた。大学3年生のとき、コンピューター博物館からハーバード大学のキャンパスに戻った私は、写真の中の女性たちの真実を明らかにしようと決意し、研究に没頭した。コンピューターの歴史において、ソフトウェアの歴史と女性の歴史の両方が欠落しているようだという好奇心をかき立てる事柄に気づき、授業の課題レポートに書いた。そのタイトルは忘れてしまったが、副題は「男たちはハード、女たちはソフト」だった。

私は最終学年の前に1年間休学することにした。コンピューターの歴史の中に潜んでいたこれほどまでの大きな欠落を発見したことに、少し戸惑いを感じていたのだ。歴史学者たちはどうしてそれを見逃してしまったのだろうか？　卒業論文を書く前に、考える時間が必要だった。

その年の中ごろ、フィラデルフィア・インクワイアラー紙の記者だったジョエル・シャーキンがジョン・モークリーとプレス・エッカートにインタビューした内容を収録した『コンピュータを創った天才たち：そろばんから人工知能へ』（邦訳：草思社刊）というコンピューターの歴史に関する本に出合った。彼はＥＮＩＡＣに一章を割き、ＥＮＩＡＣチームが直面した課題について記述した。そこには、次のような注釈があり、私を驚かせた。

コンピュータの歴史で初期のころのすぐれたプログラマーは、ラヴレス伯爵夫人をはじめとして、どういうわけかすべて女性であった。これは、エッカートとモークリーの会社にかぎらず、ほとんどのコンピュータ研究所にあてはまる。［グレース］ホッパーと［ベティ］ホルバートンは、初めてアセンブリー言語の一つを考え出したとされている。これはコンピュータと会話するための基本的な言語であり、きわめて重要な業績であった 訳注1 。

彼とは、同じ結論を引き出していたのだ。

新たな決意を胸にハーバード大学での最後の年を迎え、ＥＮＩＡＣのプログラム技師に関する卒業論文を指導してくれる教授を探し始めた。私は社会学を専攻していたため、なかなかよい教授に出会えず苦労した。社会理論は、コンピューター・サイエンスとどう関係するのだろうか？

幸いなことに、私はＭＩＴのジョセフ・ワイゼンバウム教授の「コンピューターと倫理」の講義を受けていた（ハーバードの学生は他の大学で単位が取れ、ハーバード・スクエアからＭＩＴまでは地下鉄で２駅だけだった）。そのコースはとても興味深かったため、キャンパスの端に位置し、当時はまだあまり知られていなかった新設のＭＩＴメディアラボが入った建物での相談時間《オフィスアワー》を利用して、ワイゼンバウム教授のもとに通うようになった。ある日、私はワイゼンバウム教授に、ハーバード大では誰もＥＮＩＡＣの女性に関する私の論文へ指導をしてくれないと話した。すると驚いたことに、教授は木製の大きな机から顔を上げ、灰色の口ひげの下で微笑みながら、「私が指導教官になりましょう」と言ったのだ。私は「このままでは実を結ばないかもしれない」と告げたが、またしても彼は微笑み、「何が見つかるか、見てみましょう」と言ってくれた。

こうして、私の「ＥＮＩＡＣのプログラム技師」探しが始まった。物語の断片を見つけるたびに、ワイゼンバウム教授の研究室に戻り、それを共有した。微分解析機について良い説明を見つけられないでいると、教授はメモ帳と鉛筆を取り出して、彼が「巨人のマットレス・スプリング」と呼ぶものをスケッチしてくれたのだ。

『Encyclopedia of Computer Science（コンピューター・サイエンス百科事典）』などの二次資料には何も載っていなかったので、一次資料に飛びついた。ハーマン・ゴールドスタインの自伝『計算機の歴史：パスカルからノイマンまで』（邦訳：共立出版刊）が役に立った。［原著の］２０２ページ［邦訳の２３１頁］には、ＥＮＩＡＣをプログラムするために６人の計算手を雇ったことを記述し、彼女たち

訳注1……『コンピュータを創った天才たち：そろばんから人工知能へ』（Ｊ・Ｎ・シャーキン著、名谷一郎訳、草思社、１９８９年、３８４頁）から引用。

の名前を挙げている（名前の綴りに少し間違いがあった）。私はその202ページを繰り返し読み込み、脚注や参考文献も隈なくチェックしたが、ENIACのプログラム技師について言及した記述はそれ以外見つからなかった。しかし、少なくとも彼女たちの名前はわかった。

1986年の初秋、ムーア校に電話をかけることにした。学部長や教授のところを転々とした。ENIACで働いていた女性について知る者は見つからなかったが、最終的にソール・ゴーン（老年の元教授で、まだ学校に研究室を構えていた）につながった。私が第2次世界大戦中にENIACのプログラム技師として働いた女性がいたことを示す情報の断片を話すと、彼は注意深く耳を傾けた。

そして長い沈黙の後、ゆっくりと話してくれた。大戦中、彼自身がムーア校の学生で、当時女性が教員や学生になることは認められていなかったものの、戦時中のプロジェクトで働く若手の専門職がいたことを覚えていた。

彼は「彼女たちがあなたの探している人たちかもしれませんね」と、ゆっくりと話した。そして、その年の10月にENIACの40周年記念式典が行われることを教えてくれた。招待状が欲しければ手配してくれるというのでお願いし、彼に用意してもらった。

ラドクリフ・カレッジから少額の助成金を受けて、私はボストンからフィラデルフィア行きのアムトラック列車に飛び乗り、ENIACの40周年記念パーティーに到着した。駅からペン大のタウン・ビルディングに向かい、正面の階段を上がった。バッジを受け取り、長方形の大きな部屋に入ると、すぐに満席になった。小さなステージの前に並べられた椅子の一つに腰を下ろした。

式自体はフォーマルなものであった。このパーティーは、ＥＮＩＡＣチームの男性陣を表彰するためのイベントのように見えた。最初は幅広い年齢の男性たちが、現代的なコンピューターの誕生におけるＥＮＩＡＣとそのチームの役割について語っていた。

次に、ケイが壇上に上がったので、私は身を乗り出して注目した。彼女の「回想」と題された短くて素晴らしいスピーチは、聴衆の心をとらえるものだった。ＥＮＩＡＣで仕事をしていた日々や、この会場に集まった女性や男性と一緒に仕事をしたことがいかに楽しかったか、その喜びを語った。彼女は微笑みながら、優雅に語った。みんなが熱心に耳を傾け、そして年配の出席者の多くは話のところどころでうなずいていた。彼女がＥＮＩＡＣのチームの一員であったことは明らかだった。

式典の後、出席者たちは前列の男性を中心に集まって歓談していた。そこで、部屋の奥へ歩いていくと、後方に年配の女性数人が集まっているのを発見した。彼女たちは白髪で、真珠のネックレスを身に着け、笑いながら賑やかに会話をしていた。私が聞かせてもらってもよいかと尋ねると、「どうぞ」と答えて、再び話し始めた。

彼女たちは、何か技術的なことを興奮気味に話していた。私には「累算器」、「プログラムパルス」、「マスタープログラマー」といった言葉はわからなかったが、彼女たちが個人的に深く関わっていたこと、かつての技術的な出来事の話をしていることはわかった。

後で知ったのだが、彼女たちは公開実験の日を前にして残っていた、弾道計算プログラムの最後のバグについて、さらにはそれをどのように修正したかについて振り返っていたのだ。お互いの思い出を分かち合っていた。あれこれと細かい部分で意見を交わすとき、まるで大学生のようであった。彼女たちの間には、明らかに温かい友情と深い敬意が感じられた。40年も前の技術的な話、そしてそのなかで果たした自分たちの役割を楽しそうに話していた。私は興味をそそられた。

歓談が終わると、彼女たちは私に自己紹介してくれた。彼女たちはハーマンの本に登場する3人の女性たち、ベティ、ジーン、マーリンだった。その会場の前方にいるケイと後方にいるその3人を合わせると、ハーマン・ゴールドスタインが名前を挙げたＥＮＩＡＣのプログラム技師6人のうちの4人に出会ったことになる。

私はボストンに戻り、その後、新しく手に入れた電話番号で数か月にわたって、4人の女性に電話でインタビューを行った。また、最初のクロスプラットフォームのプログラミング言語であるＣＯＢＯＬを設計した委員会においてベティとともに作業をしたジーン・サメットにも話を聞いた。こうして、私の卒業論文『隠れた女性たち：初期のコンピューター・プログラミングにおける女性の貢献に関する社会史』の骨子が定まった。

卒業論文を書き上げたとき、私はこの物語の氷山の一角に触れたにすぎないことを実感した。ワイゼンバウム教授にその悩みを打ち明けると、教授は微笑みながら「好機が扉を叩くのが一度きり、とは限らない」と言った。彼はこの物語をさらに研究し、伝えるための機会が、まだまだあるはずだと確信していた。

§

卒業後、私は自身のキャリアを、ウォール街の情報技術（IT）業界で、自分が見つけられそうな職で最も高給のものからスタートさせた。モルガン・スタンレーの情報サービス・マネジメント・トレーニング・プログラムに参加し、世界最大級の金融会社の経営を支えるコンピューティングとプログラミングについて学び始めた。

1日4時間の研修と、8時間の実務研修が課された。ニューヨークの巨大なデータベースからロンドン、東京、そしてやがてチューリッヒや香港のオフィスへとつながる、モルガン・スタンレーの国際データ・ネットワークの運用を手伝った。東京やロンドンからレスポンスがない場合、私たちのグループに指示が入り、問題の原因を特定した。ロングアイランドの衛星送信が機能していなかったり、ニューヨークや東京にある電話会社の「ローカルループ」がダウンしていたこともあった。毎日がパズルのようで、それを解くのが楽しかった。

§

一方で、私の同僚の中には、不満を感じている人もいた。特に女性の場合、そうだった。彼女たちは自分たちをあまりよく扱ってくれない部署に所属していたり、若い女性がコンピューターの専門家になれるとは思っていない若い男性たちと働いていた。彼女たちはとても仕事ができるのだけれど、コンピューティングの世界に自分の居場所がないのではないかと恐れていた。コンピューティングは男性の分野だと言われ続けることに、彼女たちは嫌気がさしていたのだ。

夜8時から朝8時までのシフト中、夜中に一息ついて、私たちは巨大なデータセンターの細長く高い金属ラックの間に座り、私がENIACのプログラム技師の話をした。仲間たちに、私たちがコンピューティングに携わる初めての女性ではなく、ENIACに遡る長く輝かしい女性たちの系譜に連なるものなのだと伝えた。ベティ、ジーン、ケイ、マーリン、ルース、フランといった、私が知っているプログラミングのパイオニアたちの名前と物語を紹介した。しかし休憩時間はすぐに終わり、次の晩にまた再開することになった。

その物語は同僚たちの心に響いたようで、彼女たちが誇りと笑顔を少し取り戻してデータセンターの自分の仕事場に戻っていくのを、私は眺めていた。

その後、プライスウォーターハウスのデータセキュリティ監査員を務め、世界中に発送されるデータはどのような法律で規制するのかと疑問に思い、法科大学院へ進んだ。プログラミングとは全く勝手が違ったので最初は戸惑いながらも、コツをつかんだ後は法科大学院の素晴らしさを実感した。通信関連の法律事務所フレッチャー・ヒールド&ヒルドレスに入り、マイクロ波、衛星、テレビ、ラジオに関する法律を専門とした。その後、初期のインターネットの法律や政策の問題に取り組むようになった。

しかし、入社して2年目の1995年の秋、私の頭の中で時計が鳴った。1996年の2月にEN

IACの50周年を迎えることに気づいたのだ。記念式典が行われるのだろうか？　私は再びムーア校に電話をかけた。たった2回の電話でスティーブ・ブラウン学部長に取り次がれた。彼は今度の記念式典の責任者であり、私からの電話を喜んだ。ENIACの記念式典は、1996年2月に盛大に行われる予定で、アル・ゴア副大統領の参加も期待されているのだと学部長は告げた。数日間の講演会と盛大な晩餐会が開かれるこのビッグイベントには、数百人が招待されていた。

私はブラウン学部長に、ENIACをプログラムした6人の女性について学士論文を書いたと伝えた。「彼女たちはまだ生きているのでしょうか？」、そして「記念式典には来てくれるのでしょうか？」と尋ねた。そして、彼の答えは、私の人生を変える転機となった。「誰……、誰のことを言っているのだ？」。発明者や技術者の未亡人を除いて、ENIACのプログラム技師の名前は忘れ去られていた。彼女たちは50周年記念式典の招待者リストにさえ載っていなかった。ENIACのプログラム技師たちの物語が、失われようとしていたのだ。

私は、法律事務所に勤務スケジュールの変更を申請した。週4日は通常どおり働き、残り1日をENIACのプログラム技師を探すことに費やした。

§

50周年記念式典の前夜、私はワシントンDCからベティ・ホルバートンと彼女の友人ドナ・デュバルを乗せて、吹雪の中、フィラデルフィアへと車を走らせた。ベティは数年前に脳卒中で倒れ、当初は旅行を躊躇していたが、ドナと私が説得して出席を決意した。ベティが到着すると、彼女は多くのコンピューター関係者から温かく迎えられた。

ＶＩＰ祝賀会にはケイとベティしか招待されなかったので、私は私的なＶＩＰイベントを開催した。ホテルの一室で、ＥＮＩＡＣのプログラム技師たちとそのゲスト、さらに写真家のスティーブン・フォークを招いて、晩餐会の前に自分たちの祝賀会を開催した。みんなが写真にポーズをとってくれた。ベティとジョン・ホルバートン、ケイ、ジーンとその娘ジェーン、マーリンとフィリップ・メルツァーが一緒に写真に納まった[訳注2]。そしてもうひとり、この小さな祝賀会には、ウォールストリート・ジャーナル紙のトム・ペッツィンガーが訪れてくれた。彼は私と同じように、ムーア校に電話をかけ、聞いたことのあるＥＮＩＡＣで働く女性の話について質問したのだ。ペン大は何も答えられなかったので、50周年記念式典の素晴らしい主催者であるキャシー・ウォルシュレーガーが、私にトムを紹介してくれたのだ。私は彼を祝賀会に招待し、女性たちが50年前のＥＮＩＡＣのプログラミングの体験談を話してくれることを期待していると伝えた。

トムは、彼女たちの話に熱が入り出すと、ノートをさっと取り出して記録し始めた。それから9か月後、トムはＥＮＩＡＣのプログラム技師や私との多くの議論とインタビューを経て、ウォールストリート・ジャーナル紙にＥＮＩＡＣのプログラム技師に関するコラムを2本掲載した。彼はシリコンバレーの技術系起業家について毎週連載しているコラムの中で、現代の起業家が知っておくべき話としてＥＮＩＡＣのパイオニアたちの物語を紹介した。

50周年記念式典の後は、私の人生が急速に動き始めた。ミッチ・ケイパーとケイパー・ファミリー財団から助成金を得て、ＥＮＩＡＣのプログラム技師たちの広範なオーラル・ヒストリーの研究とその映画化ができた。国会図書館では、図書館の奥底から取り出した１９４０年代、１９５０年代のコンピューターやプログラミングに関する書籍を科学技術閲覧室に持ち込み、それらを収納するための机と棚を用意してもらった。私は、６か月をそこで過ごした。

§

１９９７年、私はローランド社のデビッド・ローランド、撮影監督のシーラ・スミス、音響技師のメアリー・キーグラーとともに、フィラデルフィア近郊のケイ、マーリン、ジーンの自宅と、ワシントンＤＣ近郊のベティの高齢者住宅施設の図書室を訪れた。撮影はデビッドが監督し、私がインタビューを実施した。何ページもの質問を縦長のリーガルサイズの紙にきちんと打ち出して臨んだ。これらのインタビューは、私の２０１４年のドキュメンタリー映画『The Computers: The Remarkable Story of the ENIAC Programmers（計算手たち）』、そして本書の基礎となった。

このドキュメンタリーの制作資金は、ミーガン・スミスを通じて、ルーシー・サウスワース・ペイジとアン・ウォジツキの財団から提供された。私は生涯にわたって彼らに感謝の念を抱き続けるだろ

訳注2……ＥＮＩＡＣ50周年の特別レセプションの様子は、写真5-2を参照。

う。

ＥＮＩＡＣのプログラム技師たちのニュースは徐々に広まっていった。ジーンの息子であるティム・バーティクは、１９９７年に彼女たちを「ＷＩＴＩ（Women in Technology International Hall of Fame）」入りに推薦した。１９９９年にはサンフランシスコで開催されたチューリング賞の基調講演者として、計算機協会（ＡＣＭ）会長のバーバラ・シモンズがケイとジーンを指名した。２００８年にはコンピューター歴史博物館（ＣＨＭ）がボブ・メトカーフ、リーナス・トーバルズとともにジーンを「フェロー」に指名した（私がジーンを推薦したのだが、ＣＨＭ議長から式典に招待されるまで彼女に伝えることはできなかった）。ジーンは、シリコンバレーで行われた準正装の式典に私を招き、ＣＨＭは彼女の５世代にわたる家族を快くもてなしてくれた。

§

翌日の夜には、ＣＨＭはジーンのためのＶＩＰ祝賀会を開き、さらにナショナル・パブリック・ラジオの『ナイトリー・ビジネス・リポート』の創設者であるリンダ・オブライアンとの「炉辺談話」というビッグイベントを催した。

しかし、果たして誰が来てくれるのだろうか？　ＥＮＩＡＣのプログラム技師の物語は、まだ十分に知られていなかった。そこで私の友人であり、電子フロンティア財団の会長を長年務めたブラッド・テンプルトンと私は「娘さんを連れて、ジーンに会いに行こう」というくだけたタイトルの宣伝キャンペーンを独自に展開した。ブラッドがシリコンバレーの女性ブロガーを紹介してくれて、彼女たちが拡散してくれた。

その当日の夜、果たして誰が来るのかわからず、息を潜めていた。それから400脚の椅子が並べられた館内最大の部屋に、女性のプログラマーやエンジニア、なかには娘を連れた人もやってきて満員になった。男性の来場者もいた。CHMがこれまで開催したなかで、若い人や女性を最も集客したことに主催者の顔は輝いた。

私は（当時は製作中だった）ドキュメンタリーの予告編を上映し、リンダ・オブライアンがジーンにインタビューを始めた。両者は正面の小さなステージに置かれた大きな木製の布張りの椅子に座った。話の途中で、会場の照明がすべて消えた。後で確認すると、技術スタッフから、照明には動体検知機能がついていたのだと聞かされた。ジーンの言葉に聴き入った400人の観客が動きを止めたため、照明が消えたのだという。技術スタッフは「こんなことは初めてだった」と微笑んだ。

2004年にシカゴで開催された「グレース・ホッパー会議」にケイが招聘されたときも、彼女は注目の的だった。コンピューター・プログラミングの分野でキャリアを積もうとしている若い女性たちが、ケイとそのキャリアについてもっと知ろうと熱心に質問していたのだ。

§

しかし、障壁は残っている。コンピューター史のコミュニティで私の研究を説明しようとすると、厳しい反応が返ってきた。ある会話の中で、ウィリアム・アスプレイ博士は私を「歴史修正主義者」と非難し、話題を変えてしまった。それでも年配の歴史学者たちが、晩年のＥＮＩＡＣのプログラム技師たちへのインタビューに詰めかけるのを、私は誇らしげに見ていた。２００９年、サバンナで「ＩＥＥＥコンピュータパイオニア賞」を受賞したジーンにインタビューした際、マイケル・ウィリアムズの顔は生き生きとしていた。

最近になって、若手のコンピューター史研究者たちがこのような性差別主義的な敵対者という立場を取り始め、彼らは記録を正し、初期のプログラミングの物語を根絶しなければならないと感じているようだ。２０１０年、ネイサン・エンスメンガーは『The Computer Boys Take Over（コンピューター少年が乗っ取る）』という本を出版した。その表紙には、メインフレームコンピューターの前に立つ白人の男性が描かれている。彼はＥＮＩＡＣのプログラム技師たちを「美化された事務職員」と貶め、出典も示さずに「コーダーたちは明らかに知性、専門性という点で組織階層の末端だった」[2]と述べている。もしケイ、ジーン、ベティ、マーリン、ルース、フランがここにいれば、これらの奇妙で根拠のない主張に対して反論できたことだろう。

さらに、『ＥＮＩＡＣ：現代計算技術のフロンティア』（邦訳：共立出版刊）訳注3を書いたトーマス・ヘイグとその共著者たちも、ＥＮＩＡＣのプログラム技師の仕事に価値を認めることを積極的に排除している。彼らはプログラム技師たちを「オペレーター」以上の肩書きで呼ぶことを拒み、数学やコンピューティングに関する彼女たちの仕事の革新性と深遠さを否定し、彼女たちのオーラル・ヒストリーの価値を認めようとしないのである。彼らは、ウォルター・アイザックソン訳注4や私を含め、ＥＮＩＡＣのプログラム技師たちの物語を語ろうとする人々を積極的に貶める集団の一員なのである。

ＳＦ作家でデジタル著作権の第一人者であるコリイ・ドクトロウは、２０１９年の「Ｂｏｉｎｇ」のウェブ記事で、ネイサンとトーマスの仕事に対する懸念を示した。彼は、「プログラム技師たちの孫の世代」と呼ばれるほど若手のコンピューター史研究者たちが「初期のコンピューター・サイエンスに関して性差別的で修正主義的な歴史」を記す役目を買って出ており、その書籍の中では「女性たちは現代的なプログラミングを発明し、その後すぐに、歴史の記述に登場しなくなる」と書いた。[3]

訳注3……『ＥＮＩＡＣ：現代計算技術のフロンティア』（トーマス・ヘイグ他著、羽田昭裕・川辺治之訳、共立出版、２０１６年）では、オーラル・ヒストリーではなく、構築当時の文献に基づいて、「プログラム」という用語がＥＮＩＡＣにおいては現代とは異なる意味で使われ、現代の意味に相当する行為は「設定（set up）」と呼ばれていたこと（第2章）、ＥＮＩＡＣ6は（現代とは異なる意味だという注釈付きで）「オペレーター」と呼ばれていたこと（第3章）を示している。しかし、クレイマンなどの業績に触れるなかで、ＥＮＩＡＣのオペレーターが「プログラムした」と記述する一方、ＥＮＩＡＣ6に関するアイザックソンの記述を揶揄するように紹介している（第12章）。

訳注4……ウォルター・アイザックソンは、『イノベーターズ：天才、ハッカー、ギークがおりなすデジタル革命史』（井口耕二訳、講談社、２０１９年）の中で一章を割き、ＥＮＩＡＣ6のコラボレーションの様子を伝えている。

こうした差別的な反発がなければ、この見過ごされてきた歴史を語ることは確かにもっと容易だったであろう。いったいオーラル・ヒストリーに何の問題があるのだろうか？　私はオーラル・ヒストリーのパイオニアであるラドクリフ・カレッジのルース・エドモンズ・ヒルが「黒人女性オーラル・ヒストリープロジェクト」[4]のインタビューを行い、それを文字に起こして共有するのを見て学んだ。彼女はこれまで記録されたことがなく、歴史的にも重要視されてこなかったアフリカ系アメリカ人の老女の経験を取材した。

私たちはルース・ヒルが、見過ごされてきた、極めて重要な歴史をとらえ、大きな空白を埋めていくのを、目の当たりにした。ルース・ヒルは、歴史学者が無視しがちな女性やマイノリティの物語を書き留めたいのであれば、オーラル・ヒストリーを収集し、それに携わることが歴史を記述する者に求められると教えてくれた。一般的に、軽視されているグループの人々は、文書による記録が残らない。その隔りを埋め、取り残された重要な物語や人生を伝えるのは、オーラル・ヒストリーの専門家たちの責務である。

§

私はＭＩＴプレスが自社の本をもっと注意深く精査し、『Men, Machines, and modern Times（男性、機械、そして現代）』（１９６８年）、『A Few Good Men from UNIVAC（ＵＮＩＶＡＣからきた数少ない善良な男たち）』（１９９０年）（実際は善良な男性と女性であったことが、写真からも明らかである）、『The

Computer Boys Take Over（コンピューター少年が乗っ取る）』といったタイトルを使うことを再考し、控えるようにしてほしいと思っている。これらのタイトルは、コンピューター・サイエンスやコンピューティング分野が熱心に呼び込もうとしている幼少期の女性たちや、そうした排他的な環境を求めていない男性たちを遠ざけてしまう。

幸いなことに、ジョン・モークリーやプレス・エッカートには、性差別的な意識や行動はなかった。彼らは「固定観念にとらわれない」発想ができ、粘り強く働く人なら誰でも雇い、養成し、教育し、耳を傾け、発明を後押しした。そのなかには、女性も男性も、移民も、さまざまな宗教や人種の人たちも含まれていた。彼らが求めたのは最高の人物で、出身国、人種、宗教、性別は問わなかった。シリコンバレーの企業の幹部にいる私の友人たちは、このようなインクルーシブで多様性に富む環境こそが、今日の最高の技術プロジェクトの成功の鍵だと言う。

ＥＮＩＡＣのプログラム技師は私のロールモデルであり、さらには私の仲間だった。若い女性として、コンピューター・サイエンスの受講を続けるべきか迷った時期に、彼女たちが私にインスピレーションを与えてくれた。私がインターネットの法律や政策、そしてＩＣＡＮＮ（Internet Corporation for Assigned Names and Numbers）の創設メンバーとしてキャリアを築けたのは、彼女たちの仕事に励まされたからである。シアトル国際映画祭で私のドキュメンタリーが上映された際、グーグル、マイクロソフト、アマゾンで働く若い女性たちが涙ぐんでいるのを見て、ＥＮＩＡＣのプログラム技師の物語が彼女たちをも勇気づけていることがわかった。私は、この本で語られる物語が、あらゆる人にとって、コンピューティングやプログラミングの分野に入ること、あるいは自分の好きなキャリアを模索することへのきっかけを与えるものであってほしいと願っている。第2次世界大戦中、この国は重要な仕事のために、最良の才能を活用する必要がある、ということを学んだ。それは今日でも同じことが言える。

あとがき

私は幸運にも、6人のENIACプログラム技師（ENIAC6）のうちの4人と親交を持てた。彼女たちは私に自分たちのオーラル・ヒストリー、洞察と物語、そして家庭についても話してくれた。彼女たちは私の師となり、友人となり、さらには私の子供たちに会ってひらめきを与えてくれた。マーリンの家を訪れた際、まだ幼かった私の2人の子供が、彼女の小さなグランドピアノを楽しそうに叩いていたのを見て、私は少し動揺したが、マーリンがそれを見て微笑んでいたことを、私は決して忘れないだろう。

ENIAC6はそれぞれ、とても充実した豊かな人生を歩んだ。彼女たちは家庭を築き、多くの人がキャリアを続け、地域社会に貢献した。以下は、ENIACの仕事を終えた後の彼女たちの活動の例、それもほんの一例である。

キャスリーン（「ケイ」）・マクナルティ・モークリー・アントネッリ（1921〜2006）

ケイは、結婚後も夫のジョン・モークリーと密接に関わって仕事をし、毎晩仕事が終わると、彼の発明や挑戦、エッカート・モークリー・コンピューター社やその後続の会社の目標について話し合っていた。正式に再就職したわけではないが、彼の著作のほとんどを編集し、多くの時間をプログラミングやプログラム技師についての語りに費やした。のちにケイは、「彼は本気で、女性のほうが男性よりもずっと優れたプログラマーになれると信じていました。彼はその点で正しかったのかもしれません」[1]と語っている。

1950年2月、かつてはフィラデルフィア市外の農村部だったが、今は無秩序に都市化が進んでいるペンシルベニア州アンブラーで、18世紀に建てられた大きな農家を見つけた。その農家は50エーカー［約20ヘクタール］の土地に囲まれており、彼らはそれを「リトル・リンデン・ファーム」と名付けた。そこで、サリー、キャシー、ビル、ジニ、エバという5人の子供と、ジョンの2人の子供シドニーとジミーを育てた。「まさに天国そのものでした」[2]とケイは語った。

来客のための十分な空間があり、コンピューター界の人々はケイとジョンの家の玄関先やダイニングルームのテーブルにまで押し寄せた。ダグラス・ハートリー夫妻は英国から来訪した際にはいつも滞在し、ムーア校の講義を受けた後、英国でプログラム内蔵型コンピューターを自作したモーリス・

ウィルクスも英国から訪れるたびに立ち寄った。ニック・メトロポリスやスタン・フランケルも、この地域にいるときはいつも立ち寄った。海軍大佐のグレース・ホッパーさえも、モークリー一家の夕食に参加した。[3] ケイは積極的に活動し、折に触れて子供たちの学校で臨時教員をしながら、ガールスカウト団やカブスカウトの隊を指導していた。

1967年に提訴され、1973年に判決が下されたハネウェル社対スペリー・ランド社のENIAC特許無効訴訟は、ケイとジョンに多大な苦痛を与えた。その裁判は、遠く離れたミネアポリスで行われ、ジョンは裁判中重病だった。また、ケイはスペリー・ランド社がジョンとプレス、そして彼らの功績に対して、決して良い弁護をしてくれないと感じ、憤慨していた。この裁判の模様は、「原著が」1999年に出版された『ENIAC：世界最初のコンピュータ開発秘話』（邦訳：パーソナルメディア刊）（元ウォールストリート・ジャーナル記者スコット・マッカートニー著）で語られている。

1970年代半ばから後半にかけて、ケイはジョンとそろって、パソコンを作る若い愛好者たちと交流した。このとき初めて、彼女は自分自身の話や初期のプログラミング業務について語り始めたのである。1980年にジョンが亡くなった後も、彼女は自分の仕事とENIACという金字塔について語り続けた。1986年のENIAC40周年記念式典で行った彼女の短いスピーチ「回想」では、1940年代初期のムーア校で女性という存在がいかに奇妙なものであったか、1946年の男女からなるENIACチームの女性メンバーとしていかに楽しいときを過ごしたかを述べている。

1980年代半ば、ケイは有名な写真家セヴェロ・アントネッリと婚約し、彼女の友人であるEN

ＩＡＣのプログラム技師たちを呼んで、ささやかな同窓会を開くことにした。それは公開実験の日から40年後のことである。フィラデルフィアからジーン、ペンシルベニア州ヤードリーからマーリンとフィリップ・メルツァー、メリーランド州ポトマックからベティとジョン・ホルバートン、ニューヨーク州サヨセットからフランとホーマー・スペンス、テキサス州ダラスからルースとアドルフ・タイテルバウムなど全員が集まった[訳注1]。１９９６年に、ケイと仲間のＥＮＩＡＣのプログラム技師たちは、ＷＩＴＩ（Women in Technology International）の殿堂入りを果たした。ケイ本人は出席できなかったが、このイベントが知れ渡ったおかげで多くの講演依頼が舞い込み、全米各地で講演するようになった。ジーンと一緒に話すことが多かった。ふたりはシアトルのマイクロソフト・キャンパス、ボストンやニューヨークのＷＩＴＩイベント、フィラデルフィアのイベントなどを訪問し、語った。

２０００年代初頭、アイルランドのドキュメンタリー作家がケイを見つけ、ドキュメンタリーの撮影のためにアイルランドに来ないかと誘ってきた。ケイは快諾し、ジーンにも同行を求めた。ケイはリムリック大学で講演し、「そこでカメラマンとクルーが私たちを出迎えてビデオ撮影をしてくれました」。さらには、ダブリン大学、レタケニー工科大学でも講演し、「素晴らしい時間を過ごすことができました」と書いている。「彼らは私の名前をつけた賞を創設してくれました。その賞は、毎年コンピューター・サイエンスの最も優秀な学生に贈られるものです」[4][訳注2]。ケイにとって、こんなにも嬉しいことはなかった。

ケイは２００６年に亡くなり、その後は娘のジニが、母が受け続けている栄誉の場でスピーチを行った。2017年にはジニがダブリン市立大学へ行き、コンピューター・サイエンス棟が母を讃えるためにマクナルティ棟に改名された際の命名式に出席した。2019年にはケイがアイルランド系米国人の殿堂入り[5]を果たし、シカゴを訪れた。ジニは、母がかつて通っていたチェスナットヒル大学の振興機関の研究・データ管理担当シニアディレクターを務めている。

ルース・リクターマン・タイテルバウム（1924〜1986）

ルースは、1948年末にアバディーン性能試験場での仕事を終えてムーア校に戻ったが、わずかな期間しか滞在しなかった。その年の初めにハネムーンで中西部と南西部を旅行したルースとアドルフは、テキサスに惚れ込んでしまったのだ。アドルフがダラスでビジネスを始める機会を得たとき、ふたりは「自分たちのビジネスをする好機だ」と飛びつき、新天地テキサスに移り住んだ。

アドルフは自動販売機の会社を始め、ルースもそれを手伝った。カップを供給し、パイプを通してホットコーヒーを（そして、右ボタンを押せば砂糖液も）注ぐ、当時最新鋭のコーヒーメーカー用に、

訳注1……1980年の同窓会の様子は、写真5-1を参照。

訳注2……レタケニー工科大学（2022年に他の2大学と合併してアトランティック工科大学となっている）は、1986年にケイ・マクナルティ賞を設け、メダルと奨学金を授与し続けた。レタケニーはケイの生地クリーズ・ラフから40キロメートルの場所にある。

ふたりは毎朝砂糖と水の混合液をかき混ぜていた。この会社は軌道に乗り、アドルフ・コーヒー・サービス社は、現在も彼らの息子ジェイ・タイテルバウムによって経営されている。[6]

ルースは、ポロック・ペーパー社の初期のコンピューター部門に勤務し、その後、チャンス・ヴォート・エアクラフト社のコンピューター部門に移った。チャンス・ヴォート社は、第2次世界大戦中、海軍の空母に発着できる航空機を何千機も設計・製造していた会社である。1954年に次男のデビッドが生まれるまで、彼女は働き続けた。

その後は子育てに専念し、家計の管理にも深く関わった。家族の株式ポートフォリオを管理し、うまく運用していたと、息子たちは記憶している。毎日ウォール・ストリート・ジャーナル紙を読み、毎晩家族と夕食前に、ビジネスやニューヨーク証券取引所についてアドルフと話していたという。

ルースの息子夫婦の記憶では、ルースとアドルフは仲の良い夫婦で、彼らを知る人たちの手本であり、多くの友人たちとも親しくしていた。彼らは、ルースを寛大で温かい人だったと覚えている。

1970年代のENIAC特許裁判の際、ルースはバージニア州アーリントンの法廷に出頭し、1940年代半ばのENIACでの仕事について宣誓証言した。

アドルフが引退し、息子のジェイに引き継いだ後、彼とルースは国内を旅行し、高齢者向けホステルに滞在しながら、一緒にハイキングしたり、新しい場所を見たり、新しい発見を楽しんだ。

長年にわたり、ルースとアドルフはマーリンとフィルと連絡を取り合い、彼らが家族を訪ねてフィラデルフィアを訪れたときには一緒に過ごした。1985年、ケイが同窓会に招待した際も、彼女たちは出席し、楽しいひとときを過ごすことができた。それは、ＥＮＩＡＣのプログラム技師が一堂に会する最後の機会でもあった。ルースは翌年、ＥＮＩＡＣの40周年を目前にして、亡くなってしまった。

１９９７年にＥＮＩＡＣのプログラム技師がＷＩＴＩの殿堂入りを果たした際、アドルフはルースの功績と彼女の遺産を称えようと出席した。彼はステージに上がった唯一の男性だった。

フランシス・ビーラス・スペンス（１９２２〜２０１２）

フランは、結婚後もしばらくアバディーンで働き続けた。ホーマー・スペンスが数年間ＥＮＩＡＣの仕事を続けたので、それは容易なことであった。フランは、ジョセフ、リチャード、ウィリアムという３人の息子の母親となり、母親と妻としての役割を楽しんだ。その後、ホーマーがニューヨーク州のサヨセットに職を得ると、一家はそこに移り住み、新しい根を下ろした。

１９８５年のケイの同窓会では、フランとホーマーが微笑んでいる写真が残っているが、フランはその後の記念式典には出席せず、オーラル・ヒストリーのプロジェクトへの参加も辞退した。１９９６年のＥＮＩＡＣ50周年記念の頃、ホーマーは体調を崩していたため、フランの参加が難しくなったと聞いた。[7] フランは、２０１２年に亡くなった。

マーリン・ウェスコフ・メルツァー（1922〜2008）

結婚後の最初の10年間、マーリンとフィルはニュージャージー州トレントンのフィルの歯科医院の上に住んでいた。どんな困難にも立ち向かったマーリンは、歯科用X線撮影の資格を取得し、長年にわたって患者のX線撮影を担当した。彼女は詰め物のアマルガムの混合、衛生士の仕事、電話応対、予約の手配、請求書や支払いの処理など、他の仕事も覚えた。開業間もない歯科医院が必要とすることは何でもこなした。

1957年、彼らはペンシルベニア州ヤードリーで明るい窓のある大きな家を買った。そこは、独立戦争中にジョージ・ワシントン将軍と彼の部隊がデラウェア川を渡り、重要な戦いに勝利した有名な場所からそう遠くなかった。

マーリンとフィリップは2人の子供、ジョイとヒューを育て、生涯ヤードリーに住み続けた。

マーリンは長年にわたって女性の職業訓練と就職を支援し、困窮家庭のために資金調達する地元団体に参加した。彼女は多くの団体で理事を務め、会計や書記として非営利団体の使命のために常に努力を惜しまなかったが、スピーチをするのが好きではなかったため、会長や副会長といった役職は望まなかった。

マーリンは自身の編み物の腕前を謙遜していたが、がん患者の大人や子供のために編んだ数千もの帽子によって、地元の病院に名を知られるようになった。

マーリンとフィルは、当時はまだ米国人があまり訪れていなかった中国、香港、イタリア、ギリシャ、タイなどを旅行した。クルーズ船でソビエト連邦のサンクトペテルブルグに行き、1764年にエカチェリーナ大帝が収蔵を始めた、世界で2番目に大きな美術館であるエルミタージュ美術館を見学した。

イスラエルにも頻繁に訪れていたが、それは単なる観光目的ではなかった。フィルとマーリンはあるキブツ［農業共同体］を選んで、そこに滞在し、年に1回、会員制で無料の歯科診療を行った。フィルの引退後に、そのキブツに行く際は1か月間滞在し、小さな歯科医院で仕事をするようになった。

1997年、WITIの殿堂入りのためにカリフォルニア州サンタクララを訪れたマーリンは、テクノロジーやコンピューティングの分野で働く何千人もの若い女性たちと出会えて、とても喜んだ。「目が覚めるような、とても刺激的な経験でした」[8]と語っている。

ジーン・ジェニングス・バーティク（1924〜2011）

ジーンもベティと同様、ジョンとプレスに合流し、エッカート・モークリー・コンピューター社で働いた。2年半ほど、BINAC《バイナック》とUNIVAC《ユニバック》 I《ワン》のプログラム技師として活躍した後、UNIV

ACIの論理設計者になった。ビルがワシントンDCで就職すると、ジーンは、その頃エッカート・モークリー・コンピューター社を吸収合併したレミントン・ランド社のワシントンDCのオフィスで職を得ることができた。数年後、ふたりはフィラデルフィアに戻り、ジーンは家で、ティム、ジエーン、メアリーという3人の子供の子育てに専念した。彼女は、母親でいることがとても好きだった。

ジーンは女性有権者連盟や地元の小児病院で活発に活動し、1967年にペン大に復学して教育学の修士号を取得した。離婚後、仕事に復帰し、アウアーバッハ出版社のアイザック・アウアーバッハのもとで、当時の「ミニコンピューター」を特集した雑誌「アウアーバッハ・ミニコンピューター・レポート」の編集者になった。ミニコンピューターは、今日の基準からすればまだ大がかりなコンピューターであったが、ENIACを含むそれ以前のコンピューターと比較すれば「ミニ」であり、コンピューターの能力を、より多くの中小企業や組織にとって手の届くものにした[9]（1970年当時のほとんどのミニコンピューターの価格は1万ドルから2万5000ドルで、当時のメインフレームよりはるかに安価であった）。

ジーンはコンピューターを使う新しい人々に、彼らのニーズに合った機種を見つけるための手助けをすることに喜びを感じていた。アウアーバッハ出版社で10年近く勤めた後、インターデータ、ハネウェル、データディシジョンズなどのハイテク企業に入社した。

ジーンはWITIに殿堂入りした。その後すぐに、近くのノースウエスト・ミズーリ州立大学（N

WMSU）に通っていたジェニングス家の若い従弟が、ジーンの功績を大学に伝えた。同校の情報システム担当副学部長ジョン・リックマンがジーンに連絡を取り、2001年7月、ジーンの写真がノースウエスト同窓会誌の表紙を飾った。「コンピューターのパイオニア、ジーン・バーティク、45年卒、機会の扉を開く」というタイトルであった訳注3。1年後の2002年4月27日、ジーンは卒業式のスピーカーという名誉を手にし、卒業式に総長と並んで誇らしげに行列に加わった。ジーンは卒業式のスピーチについて入念に準備し、「人生の10の格言」というタイトルをつけた。彼女は若い卒業生に対して、長年の仕事と経験から学んだアドバイスを送り、その中には次のようなものがあった。

＃1　夢見れば、報われる……。

＃3　好機がノックしてきたら、その扉を開けるのだ……。

＃5　新しく刺激的なことは、退屈でつまらないことに勝る……。

そして最後は彼女のお気に入りのフレーズで締めくくった。「女の子をミズーリから引きずり出せても、女の子からミズーリは引きずり出せない」と言って、からからと笑った。[10]

NWMSUはジーンのコレクション、ファイル、回想録を保管する施設を設立し、現在はジーン・

訳注3……ノースウェスト大学同窓会誌に掲載されたジーンとケイは、写真5-3を参照。

ジェニングス・バーティク・コンピューティング・博物館の一部となっている。この博物館には、ジーンが大切にしていたENIAC、BINAC、UNIVAC、ミニコンピューターなどの覚え書き、図面、写真などが展示されている。

ジーンの原稿は、NWMSUのジョン・リックマンとキム・トッド、そして息子のティム・バーティクによって編集され、『Pioneer Programmer: Jean Jennings Bartik and the Computer that Changed the World（パイオニア・プログラマー：ジーン・ジェニングス・バーティクと世界を変えたコンピューター）』という本が出版された。この本は、コンピューターに関する深い知識と、率直さ、強いユーモアが感じられるジーンならではの文体で書かれている。

フランシス・エリザベス（「ベティ」）・スナイダー・ホルバートン（1917〜2001）

ベティがコンピューティングやプログラミングの分野で果たした幅広い貢献を、ほんの数段落でまとめるのは不可能である。彼女は1940年代半ばにコンピューティングの世界に入り、1980年代初頭まで途切れることなくキャリアを重ねた。その間、彼女は最初の現代的なソート・ルーチンや極めて初期のソフトウェアアプリケーションを含む、プログラミングのための最先端のツールを生み出した。1947年9月15日、彼女、ジーン、グレース・ホッパーは、ジョン・モークリーや初期のプログラミングのパイオニアたち二十数名とともに、コロンビア大学で計算機協会（AC

Ｍ）の設立に署名した。ＡＣＭはコンピューティングとプログラミングの教育・研究に取り組んでいる。

性能試験場での弾道研の仕事を終えたベティは、エッカート・モークリー・コンピューター社（ＥＭＣＣ）に10番台の従業員のひとりとして入社した。彼女の等級は「マネージャー」とされ、肩書きは「エンジニア」に昇格した。

プレスが磁気テープとテープドライブを設計し、入出力システムが必要になると、ベティにその設計と作成を依頼し、彼女はそれを実現した。それは非常に汎用性の高いもので、データを保存し、順方向にも逆方向にも読み取ることができた。

ＵＮＩＶＡＣの命令コードが必要になったとき、ジョンはベティにその作成を依頼した。その結果生まれたものがＣ-10という命令コードであり、ＵＮＩＶＡＣ Ｉに搭載された。ベティのＣ-10はとても強力であり、表意的で覚えやすかったと、ＥＭＣＣのＵＮＩＶＡＣプログラム技師で、のちにハーバード大学の情報技術担当副学長になったミルドレッド・コスが述べている。

その後、ベティはＣ-10を使ってソート・ルーチンを作り、すべてのＵＮＩＶＡＣ Ｉとともに出荷されるよう主張した。彼女のソート・ルーチンは、１９５０年代の「キラーアプリケーション」となった。

ドナルド・クヌース教授は、著書『The Art of Computer Programming 3：ソートと探索』（邦訳：アスキー刊）の中で、ベティの画期的なソート・ルーチンを「６個の入力バッファを使って、読み、書き、計算を完全に重ね合わせる」訳注4と表現している。2001年にニューヨーク・タイムズ紙に掲載された彼女の訃報で、クヌースはベティを「真のソフトウェアのパイオニア」と賞賛した。

ベティは、企業がコンピューターをどう活用できるか考えるために、ジョン・モークリーとあちこちに出張していた。保険料や支払いなどの顧客データで溢れかえっているプルデンシャル保険会社や、思うように調査処理を進めることができていなかった全国規模の調査会社ニールセン社に話を聞き、両社とも、UNIVACの初期の顧客となった。

1950年、ベティはジョン・ホルバートンと結婚したが、新婚旅行を1年遅らせて、ジョンとプレスとともに初代UNIVAC Iの出荷準備に取りかかった。1年後、ふたりは船で英国に渡り、念願の新婚旅行に出かけた。

ベティは、新しく強力なプログラミング言語の作成とテストにおいて重要な役割を果たした。COBOLの初期報告書の編集責任者を務め（この言語の編集者として、この新しい言語に取り入れられる前に、すべての命令や仕様をレビューした）、また、同じく初期の強力なプログラミング言語であるFORTRANの重要なテストルーチンも書いた。

たいていの場合、メリーランド州ポトマックで働く母親は、ベティ1人だけだった。仕事を終えて家に帰ると、第二の勤務が始まり、娘たちのガールスカウト団の指導者や他の活動をこなした。ベティとジョンの2人の娘、プリシラとパメラは、食卓で多くのコンピューターの話を耳にした。ベティによると、幼い頃から、彼女たちは遊び言葉の一つとして「ハードボール、ソフトウェア、コボル」

と叫んで庭を走り回っていたという。

１９６０年代、ベティとジョンはベトナム戦争に反対し、ともに軍務から離れた。ベティは国立標準局に入り、多くのプロジェクトに携わり、多くの役割を担った。ＮＡＴＯがイタリアのコンピューター設備の点検に米国の専門家を必要としていたとき、ベティは問題解決のために派遣された。その後、彼女は磁気テープが大西洋を越えて簡単に行き来できるように、磁気テープの規格を定めたヨーロッパの条約について交渉する米国代表団の一員になるよう依頼された。ベティは、これらのポストでは数少ない女性のひとりであり、心細かった。しかし、それでも彼女は両団体の最上級メンバーとして仕事することを止めなかった。

ベティは生涯にわたって、コンピューター・ユーザーのことを大切に考えていた。「ユーザーは代金を支払う人なので、とても大切でした[訳注4]」と彼女は言った。

ベティは、国立標準局を退職する前に、「特別功労」の銀メダルを授与されている。まれな栄誉であった。商務長官エリオット・リチャードソンは彼女にメダルを手渡しながら、身を乗り出して耳元で「女性がここまで成功したことが嬉しく思う」とささやいた。彼女のキャリアは40年以上に及んだ。

訳注４……クヌースによるベティのソート・ルーチンについての評は『The Art of Computer Programming, Volume 3: Sorting and Searching』、邦訳『The Art of Computer Programming 3：ソートと探索』（ドナルド・Ｅ・クヌース著、有澤誠、和田英一訳、アスキー、２０１５年、３６８頁）を参照。

80歳のとき、脳卒中を起こした後だったが、ベティはワシントンDCからカリフォルニア州サンタクララに移動し、WITIの殿堂入りの式典にENIAC6の他の仲間たちとともに出席した。IBMのメインフレーム部門の責任者であるリンダ・サンフォードが、第2次世界大戦中の6人の女性たちの仕事、弾道の計算、ENIACのプログラミングの概要についてスピーチをした。それまで聴衆の誰もがこの物語を知らなかった。

ベティは短い受賞スピーチを行った。彼女は「公開実験の日」のバグを、自分の最初のループエラーだと冗談交じりに言ったが、やがて真剣な表情になった。

50年前には、WITIのような組織はありませんでした。もしあったら、ありがたかったわ。女性の皆さん。私は、この場のように多くの人が女性を応援する、そんな世の中にできれば、女性一人ひとりの努力が実を結ぶと信じています。まさにそれが必要なのです。そして、女性たちの真価を認める人たちを、私は心から誇りに思います。[12]

ベティの声が震え、涙声となった。拍手が会場に広がった。その直後、広い会場全体で、観客が波のように立ち上がった。まず前方の女性たちが立ち上がり、その後ろの女性たちも立ち上がり、後方まで全員が立ち上がって大波となった。みんなが立ち上がり、拍手をしたり泣いたりしながら、ベティ、ジーン、マーリン、そしてアドルフに思いがけないスタンディングオベーションを贈った。その拍手の音は次第に大きくなり、会場全体に響き渡った。

謝辞

軍事、数学、技術についての話、そして女性の物語を語るには、多くの人々の協力が必要です。私を助けてくれた人々は、遠く離れた場所にいて多様でしたが、共通していたのは、この語られることのなかった物語を共有したいという強い願いでした。

グランドセントラル出版と編集者のスザンヌ・オニールに感謝します。丁寧な編集と、「女性の目線に立つ」ことを常に意識させてくれたことに感謝します。3アーツ・エンターテインメントのエージェント、リチャード・アベイトの素晴らしい指導にも感謝しています。

私をこの道へと導き、ジュニア論文とシニア論文のサポートと励ましを与えてくれたハーバード大学のソーニャ・ミッシェル教授とMITのジョセフ・ワイゼンバウム教授、そして多大なコンピューター・サイエンスの講義をしてくれたシカゴ大学のスチュアート・カーツ教授に、感謝の意を表します。

プリンストン大学情報技術政策センターのフェロー、学生、学者、そしてアメリカン大学ワシントン・ロー・カレッジの臨床プログラムの教授陣や友人たち、その中でもグラシュコ・サミュエルソン知的財産法クリニックのヴィッキー・フィリップス、知的財産・情報正義プログラムのクリスティン・ファーリー、マイケル・キャロル、ショーン・フリン、タフニアット・サウラットら学界の仲間たちには特に感謝しています。

執筆中、専門家として古くからの友人が助言をくれました。その内のひとりのアラバマ大学数学科主任教授のデビッド・クルス・ウリベは、弾道方程式と数値解析技術を何時間もかけて検証してくれました。ミッチェル・ラザロ博士（電気工学者、数学教授、電気通信弁護士）は、ENIACの図面や説明文を掘り下げて調べ、回路基板やプラグボードに関する個人的な経験談を共有してくれました（彼の小説『Inprosion Method』は第2次世界大戦に関する必読書だと思っています）。お二人に感謝します。

本書の基礎となっているのは、ENIACプログラマーたちのオーラル・ヒストリーです。彼女たちの調査や記録は、現代のコンピューターのパイオニアたちの支援なしには不可能だったでしょう。その中には、カリフォルニア大学バークレー校でコンピューター・サイエンスの博士号を取得した最初の女性であり、ACM（計算機協会）の2人目の女性会長であるバーバラ・シモンズ博士が含まれており、私の歴史調査とACMのスポンサーシップを後押ししてくれました。ロータス・ディベロップメント・コーポレーションの創設者であるミッチ・ケイパーは、ケイパー・ファミリー財団を通じて助成金を提供してくれました。それにより、私は数か月の間、議会図書館の科学技術閲覧室で1940年代と1950年代のコンピューター技術について調査できました。そして素晴らしいチームを編成してマーリン、ケイ、ジーン、ベティのオーラルヒストリーを放送品質で克明に記録することができました。

ＰＢＳのシニアプロデューサーであり、過去にピーボディ賞の議長を務めたデイヴィッド・ローランドにも感謝します。オーラル・ヒストリーの制作を指揮し、優れた制作チームを結成してくれました。撮影監督のシーラ・スミス、音響技師のメアリー・キーグラーにも感謝しています。撮影班のほとんどが女性だったことで、ＥＮＩＡＣプログラマーたちは若い頃の苦労話を安心して語ることができました。

その10年後、当時グーグルXの副社長であり、ほどなく米国政府の最高技術責任者となるミーガン・スミスが、アン・ウォジツキとルーシー・サウスワース・ペイジを紹介してくれました。彼女らの財団を通じて私はドキュメンタリー制作と本書のための調査に対する支援を受けたのです。ＢＢＣ、ＷＧＢＨ、フロントラインなどのドキュメンタリー番組で活躍するジョン・パルフレマン博士は、ケイト・マクマホン監督、マーク・ルブリー撮影監督・編集長とともに、受賞作『Computers』を制作していただきました。心から感謝します。また、アドバイザーを務めてくれたテレ・ホイットニー博士、トレーシー・キャンプ博士、ポール・セルージ博士の指導と助言に大変感謝しています。

私の謝辞は、アバディーン試験場の陸軍研究所（ＡＲＬ）に何度も足を運んだことを抜きにしては、成り立ちません。弾道研究所の後継であり、今日の陸軍の主要なスーパーコンピューティングセンターの一つである性能試験場のＡＲＬは、ＥＮＩＡＣに直接つながる系譜を誇らしげにたどっています。

チャールズ・ニーチュビッツ、ロバート・シェロク、ブライアン・シモンズとの出会いは、私にとって大きな喜びでした。ジーンのAPGへの訪問に敬意を表し、第2次世界大戦中の弾道研と性能試験場の様子を探索する手助けをしてくれたことに感謝します。6台の新しいスーパーコンピューターにENIAC6の名を冠したことは、彼女たちの歴史を共有する素晴らしい方法だと思います。

かつてアバディーン実験場にあった陸軍兵器博物館と、その長年の館長であった不屈のウィリアム・アトウォーター博士を懐かしく思います。彼と一日過ごし、第2次世界大戦中と戦後の陸軍砲兵隊の運用における特別なチーム指向のアプローチや、コンピューターや通信の革命がいかに米国砲兵隊を成功に導いたかを学べたことは、私の第2次大戦時の砲兵に関する研究のハイライトとなりました。

ドレクセル大学のコンピューター・サイエンス教授であるブライアン・スチュアート博士にも心から感謝します。Proceedings of the IEEEに掲載された彼の素晴らしい論文『Programming the ENIAC』と『Debugging the ENIAC』をはじめ、私たちとの多くの議論、そして史料、写真、助言、編集に惜しみなく協力・提供してくれました。

ペンシルバニア大学アーカイブズのアーキビストの方々は、私の研究に生命を吹き込むのに役立った報告書、手紙、写真を見つけるのを手助けしてくれました。元アーキビストのゲイル・ピエチシィクは、ラベルのない古いENIACの写真を深く掘り下げて調べ、ENIACプログラマーが50年間見たことのなかった写真を見つけ、ラベル付けするのを手伝ってくれました。最近では、アーキビストのティム・ホーニングとジム・ダフィンが、ＣＯＶＩＤ－19のロックダウン中にもかかわらず、この本のための資料と写真を提供してくれました。それに先立ち、彼らはＥＮＩＡＣプログラマーの子供たちのために特別展を企画し、彼らが見たことのない母親の手紙や写真、報告書（その中には父親宛てのものもあった）を、展示しました。それは、特別な瞬間でした。

チェスナットヒル大学のロレイン・クーン、ペンシルバニア大学キズラック・センターのエリック・ディラローグ、フィラデルフィア自由図書館のマリヤ・グダウカス、そしてテンプル大学図書館特別コレクション研究センターのジョシュー・ウルタドとマージェリー・スライにも感謝します。

自分自身や先駆者のＥＮＩＡＣプログラマーたちの仕事について話してくれた、後期のプログラミングのパイオニアたちとの友情にも感謝しています。そのなかには、ＡＣＭの初代女性会長で長年ＩＢＭのパスメーカーを務めた不屈のジーン・サメットや、ハーバード大学の情報技術グループの統括責任者で、数十年前にエッカート・モークリー・コンピューター社のプログラマーとして長いコンピューター人生を歩み始めたミリー・コスが含まれます。

この本の一文一文に、ＥＮＩＡＣ6に対する私の感謝と尊敬の念が込められていることを願っています。私とこのプロジェクトを受け入れてくれた、ＥＮＩＡＣプログラマーの子孫たちに感謝します。プリシラ・ホルバートン、ジョイ・メルツァー、ジニ・モークリー・カルチェラーノ、ビル・モークリー、ティム・バティーク、ジェーン・バーティク、メアリー・バーティク、デイビッド・タイテルバウム、ジェイ・タイテルバウム、そしてジョー・スペンスには、数え切れないほどの質問に答え、日付を確認し、フレームやフォトアルバムから古い写真を掘り出してもらったことに特に感謝します。ジニがケイの受賞のためにアイルランドを訪れたこと、ティムが母親の自伝『Jean Jennings Batik and the Computer that Changed the World（パイオニア・プログラマー：ジーン・ジェニングス・バーティクと世界を変えたコンピューター）』の編集と普及に努めたことなど、母親や父親の功績を後世に伝えるための努力にも感心しています。プリシラがＥＮＩＡＣプログラマーズ・プロジェクトの最初のウェブサイトをデザインしてくれたことにも感謝します。

ティナ・キャシディとスチュアート・ホロウィッツは、この本の企画書を書き、編集する過程で、貴重なアドバイスと手助けをしてくれました。ジェームズ・グレゴリオ、ジック・ルービン、マーク・ミラーは、素晴らしいアドバイスと助言を与えてくれました。

この原稿を精査してくれたヘレン・エーデルスハイム、無数の質問に答えてくださったグランドセントラル出版のジャクリーヌ・ヤング、３アーツのマーサ・スティーブンス、そして注釈の専門家であるアナリー・グルーセルに感謝します。

最後に、私の家族はかけがえのない支えとなってくれました。父はいつも、ＥＮＩＡＣプログラマーや私の研究内容について質問してきました。父は学位論文執筆のために半導体産業の創始者たちへのインタビューを行い（そのインタビューは現在スタンフォード大学の図書館に保管されている）、この経験から、テクノロジーのパイオニアたちのオーラル・ヒストリーが後世の人々にとって貴重であることを理解していました。

母は、歴史には多くの明確で異なる見方があり、その語り手によって見解が異なるという捉え方を教えてくれました。この作品への多大な貢献に、感謝します。

義父のジェローム・マッシー中佐は、第2次世界大戦中の体験談や、二等兵として北アフリカの砂漠を往復し、イタリアのブーツで行軍し、フランスに出撃し、ドイツに行軍したという話をしてくれました。彼の話は、この作品の背景を形成しています。

私の子供たち、サムとロビンは、数え切れないほどのENIACプログラマーの話を聞き、自分たちでもいくつかの物語を作り出してくれました。サムがジーンと一緒に座って頭を寄せ合い、ジーンが特許文書のENIACユニットの図面を見せたり、ENIACの仕事の面白いエピソードを話したりして笑っていた光景を、私は決して忘れません。別の日には、ロビンが小さなニンテンドーDSを両手に抱えてジーンのもとへスキップして近づき、ジーンがENIACの巨大なサイズについて話をするのを笑って聞いていました。その後、ロビンはドキュメンタリーと本書の熱心な批評家となり、サムはコンピューター・サイエンスの学生たちにENIACプログラマーの話を聞かせるようになりました。

また、弟のスティーブには、数え切れないほどの写真やファイルの箱を運んでもらい、執筆事務所との往復を手伝ってもらいました。

最大の感謝を捧げたいのは、私の夫でありパートナーであるマーク・マッセイです。自称「古い技術者」であるあなたは、14年前からこの旅に加わり、この物語のあらゆる面で、私の相談相手、支援者、励まし役、事実確認者、技術デバッガー、編集者、討論者になってくれました。

最後になりましたが、この物語の研究と語りにご協力いただいた皆様、また、ENIAC6の物語を活用してご自身の物語を語り、課題を共有し、人とのつながりを構築し、コンピューティング分野での研究を裏づけしている皆様に感謝します。そして、皆さんの娘さんや息子さんに、STEM（科学、技術、工学、数学）の分野でキャリアを積むことを勧めてください。プログラミングのパイオニアたちの語られることのなかった物語を伝えるためにも、そしてすべての人にSTEMへのキャリアの扉を開くためにも、地球規模で協力し合うことが必要なのです。

訳者あとがき

本書は“*Proving Ground: The Untold Story of the Six Women Who Programmed the World's First Modern Computer*”, *Kathy Kleiman, Grand Central Publishing, 2022*）の全訳である。

これは、プログラマーという職業を生み出した6人の女性の物語である。

著者のキャシー・クレイマンは、ＩＣＡＮＮの創設など幅広い活躍で知られるが、特に計算手の中からＥＮＩＡＣでプログラミングするために抜擢された6人（ＥＮＩＡＣ６）の存在を再発見したことで米国のコンピューターサイエンスに関わる人々の間で広く知られ、著述・映画・講演などで彼女たちを紹介し続けている。

本書を通読していただければ、この6人がオペレーティングシステムもプログラミング言語もない環境で、まだ発展途上で教科書もなかった数値解析を学び、その斬新な機械の設計者の知と世界有数の数学者・物理学者の知とを橋渡しし、チームワークと洞察力によって困難な課題をやり遂げたことがわかるだろう。そして、彼女たちの物語が、世界を代表するＩＴ企業の女性技術者を力づけてきたことを理解できるだろう。

コンピューターサイエンスのみならず、工学部に女性は少なく、日本に限れば理学部も女性が少ないというのが現状である。ＯＥＣＤの調査では、その大きな理由のひとつは職業への意識が芽生える頃に実例となる人たちを具体的にイメージできないことだといわれている。このような状況を打ち破ることを狙い、著者は自身のロールモデルでもある６人の物語を提供している。それは序章の冒頭で颯爽と登場するケイ（０１３頁）、フラン（０１８頁）、ベティ（０３９頁）、マーリン（０５３頁）、ルース（０７２頁）、ジーン（１１２頁）であり、オーラル・ヒストリーに基づいて、彼女たちの偉業の全体像はもとより、生まれや育ちの多様さ（１４１頁）や、その後に選択したライフコースを丁寧に記述することで、それぞれの人物を豊かに描いている。

訳者は、ＥＮＩＡＣを生み出したモークリーとエッカートが発明したメインフレームコンピューター（ＵＮＩＶＡＣ）上でのソフトウェア開発を手始めに、ＩＴ業界で働いてきた。現在は、次世代が生活の選択の幅を広げることに貢献できるよう教育や研究に取り組んでいる。その視点から、ＥＮＩＡＣの計算手がどのようにプログラマーとなったかという本書の大きな主題について解説を試みる。

計算手からプログラマーへの変容の実像を理解するには、まず計算手（０２２頁）について知る必要がある。本書は「新たなプロジェクト」（１５２頁）まではＥＮＩＡＣを後景に置き、それまでの前半部において現在では実感を持ちにくい計算手の姿の描写に重点を置き、後半でＥＮＩＡＣ上のプログラミングを描き、その転換点となる４つの章（１３０～１５７頁）のあらましを序章で示す、という構成になっている。

この変容に影響したと思われるのが、ＥＮＩＡＣへの期待の変化である。フィラデルフィアのペンシルベニア大学で構築され、１９４６年に公開されたＥＮＩＡＣは、世界最初のプログラム可能な汎用電子計算機として大きな衝撃を与えたことで知られている。その出資者は原題の「Proving Ground（性能試験場）」の一角にある米国陸軍の弾道研究所であった。性能試験場は、武器や軍事戦術などの技術を実験・検証するための米国陸軍の施設であり、メリーランド州アバディーンに位置している。出資者からすると機械は手段に過ぎず、当時の人間が直面しているにもかかわらず、手計算や当時の計算機では到底答えを出せない問題を高速に解くことが目的だった。当初弾道研究所が求めていたのは、機械そのものより弾道計算の高速化だったが（１５３頁）、のちには新しい計算機の特性を活かした今でいうプログラムやソフトウェアと、その品質を保証する手段や方法に期待が移っていったと推測される。１９４５年８月の弾道研の再編でルイス・Ｓ・ディデリック（２４８頁）を長として設置されたＥＮＩＡＣ担当部門の名前は、コンピューティング室であった。ＥＮＩＡＣ６が携わったプログラミングは数値解析（０２７頁）に限られるため、ＯＥＣＤの数学的リテラシーの枠組み（ＰＩＳＡ２０２２）に照らして経緯を読み解いていく。

ＰＩＳＡの数学的リテラシーは（個人的、職業的、社会的、科学的な）文脈に埋め込まれた現実の問題や困難に対して、数学的モデリングサイクルを通じ、数学的コンテンツを用いて数学的に思考し行動する、という枠組みを持つ。その数学的コンテンツには、量、変化と関係、空間と形、不確実性とデータが含まれる。弾道計算では、運動を量にするために、物体の位置と時間を数量化（「空間と形」）

し、距離や空気抵抗などの数量間の関係から弾道という数量の変化（「変化と関係」）を計算している（028頁）。また、数学的モデリングサイクルは、①文脈における問題を数学的に定式化する、②定式化された問題から数学的な結果を得られるよう作業する、③得られた結果を文脈に照らして解釈し、現実的状況からみて（数学的な解の限界を特定することを含め）その解の意味を評価する、という3つのプロセスに分かれる。初等・中等教育で学ぶ数学や理科は、この②の作業である。

ENIAC上でプログラミングされた問題は、開発初期に試されたサインやコサインの表（197頁）を除けば、当時の「現実の問題」に根差しており、数学的概念によってその問題を組み直し、問題に関連する数学を同定することから始まっている。ENIAC6が初期に取り組んだ弾道計算（033頁）やロスアラモスの問題（178頁）は、第2次世界大戦という大きな文脈に埋め込まれており、彼女たちの役割は従来の計算手と同様に②の数学的な作業に限定され、①と③は弾道研究所やロスアラモス研究所の仕事だった。アデルによる研修コース（063頁）は、②のプロセスで用いる「変化と関係」について、変化の累積を求める積分、変化をモデル化する微分や関数、変数間の関係をもとめる多変数関数の計算などを、基礎と実例（急降下爆撃）で教えている。

計算機を用いて②の数学的作業を実行するための方法が、ペダリングシートとデバッギングである。ペダリングシート（185頁）とは、計算手が理解できるように定式化された流れを、計算機が実行できるように変換・編集した結果を記述したものであり、現在ではこの変換や編集をプログラム言語が担っている。これに熟達したベティが、のちにC-10（307頁）から始まり、COBOLやFO

RTRANの標準化（304頁）やテスト（266頁）をリードしていったのは自然である。そして、ENIACへの設定に相当することは、現在でもオペレーティングシステムが行っている（170頁）。デバッギングはプログラムを実行して、バグ（誤り）を見つけて、修正していくプロセスである（206頁）。ベンチテストも合わせて考えると、ペダリングシートには、デバッギングで誤りが見つかれば適切に原因を絞りこめる記述法（184頁）が必要であり、新人や後任に教育できるほどに標準化された数学的な問題の分解方法と対になっていたのだろう。

机上で検証するペダリングシートも、実機でのデバッギングツールである遠隔制御装置（205頁）も、ENIACの実行サイクルとなる加算時間（206頁）ごとにテストを進める。それを補完したのが、ブレイキング・ポイント（208頁）であった。

性能試験場で大砲の試験を体感することで「現実の問題」を意識したこと（140頁）や、ベンチテスト（188頁）やデバッギングの過程で「定式化」を追体験したことは、①にかかわる出来事だが、役割の拡張までには繋がらなかったようだ。

一方、終戦後に性能試験場へ移設されたあとのENIACでいえば、汎用的な電子計算機が数学的な問題に対して何をどこまでできるのかを理解する（233頁）というのが大きな文脈であったものの、①ハートリーの乱流計算（233頁）やゴフの気体の熱力学的特性（234頁）など、それとは独立性の高い個々の「文脈における問題」を数学者や物理学者が持ち込んだ。この一連の「百年問題」（234頁）を訓練された計算手が理解できるまでに分解するのが定式化で、②次にこの定式から数学的結果を得るまで、分解された手順を計算機が実行できるように変換・分解し、ＥＮＩＡＣに物理的に設定し、デバッギングする、という手順を踏んだ（２３５〜６頁）。ダグラス・ハートリーの問題を例にとれば、飛行機の翼の周りの乱流を計算するというのが「文脈における問題」であり、微分方程式で表現された現実世界のモデルを数値計算式に「定式化」している。

ところで、数学的モデリングは、仮定をおいたり一般化・形式化したりする過程を通して、徐々に問題から現実性を取り除いて、数学的な特徴づけを進め、現実世界の問題や状況を忠実に表現する数学の問題に変換するという行為であるため、単純化・理想化・近似・仮定の設定・記号化・形式化を伴い、そのすべてにバグは潜在している。ダグラス・ハートリーの問題でもそうだが、定式化自体に誤りがある場合にはデバッギングで見つけることは難しい（２３７頁）。そうでない場合は、定められた式から予想されるものとは異なる結果が生じるため、十分なテストケースがあれば、バグは顕在化し、見つけられることになる。ただしこの手法ではバグがないことは確認できない。そのうえ、数値計算の場合は誤差を含む（２３６頁）ため、バグなのか誤差の累積なのかの判断は難しい。この誤差について数学的な解析の方法を初めて示したのは、フォン・ノイマンとハーマン・ゴールドスタインが１９４７年11月に発表した論文「高位の行列の数値的逆転」であり、ＥＮＩＡＣ６がプログラミングしていた当時は明らかではなかった。

特に「百年問題」はそれまで誰も解いたことのないものであり、計算結果やバグは①定式化や③解釈と評価に関わってくる。それまでの計算手の場合はプロセスの分割が役割の分業につながっていた。

それと異なり、この時のＥＮＩＡＣ６は定式化、設定から解釈、評価までのサイクルを一連の仕事ととらえ、ペアを組んで互いに補完し、補強し合いながら進めることを基本と考えていたと想定される（235〜237頁）。こうしてプログラマーという職業が確立されていった（238頁）。

役割の拡張をする際に求められたのは、ＯＥＣＤの枠組みで言えば、ＰＩＳＡの数学的リテラシーの拡大ではなく、難問や難題への対応力となる３つのキー・コンピテンシーの強化と推測される。ジーンが採用で重視した資質（259頁）は「自律的に行動する」コンピテンシーに相当する。そして、計算手からプログラム技師／プログラマーへの変容期の章には、「相互作用的に道具を用いる」「異質なグループにおいて相互にかかわり合う」コンピテンシーの強化も描かれている。しかし、その道筋は個人の性質や置かれた文脈によるものであり、本書では前半部では成年までの個々の前半生を、後半部では共同して取り組む姿を描いている。また、その萌芽として「自由討論」（142頁）など性能試験場での生活が紹介されている。

なお、ＥＮＩＡＣでプログラミングされた数値解析の定式化については、「雑感 ＥＮＩＡＣで実行された数値計算について」（長島毅、ＵＮＩＳＹＳ技報、2016年9月発行、36巻、2号、通巻129号）が参考になる。

訳語についても触れたい。以前共訳した『ＥＮＩＡＣ：計算技術のフロンティア（*ENIAC in Action*）』（共立出版）について、本書は手厳しく批判している（286頁）。一方、同書ではＥＮＩＡＣの設計と構造や百年問題の詳細な記述に加えて、ペダリングシートはジーンとベティの独創なのか、公開実験の前日にペンダー学部長から蒸留酒を受け取った（212頁）のは彼女たちなのか、執筆中のアデル・ゴールドスタインによる技術説明書の内容を6人は知らなかった（154頁）というのは本当か、など本書の記述に関わる異論が示されている。最大の論点は、ENIACの開発・運用時に現代のプログラムやそれを作成する役割がどのような言葉で表現されていたかという点である。原著では一般名詞の“programmer”と職や役割を表現する用語としての“Programmer”を使い分けることで、このような史料批判の藪の中への深入りを回避している。そこで前者を「プログラマー」、後者を「プログラム技師」とした。また、“computer”という語は、人間を指す場合は「計算手」、機械を指す場合は「計算機」、公開実験以降は「コンピューター」とした。さらに、“calculator”は「計算器」とした。なお文中の［］は、訳者による補足・注記である。

本書を訳すきっかけとなったことのひとつは、COVID-19のパンデミックが始まる直前に取り組んでいたSocial Gerontology（社会老年学）研究である。訳者はその研究に基づいてリタイア後も含むライフコースや死生観について考える「自分を軸に、関わりを活き抜こう！」という講座の一コマを受け持ち、この6人の物語を素材に技術者の働き方や人間関係について試論を紹介した。

同研究の中で、米国におけるオーラル・ヒストリーやフィールドワーク研究を日本語に移し替える難しさと考え方をご教授いただいた、甲斐一郎先生、宮内康二先生に感謝している。そのほかの米国文化に根差した表現の日本語化については、同僚の増田智之氏、永井和夫氏の協力に感謝する。また『ENIAC』の共訳者である川辺治之氏には数学関係の用語はもとより細部に至るまで、助言をいただいた。そして、根気強く編集していただいた共立出版の河原優美氏、大谷早紀氏の貢献がなければ本書は成立しなかった。
　これから職業に就こうとしている方々、特にいわゆる「理数系女子」および彼女たちを応援しようとしている家族や教職員、さらにはダイバーシティ・エクイティ&インクルージョンに関心を持つ方、そしてプログラムの基本を学びたい方、それを教えようとする方たちに、本書が届くことを願っている。

2024年7月

訳　者

人名索引

あ行

か行

さ行

た行

は行

ま行

ら行

わ行

事項索引

た行

な行

は行

ま行

や行

ら行

SELECTED BIBLIOGRAPHY

主要文献一覧

書　籍

Bartik, Jean Jennings. *Pioneer Programmer: Jean Jennings Bartik and the Computer that Changed the World*. Kirksville, MO: Truman State University Press, 2013.

Bidwell, Shelford, ed. *Brassey's Artillery of the World: Guns, Howitzers, Mortars, Guided Weapons, Rockets and Ancillary Equipment in Service with the Regular and Reserve Forces of All Nations*. London: Brassey's Publishers Ltd., 1977.

Campbell-Kelly, Martin, and Michael R. Williams, eds. *The Moore School Lectures: Theory and Techniques for Design of Electronic Digital Computers*, volume 9 in the Charles Babbage Institute Reprint Series for the History of Computing. Cambridge, MA: MIT Press, 1985.

Ceruzzi, Paul E. *A History of Modern Computing*. Cambridge, MA: MIT Press, 1998.（『モダン・コンピューティングの歴史』，宇田理・高橋清美監訳，未来社，2008）

Goldstine, Herman H. *The Computer from Pascal to Von Neumann*. Princeton, NJ: Princeton University Press, 1993.（『復刊　計算機の歴史：パスカルからノイマンまで』，末包良太・米口肇・犬伏茂之訳，共立出版，2016）

Grier, David Alan. *When Computers Were Human*. Princeton, NJ: Princeton University Press, 2005.

Isaacson, Walter. *The Innovators: How a Group of Hackers, Geniuses, and Geeks Created the Digital Revolution*. New York: Simon & Schuster, 2014.（『イノベーターズ　天才，ハッカー，ギークがおりなすデジタル革命史』，井口耕二訳，講談社，2019）

Knuth, D. E. *The Art of Computer Programming*, Vol. 3, Sorting and Searching. London: Pearson Education, 1998.（『The Art of Computer Programming 3 日本語版：ソートと探索』，有沢誠・和田栄一監訳，KADOKAWA，2020）

Lee, J. A. N. "John Grist Brainerd" in *Computer Pioneers*. Los Alamitos, CA: IEEE　Computer Society Press, 1995.

McCartney, Scott. *ENIAC, the Triumphs and Tragedies of the World's First Computer*. New York: Walker and Company, 1999.（『エニアック：世界最初のコンピューター開発

秘話』，日暮雅通訳，パーソナルメディア，2001）
Metropolis, N., J. Howlett, and Gian-Carlo Rota, eds. *A History of Computing in the Twentieth Century: A Collection of Essays*. New York: Academic Press, 1980.
Rhodes, Richard. *Dark Sun: The Making of the Hydrogen Bomb*. New York: Simon & Schuster, 1995.
Rossiter, Margaret W. *Women Scientists in America, Before Affirmative Action, 1940–1972*. Baltimore: Johns Hopkins University Press, 1998.
———. *Women Scientists in America, Struggles and Strategies to 1940*. Baltimore: Johns Hopkins University Press, 1982.
Shurkin, J. N. *Engines of the Mind: The Evolution of the Computer from Mainframes to Microprocessors*. New York: W. W. Norton & Company, 1996.（『コンピュータを創った天才たち：そろばんから人工知能へ』，名谷一郎訳，草思社，1989）

オーラル・ヒストリー

Antonelli, Kathleen "Kay" McNulty Mauchly. Interview by author and directed by David Roland. Recorded in the home of Mrs. Antonelli, September 18, 1997. Transcript. ENIAC Programmers Oral History Project.
Bartik, Jean Jennings. Interview by author and directed by David Roland. Recorded in the home of Ms. Bartik, September 17, 1997. Transcript. ENIAC Programmers Oral History Project.
Bartik, Jean J., and Frances E.（Betty）Snyder Holberton. Interview by Henry S. Tropp. Transcript. Computer Oral History Collection, 1969– 1973, 1977. Archives Center, Smithsonian National Museum of American History, April 27, 1973. https://amhistory.si.edu/archives/AC0196_bart730427.pdf.
Burks, Alice R., and Arthur W. Burks. Interview by Nancy Stern. Oral history interview with Alice R. Burks and Arthur W. Burks. Charles Babbage Institute, Oral History, Center for the History of Information Processing, University of Minnesota, Minneapolis, June 20, 1980. https://conservancy.umn.edu/handle/11299/107206.
Eckert, J. Presper. Interview by Nancy Stern. Oral history interview with J. Presper Eckert. Sperry Univac（Blue Bell, PA）, Charles Babbage Institute, Center for the History of Information Processing, University of Minnesota, Minneapolis, October 28, 1977. https://conservancy.umn.edu/handle/11299/107275.
Holberton, Frances Elizabeth "Betty" Snyder. Interview by author and directed by David Roland. Recorded in the library of the Shady Grove Center, Rockville, MD, September 23–24, 1997. Transcript. ENIAC Programmers Oral History Project.

Mauchly, John. Autobiographical interview, part 3. Interview by Esther Carr. Video. 1977. https://www.youtube.com/playlist?list=PL0IDvwajM_78cEx-KaJdixj8cFFuC8FUC.

———. Interviewed by Nancy Stern. Video. Niels Bohn Library and Archives Oral Histories, American Institute of Physics, Friday, May 6, 1977. https://www.aip.org/history-programs/niels-bohr-library/oral-histories/31773.

Meltzer, Marlyn Wescoff. Interview by author and directed by David Roland. Recorded in the home of Mrs. Meltzer, September 16, 1997. Transcript. ENIAC Programmers Oral History Project.

Teitelbaum, Ruth. Interview by Adolph, Jay, and David Teitelbaum. Recorded in Teitelbaum home, July 18, 1986. Oral History of Ruth Lichterman Teitelbaum.

インタビュー

Antonelli, Kathleen "Kay" McNulty Mauchly. Interview with author, April 18, 2000.

———. Interview with author, July 20, 2003.

Atwater, Dr. William. Director, with author, at U.S. Army Ordnance Museum, Aberdeen, MD, undated.

Benson, Josephine. Interview with author and Amy Sohn via Zoom, February 29, 2020.

Calcerano, Gini Mauchly. Interview with author and Amy Sohn via Zoom, May 25, 2021.

Falk, Steven M. Interview with author, Philadelphia, February 14, 1996.

Madlen Simon. Daughter of Adele and Herman Goldstine. Interview with author and Amy Sohn via Zoom, June 15, 2020.

Meltzer, Joy. Interview with author via phone, April 29, 2021.

Meltzer, Marlyn. Interview with author, February 6, 1996.

———. Interview with Thomas Petzinger Jr., 1996.

Teitelbaum, Jay, David Teitelbaum, Melinda Teitelbaum, and Suzanne Teitelbaum. Interview with author and Amy Sohn via Zoom, May 28, 2021.

Teitelbaum, Jay, and David Teitelbaum. Interview with author and Amy Sohn via Skype video, May 25, 2020.

論文（出版物）

Ceruzzi, Paul E. "When Computers Were Human." *Annals of the History of Computing* 13, no. 3 (1991): 237–44.

Costello, J. "As the Twig Is Bent: The Early Life of John Mauchly." *IEEE Annals of the His-*

tory of Computing 18, no. 1 (1996): 45–50.

Eckstein, P. "J. Presper Eckert." *IEEE Annals of the History of Computing* 18, no. 1 (1996) : 25–44.

Fritz, W. Barkley. "ENIAC—A Problem Solver." *IEEE Annals of the History of Computing* 16, no. 1 (March 1994): 25–45.

———. "The Women of ENIAC." *IEEE Annals of the History of Computing* 18, no. 3 (1996): 13– 28.

Grier, David. "The ENIAC, the Verb 'to Program' and the Emergence of Digital Computers." *IEEE Annals of the History of Computing* 18, no. 1 (March 1996): 51–55.

Haigh, Thomas, Mark Priestley, and Crispin Rope. "Engineering 'The Miracle of the ENIAC': Implementing the Modern Code Paradigm." *IEEE Annals of the History of Computing* 36, no. 2 (2014): 41–59.

Hartree, D. R. "The Eniac, an Electronic Computing Machine." *Nature* 158, no. 4015 (October 1, 1946): 500–506.

Light, Jennifer S. "When Computers Were Women." *Technology and Culture* 40, no. 3 (1999): 455–83.

Mauchly, John W. "Amending the ENIAC Story." *Datamation* 25, no. 11 (1979).

———. "Mauchly: Unpublished Remarks." *IEEE Annals of the History of Computing* 4, no. 3 (July 1982): 245–56.

Mauchly, Kathleen R. "John Mauchly's Early Years." *IEEE Annals of the History of Computing* 6, no. 2 (1984): 116–38.

Metropolis, N., and E. C. Nelson. "Early Computing at Los Alamos." *IEEE Annals of the History of Computing* 4, no. 4 (1982): 348–57.

Metropolis, N., and J. Worlton. "A Trilogy on Errors in the History of Computing." *IEEE Annals of the History of Computing* 2, no. 1 (1980): 49–59.

Neukom, H. "The Second Life of ENIAC." *IEEE Annals of the History of Computing* 28, no. 2 (April 2006): 4–16.

Seabright, McCabe. "Adele Goldstine: The Woman Who Wrote the Book." *SWE Magazine*, Spring 2019.

———. "Finding Alyce Hall." *SWE Magazine*, 2014.

Stern, Nancy. "John William Mauchly, 1907–1980." *IEEE Annals of the History of Computing* 2, no. 2 (1980): 100–103.

Stuart, Brian L. "Debugging the ENIAC [Scanning Our Past]." *Proceedings of the IEEE* 106, no. 12 (2018): 2331–45.

———. "Programming the ENIAC [Scanning Our Past]." *Proceedings of the IEEE* 106, no. 9 (2018): 1760–70.

———. "Simulating the ENIAC [Scanning Our Past]." *Proceedings of the IEEE* 106, no.4 (2018): 761–72.

Taub, A. H. "Refraction of Plane Shock Waves." *Physical Review* 72, no. 1 (July 1, 1947) :51–60.

Weik, Martin H. "The ENIAC Story." *Ordnance* 45, no. 244 (1961): 571–75.

Winegrad, Dilys. "Celebrating the Birth of Modern Computing: The Fiftieth Anniversary of a Discovery at the Moore School of Engineering of the University of Pennsylvania." *IEEE Annals of the History of Computing* 18, no. 1 (March 1996): 5–9.

論文・パンフレット・エッセイ・講演（未出版作品）

"Deposition of Ruth Teitelbaum," ENIAC Patent Trial Collection, Box 16, University of Pennsylvania Archives.

Antonelli, Kathleen McNulty Mauchly. "Compressible Boundary Layer, Zero-order functions. Set-up for programming of integrations." Pedaling Sheets. 1946.

———. "The Kathleen McNulty Mauchly Antonelli Story." March 26, 2004. https://sites.google.com/a/opgate.com/eniac/Home/kay-mcnulty-mauchly-antonelli.

———. "Luncheon Speech, Reminiscences." Introduction Speech at the 40th Anniversary of ENIAC. Transcript by author. October 1986.

Bergin, Thomas J., ed. *50 Years of Army Computing, From ENIAC to MSRC: A Record of a Symposium and Celebration, November 13 and 14, 1996.* Sponsored by the Army Research Laboratory and U.S. Army Ordnance Center & School, September 2000.

Clippinger, R. F. "A Logical Coding System Applied to the ENIAC," Report No. 673. Ballistic Research Laboratories, Aberdeen, MD, September 29, 1948. https://apps.dtic.mil/sti/citations/ADB205179.

Fritz, W. Barkley. "A Survey of Eniac Operations and Problems, 1946–1952," Report No. 617. Ballistic Research Laboratories, Aberdeen Proving Ground, MD, August 1952. https://apps.dtic.mil/sti/pdfs/AD1003735.pdf.

Goldstine, Adele K., "Report on THE ENIAC (Electronic Numerical Integrator and Computer)." *Technical Report* I (June 1, 1946). Developed under the supervision of the Ordnance Department, United States Army, University of Pennsylvania, Moore School of Electrical Engineering, Philadelphia.

Kleiman, Kathryn. "Biography of Mrs. Frances Elizabeth Snyder Holberton," Fletcher, Heald & Hildreth, Arlington, VA, 1996.

Reid, Henry. "Ballisticians in War and Peace, Volume I, 1914–1956." Army Research Labs, Aberdeen Proving Ground, MD. https://apps.dtic.mil/sti/pdfs/ADA300523.pdf.

原稿・アーカイブ資料

Ancestry.com.
Archives Center, Smithsonian National Museum of American History.
Arthur and Elizabeth Schlesinger Library on the History of Women in America,
Radcliffe Institute for Advanced Study, Harvard University.
Charles Babbage Institute, Oral History, Center for the History of Information Processing, University of Minnesota, Minneapolis.
Drexel University Archives.
Jean Jennings Bartik Computing Museum, Northwest Missouri State University.
Kislak Center for Special Collections, Rare Books and Manuscripts, University of Pennsylvania.
Library of Congress, Science, Technology & Business Division.
The National Archives.
Niels Bohn Library and Archives Oral Histories, American Institute of Physics.
https://www.aip.org/history- programs/niels-bohr-library/oral-histories/31773.
Social Science & History/Newspaper Department, Free Library of Philadelphia.
Special Collections Research Center, Temple University Libraries Special Collections Research Center.
University Archives and Records Center, University of Pennsylvania.
———. Class Records and Yearbooks.
———. Digital Image Collection.
———. ENIAC Patent Trial Collection.
———. University Relations Information Files.
U.S. Army Ordnance Museum.

新聞記事一覧

Lohr, Steve. "Frances E. Holberton, 84, Early Computer Programmer." *New York Times*, December 17, 2001. https://www.nytimes.com/2001/12/17/business/frances-e-holberton-84-early-computer-programmer.html.
———. "Jean Bartik, Software Pioneer, Dies 86." *New York Times*, April 8, 2011. https://www.nytimes.com/2011/04/08/business/08bartik.html.
Petzinger, Thomas Jr. "Female Pioneers Fostered Practicality of Computers." *Wall Street Journal*, November 22, 1996. https://www.wsj.com/articles/SB848618358629375500.

———. "History of Software Begins with the Work of Some Brainy Women." *Wall Street Journal*, November 15, 1996. https://www.wsj.com/articles/SB848012407846877000.

Saxon, Wolfgang. "Herman Goldstine Dies at 90; Helped Build First Computers." *New York Times*, June 26, 2004. https://www.nytimes.com/2004/06/26/us/herman-goldstine-dies-at-90-helped-build-first-computers.html.

Sullivan, Patricia. "Gloria Gordon Bolotsky, 87; Programmer Worked on Historic ENIAC Computer." *Washington Post*, July 26, 2009. https://www.washingtonpost.com/wp-dyn/content/article/2009/07/25/AR2009072502045.html.

ウェブサイト，映画，ドキュメンタリー

Coughlin, Bill. "Commercial Digital Computer Birthplace." Historical Marker Database. March 14, 2011. Updated June 16, 2016. https://www.hmdb.org/m.asp?m=40918.

David, Paul. *Mauchly: The Computer and the Skateboard*. Video. Documentary. Blastoff media, 2001.

Donohoe, Victoria. "Narberth—A History." Friends of Narberth History. October 14, 1994. https://narberthhistory.org/stories/narberth-history.

Erickson, LeAnne. *Top Secret Rosies*. Video. Documentary. PBS Distribution, 2010. http://topsecretrosies.com/.

Evans, Shawn. "Historic Movie Theaters of Center City." *The PhillyHistory Blog*. February 9, 2011. https://blog.phillyhistory.org/index.php/2011/02/historic-movie-theaters-of-center-city/.

"Farm Journal Magazine." AG Web. https://www.agweb.com/farm-journal-magazine.

Friedman, Stacia. "Historic Jewish Women's Shelter Transformed into Lux Apartments." Hidden City Phila. May 16, 2020. https://hiddencityphila.org/2020/05/historic-jewish-womens-shelter-transformed-into-lux-apartments/.

"History of Chestnut Hill College." Chestnut Hill College. https://www.chc.edu/history-chestnut-hill-college.

"History of ESE at Penn." University of Pennsylvania Department of Electrical and Systems Engineering. https://www.ese.upenn.edu/history/.

"Homes of Families with Members Born in Italy, West Philadelphia, 1940." West Philadelphia Collaborative History. https://collaborativehistory.gse.upenn.edu/media/houses-family-members-born-italy-west-philadelphia-1940.

Kleiman, Kathy. *The Computers: The Remarkable Story of the ENIAC Programmers*. Produced by Kathy Kleiman, Jon Palfreman, and Kate McMahon. Video. Documentary. Women Make Movies distributor, 2014. http://eniacprogrammers.org/see-the-film/.

Lang, Walter. *Desk Set*. Movie. 20th Century Fox, 1957.

Muuss, Michael, ed. "History of Computing Information." The U.S. Army Research Labs. https://ftp.arl.army.mil/~mike/comphist/.

———. "Historic Computer Images," The U.S. Army Research Labs. https://ftp.arl.army.mil/ftp/historic-computers/.

"Northwest History." Northwest Missouri Teachers College. https://www.nwmissouri.edu/aboutus/history.htm.

"Our History." Central High School. School District of Philadelphia. Modified February 19, 2020. https://centralhs.philasd.org/about-central-high-school/about-us/.

-"Pine Camp, now Fort Drum, in the 1930s and 40s." A North Country Public Radio Project. https://www.northcountryatwork.org/collections/pine-camp-now-fort-drum-in-the-1930s-and-40s/.

Sklaroff, Susan. "The Rebecca Gratz Club." Rebecca Gratz & 19th-Century America. August 24, 2010. http://rebeccagratz.blogspot.com/2010/08/rebecca-gratz-club.html.

Spring, Kelly A. "In the Military during World War II." National Women's History Museum. 2017. https://www.womenshistory.org/resources/general/military.

Strasser, Mike. "Fort Drum exhibit to highlight sonic deception training at Pine Camp during WWII." U.S. Army, November 2, 2020. https://www.army.mil/article/240486/fort_drum_exhibit_to_highlight_sonic_deception_training_at_pine_camp_during_wwii.

Women in Technology International. ENIAC Keynote @ WITI New York Network Meeting. Six-part video. February 23, 1998. https://www.youtube.com/watch?v=P2AjiPhto-J0&t=13s.

———. 50th Anniversary induction of ENIAC Programmers into Hall of Fame. Video. 1997. https://www.youtube.com/watch?v=kstqypCpHx8&list=PL9zninK8B_FTo-H_H6BhspjQ8J0QXXu7r.

"Women & World War II." Metropolitan State University of Denver. https://temp.msudenver.edu/camphale/thewomensarmycorps/womenwwii/.

"YWCA in Philadelphia." Temple Digital Collections, Temple University Libraries. https://digital.library.temple.edu/digital/custom/ywcaphiladelphia.

原　注

数学専攻の女性を探して

1　Josephine Benson Manfredi, in interview with author and Amy Sohn, February 29, 2020.

2　"Chestnut Hill College Graduates Class of 107," *Philadelphia Inquirer*, June 3, 1942, 13.

3　"Chestnut Hill College Graduates Class of 107."

4　"Students Graduating into World at War," *Philadelphia Inquirer*, June 3, 1942, 20.

5　Josephine Betts Caldwell, "History of the Class of 1940," Record Book of the Class of 1940 University of Pennsylvania, 24, https://archives.upenn.edu/digitized-resources/docs-pubs/womens-yearbooks/yearbook-1940.

6　Kathleen "Kay" McNulty Mauchly Antonelli, interview by author and directed by David Roland, recorded in the home of Mrs. Antonelli, September 18, 1997, transcript, ENIAC Programmers Oral History Project, 4. (Henceforth cited as Antonelli, Oral History.)

7　"College Girls to Present Style Show," *Philadelphia Inquirer*, May 10, 1942, 68.

8　Antonelli, Oral History, 5.

9　See, e.g., *Philadelphia Inquirer*, June 28, 1942, 53.

10　"The Kathleen McNulty Mauchly Antonelli Story," March 26, 2004, https://sites.google.com/a/opgate.com/eniac/Home/kay-mcnulty-mauchly-antonelli. (Henceforth cited as Antonelli, "The KMMA Story.")

11　Kimberly Amadeo, "Unemployment Rate by Year Since 1929 Compared to Inflation and GDP," The Balance, November 10, 2021, https://www.thebalance.com/unemployment-rate-by-year-305506.

12　For example, "Women & World War II," Metropolitan State University of Denver, https://temp.msudenver.edu/camphale/thewomensarmycorps/womenwwii/.

13　For example," 'Rosie the Riveter' Song Lyrics," http://jackiewhiting.net/us/rosielyrics.html.

14　Alfred Palmer, photographer, *The More Women at Work, the Sooner We Win!*, 1943,

World War II Posters. Prints and Photographs Division, LC-USZC4- 5600, https://memory.loc.gov/ammem/awhhtml/awpnp6/d13.html.

15 Norman Rockwell Museum; "Rosie The Riveter—1943," https://www.nrm.org/rosie-the-riveter/.

16 Ruth Milkman, "Redefining 'Women's Work': The Sexual Division of Labor in the Auto Industry during World War II," in "Women and Work," *Feminist Studies* 8, no. 2 (Summer 1982): 336–72.

17 Evelyn Steele, Wartime Opportunities for Women (New York, 1943), 99–100, cited in Jennifer S. Light, "When Computers Were Women," *Technology and Culture* 40, no. 3 (July 1999): 457.

18 "Specialized War Jobs Seek Girl Math Majors," *Brooklyn Daily Eagle*, January 28, 1943, 4.

19 " 'Haven't Felt Pinch of War,' Women Told," *Philadelphia Inquirer*, February 11, 1943, 20.

20 Antonelli, Oral History, 5.

21 Antonelli, "The KMMA Story."

22 Antonelli, "The KMMA Story."

23 Antonelli, "The KMMA Story."

24 Antonelli, "The KMMA Story."

25 Antonelli, "The KMMA Story."

26 「私たちはアイルランドと米国において、家ではゲール語でしか話さなかった」と自叙伝の一節で記している。Antonelli, "The KMMA Story."

27 Antonelli, "The KMMA Story."

28 Antonelli, "The KMMA Story."

29 Antonelli, Oral History, 2.

30 Antonelli, Oral History, 2.

31 Antonelli, Oral History, 2.

32 Antonelli, "The KMMA Story."

33 Antonelli, "The KMMA Story."

34 Antonelli, "The KMMA Story."

35 Antonelli, "The KMMA Story."

36 Antonelli, "The KMMA Story."

37 Antonelli, Oral History, 4.

38 W. Barkley Fritz, "The Women of ENIAC," *IEEE Annals of the History of Computing* 18, no. 3 (1996): 23.

39 Engineering and Technology Wiki, "Frances Spence," https://ethw.org/Frances_

Spence.

40 Antonelli, in interview with author, April 18, 2000.

41 Engineering and Technology Wiki, "Frances Spence."

42 Manfredi, interview, February 29, 2020.

43 Antonelli, "The KMMA Story."

44 "Changes in Women's Occupations 1940–1950," *Women's Bureau Bulletin* 253, United States Department of Labor (1954): 3.

45 Antonelli, "The KMMA Story."

46 Antonelli, "The KMMA Story."

47 Herbert Ershkowitz, "World War II," Encyclopedia of Greater Philadelphia, 2011, https://philadelphiaencyclopedia.org/archive/world-war-ii/.

48 Ershkowitz, "World War II."

49 Manfredi, interview, February 29, 2020. ジョセフィーヌ・マンフレディは、キャスリーン・マクナルティとの友情、大学時代と第2次世界大戦中の自身の活動について説明した。第2次世界大戦中、兵士のためのダンスパーティー（午前0時に速やかに終了した）を主催していた約50人の若い女性たちからなるシンデレラ・グループについての情報を述べた。

50 See, e.g., "Edward R. Murrow, A Hero of Broadcast Journalism," https://www.dmagazine.com/publications/d-magazine/1990/august/edward-r-murrow-a-hero-of-broadcast-journalism/.

51 Richard Holmes, "Maria Mitchell at 200: A Pioneering Astronomer Who Fought for Women in Science," *Nature*, June 18, 2018, https://www.nature.com/articles/d41586-018-05458-6.

52 Antonelli, Oral History, 5.

53 専門職および科学職は、「専門職または科学の確立された原則に基づく」ものであり、一般に認められている大学や専門学校の訓練と同等の専門的、科学的、技術的訓練を必要とした。 Rachel Fesler Nyswander and Janet M. Hooks, *Employment of Women in the Federal Government, 1923 to 1939, Bulletin of the Women's Bureau No. 182*, US Government Printing Office, 1941, 12.

54 W. Barkley Fritz, "ENIAC—A Problem Solver," *IEEE Annals of the History of Computing* 16, no. 1 (1994): 28.

55 Frances Elizabeth "Betty" Snyder Holberton, interview by author and directed by David Roland, recorded in the library of the Shady Grove Center, Rockville, MD, September 23–24, 1997, transcript, ENIAC Programmers Oral History Project, 12. (Henceforth cited as Holberton, Oral History.)

異質な存在

1 Antonelli, Oral History, 9.

2 J. N. Shurkin, *Engines of the Mind: The Evolution of the Computer from Mainframes to Microprocessors* (New York: W. W. Norton & Company, 1996): 118–119. (Henceforth cited as Shurkin, Engines of the Mind.) ［邦訳『コンピュータを創った天才たち：そろばんから人工知能へ』，119 頁］

3 Peter Eckstein, "J. Presper Eckert," *IEEE Annals of the History of Computing* 18,no. 1 (1996): 36.

4 Harold Pender to Dr. Musser, June 8, 1942, University Relations Information Files, UPF 5I, Box 108, File "Ballistics Calculations Courses," University Archives and Records Center, University of Pennsylvania.

5 Antonelli, Oral History, 5.

6 Antonelli, Oral History, 5.

7 Antonelli, Oral History, 5.

8 Antonelli, Oral History, 5.

9 Fritz, "The Women of ENIAC," 13–28.

10 Thomas J. Bergin, ed., *50 Years of Army Computing, From ENIAC to MSRC: A Record of a Symposium and Celebration, November 13 and 14, 1996* (sponsored by the Army Research Laboratory and U.S. Army Ordnance Center & School, September 2000), 40.

11 Fritz, "The Women of ENIAC," 15.

12 「それは非常に複雑である。気圧や湿度、地球の曲率など、あらゆる要因に左右される。非常に面倒な方程式で、データポイントごと、銃の照準を計算したい距離ごとに解かなければならない」Dr. Paul Ceruzzi, Historian, Smithsonian Institution. Kathy Kleiman, *The Computers: The Remarkable Story of the ENIAC Programmers*, produced by Kathy Kleiman, Jon Palfreman, and Kate McMahon, video documentary, Women Make Movies distributor, 2014.

13 Antonelli, Oral History, 6.

14 Shirley Blumberg Melvin による彼女が使っていたモンロー型とマーチャント型の卓上計算器で解いていた問題についての解説。LeAnn Erickson, director, *Top Secret Rosies*, 2011, https://www.amazon.com/Top-Secret-Rosies-Female-Computers/dp/B00443FMKC.

15 Antonelli, Oral History, 9.

基地の片隅に佇んで

1 Aberdeen Proving Ground, "History," https://home.army.mil/apg/index.php/about/history.

2 Aberdeen Proving Ground, "History."

3 See, e.g., Shelford Bidwell, ed., *Brassey's Artillery of the World: Guns, Howitzers, Mortars, Guided Weapons, Rockets and Ancillary Equipment in Service with the Regular and Reserve Forces of All Nations* (London: Brassey's Publishers Ltd., 1977), 29.

4 第1次世界大戦中の通信手段には、野戦電話、ラジオ、メッセンジャー・ドッグがあり、伝書鳩はそれらと同格であった。有名な例では、「アメリカ陸軍信号隊の伝書鳩シェール・アミ［愛しい友］が、助けを必要としている孤立した大隊のメッセージを運ぶために負傷しながらも飛んだ。約200人の兵士の命が救われた」。"Smithsonian National Museum of American History, "Cher Ami," https://www.si.edu/object/cher-ami%3Anmah_425415.

5 Saunders Mac Lane, *Oswald Veblen, 1880–1960*, National Academy of Sciences, http://www.nasonline.org/publications/biographical-memoirs/memoir-pdfs/veblen-oswald.pdf.

6 オズワルド・ヴェブレン少佐が率いる射程班は、アバディーン性能実験場の当初の9班の一つだった。Henry Reid, "Ballisticians in War and Peace, Volume I, 1914–1956." U.S. Army Research Laboratory, Aberdeen Proving Ground, MD, https://apps.dtic.mil/sti/pdfs/ADA300523.pdf.

7 Reid, "Ballisticians in War and Peace, Volume I," 3.

8 Reid, "Ballisticians in War and Peace, Volume I," 4–5.

9 Herman H. Goldstine, *The Computer from Pascal to Von Neumann* (Princeton, NJ: Princeton University Press, 1993), 132. ［邦訳『復刊 計算機の歴史：パスカルからノイマンまで』, 140頁］

10 Reid, "Ballisticians in War and Peace, Volume I," 8.

11 For example, 155 mm M59 Long Tom, WeaponSystems.net, https://weaponsystems.net/system/920-155mm+M59+Long+Tom.

12 Reid, "Ballisticians in War and Peace, Volume I," 9.

13 BRL's Scientific Advisory Committee, 1940, First Meeting, https://ftp.arl.army.mil/~mike/comphist/40sac/index.html

14 Reid, "Ballisticians in War and Peace, Volume I," 29.

15 Goldstine, *The Computer from Pascal to Von Neumann*, 132. ［邦訳『復刊 計算機の歴史：パスカルからノイマンまで』, 149頁］

他人の功績を認めなさい

1 Holberton, Oral History, 30.
2 See, e.g., "In the Military during World War II, National Women's History Museum," https://www.womenshistory.org/resources/general/military.
3 Holberton, Oral History, 30.
4 Holberton, Oral History, 43.
5 Holberton, Oral History, 46.
6 Caldwell, "History of the Class of 1940," 21–23, https://archives.upenn.edu/digitized-resources/docs-pubs/womens- yearbooks/yearbook-1940.
7 Holberton, Oral History, 45.
8 Farm Journal Magazine, https://www.agweb.com/farm-journal-magazine.
9 Holberton, Oral History, 46.
10 Fritz, "The Women of ENIAC," 17.
11 Holberton, Oral History, 31.
12 David Alan Grier, *When Computers Were Human* (Princeton, NJ: Princeton University Press, 2005), 260.

事が順調に運んでいない

1 Goldstine, *The Computer from Pascal to Von Neumann*, 133. [邦訳『復刊 計算機の歴史：パスカルからノイマンまで』, 149 頁]
2 Seabright McCabe, "Adele Goldstine, The Woman Who Wrote the Book," *SWE Magazine*, spring 2019, https://alltogether.swe.org/2019/05/adele-goldstine-the-woman-who-wrote-the-book/.
3 Goldstine, *The Computer from Pascal to Von Neumann*, 134. [邦訳『復刊 計算機の歴史：パスカルからノイマンまで』, 150 頁]
4 Jean Jennings Bartik, interview by author and directed by David Roland, recorded in the home of Ms. Bartik, September 17, 1997, transcript, ENIAC Programmers Oral History Project, 10. (Henceforth cited as Bartik, Oral History.)
5 Citing an entry in Adele Goldstine's notebook, circa 1962. Bergin, *50 Years of Army Computing*, 28.

加算機とレーダー

1 Marlyn Wescoff Meltzer, interview by author and directed by David Roland, recorded in the home of Mrs. Meltzer, September 16, 1997, transcript, ENIAC Programmers Oral History Project, 6. (Henceforth cited as Meltzer, Oral History.)

2 Meltzer, Oral History, 7.

3 Meltzer, Oral History, 5, and discussion with author. Also, "Houses with Family Members Born in Italy, West Philadelphia 1940," West Philadelphia Collaborative History, https://collaborativehistory.gse.upenn.edu/media/houses-family-members-born-italy-west-philadelphia-1940.

4 Joy Meltzer (Meltzer's daughter), in interview with author, April 29, 2021.

5 Meltzer, Oral History, 1.

6 Meltzer, in interview with Thomas Petzinger Jr., 1996.

7 Meltzer, Oral History, 3.

8 Meltzer, Oral History, 9.

9 Meltzer, Oral History, 6.

10 Antonelli, Oral History, 12.

11 Holberton, Oral History, 9, and LOOSE LIPS MIGHT SINK SHIPS poster (e.g., https://www.nh.gov/nhsl/ww2/loose.html).

12 Meltzer, in interview with Thomas Petzinger Jr., 1996.

13 Meltzer, Oral History, 7–8.

14 "Anecdotes from Some of the Pioneers, from Joseph Chapline," VIP Club, established in 1980: Information Technology Pioneers: Retirees and Former Employees of Unisys, Lockheed Martin, and Their Predecessor Companies, Chapter 34, Blue Bell, http://vipclubmn.org/BlueBell.html. (Henceforth cited as "Anecdotes from some of the Pioneers.")

15 Antonelli, "The KMMA Story."

16 John Costello, "As the Twig Is Bent: The Early Life of Mauchly," *IEEE Annals of the History of Computing* 18, no. 1 (1996): 50.

17 Antonelli, "The KMMA Story."

18 Antonelli, "The KMMA Story."

19 Antonelli, "The KMMA Story."

20 Paul David, director, *Mauchly: The Computer and the Skateboard*, Blastoff Media, 2011.

ウォルナット通り 3436 番

1 AAUW［米国大学婦人協会］のチラシの裏（教室に用意された臨時のメモ用紙と思われる）に書かれたアデル・ゴールドスタインのクラスでのマーリンによる手書きのメモ。このチラシはアデルがニューヨークの AAUW 本部を訪問し、女子大生を勧誘することを告知したもの。マーリンからそのコピーが筆者に贈られた。

2 Meltzer, Oral History, 14, 23.

3 Meltzer, in interview with Thomas Petzinger Jr., 1996.

4 Meltzer, Oral History, 11.

5 Meltzer, Oral History, 11.

6 Meltzer, Oral History, 9.

7 Priscilla Holberton, in interview with author, 2003.

8 Meltzer, Oral History, 13.

9 Meltzer, Oral History, 13.

10 Meltzer, Oral History, 15.

11 Erickson, *Top Secret Rosies*.

12 Grace Yeager Potts Vaughan obituary, https://www.legacy.com/obituaries/timesunion/obituary.aspx?n=grace-yeager-potts-vaughan&pid=425473.

13 Yvonne Latty, "Alyce McLaine Hall, Talented in Math," *Philadelphia Daily News*, November 20, 2003, 61.

14 Yvonne Latty, "Alyce McLaine Hall, Talented in Math."

15 Seabright McCabe, "Finding Alyce Hall," *SWE Magazine*, Winter 2014, 28.

16 Meltzer, Oral History, 11.

17 Scott McCartney, *ENIAC: The Triumphs and Tragedies of the World's First Computer* (New York: Walker and Company, 1999), 54.［邦訳『エニアック：世界最初のコンピュータ開発秘話』, 63 頁］

18 John Mauchly, in interview with Nancy Stern, Oral History, May 6, 1977.

19 Grier, When Computers Were Human, 260, およびアデル・ゴールドスタインのニューヨークへの視察予定と大学訪問が告知されているアメリカ大学女性協会のチラシ。マーリンが著者に共有した。

20 "Army Needs Math Majors," *Brooklyn Daily Eagle*, June 14, 1943, 4.

21 "Army Needs Math Majors."

22 Grier, *When Computers Were Human*, 260.

23 Ruth Teitelbaum, in interview with family, 1986.

24 Teitelbaum, in interview with family, 1986.

25 Teitelbaum, in interview with family, 1986.

26 Teitelbaum, in interview with family, 1986.
27 Teitelbaum, in interview with family, 1986.
28 Teitelbaum, in interview with family, 1986.
29 Teitelbaum, in interview with family, 1986.
30 Erickson, *Top Secret Rosies* の中で、これらの歌詞がタイプされた紙に示されている。
31 Erickson, *Top Secret Rosies*.

地下室の怪物

1 Antonelli, Oral History, 7.
2 Antonelli, Oral History, 7.
3 Shurkin, *Engines of the Mind*, 97.［邦訳『コンピュータを創った天才たち：そろばんから人工知能へ』, 94 頁］
4 Shurkin, *Engines of the Mind*, 101.［邦訳『コンピュータを創った天才たち：そろばんから人工知能へ』, 98 頁］
5 Fritz, "The Women of ENIAC," 16.
6 Antonelli, Oral History, 7.
7 Professor Joseph Weizenbaum, MIT, in interview with author, 1986–1987.
8 Antonelli, Oral History, 8.
9 Antonelli, Oral History, 8.
10 Antonelli, Oral History, 8.
11 "Anecdotes from Some of the Pioneers."
12 Kathleen McNulty Mauchly Antonelli, "Luncheon Speech, Reminiscences," introduction speech at the 40th anniversary of ENIAC, Transcript by author, October 1986.
13 Fritz, "The Women of ENIAC," 14.
14 Antonelli, Oral History, 9.
15 David, Mauchly: *The Computer and the Skateboard*, Blastoff Media, 2001.

失われたメモ

1 Shurkin, *Engines of the Mind*, 134.［邦訳『コンピュータを創った天才たち：そろばんから人工知能へ』, 137 頁］
2 ゴールドスタインは、楽観の根拠を次のように述べている。「兵器局はゼネラル・モーターズに 100 万ドルも出して戦車の試作品を作らせておきながら、要求に合わないという理由でその戦車を廃棄してしまった。そんなことができるぐらいなら、

『同じ予算を電子計算機の試作に回してくれたっていいはずだ』」Shurkin, *Engines of the Mind*, 137. ［邦訳『コンピュータを創った天才たち：そろばんから人工知能へ』, 140 頁］

3 John Mauchly, in interview with Nancy Stern, May 6, 1977.

4 John Mauchly, in interview with Nancy Stern, May 6, 1977.

5 Shurkin, *Engines of the Mind*, 134. ［邦訳『コンピュータを創った天才たち：そろばんから人工知能へ』, 137 頁］

6 Dorothy Shisler, Ursinus College 1941, *U.S., School Yearbooks, 1900–1999* [database online]. Provo, UT, USA: Ancestry.com Operations, 2011.

7 "Anecdotes from some of the Pioneers," and John Mauchly, in interview with Nancy Stern, May 6, 1977.

8 Fritz, "ENIAC—A Problem Solver," 25–45.

9 Kathleen R. Mauchly, "John Mauchly's Early Years," *Annals of the History of Computing* 6, no. 2 (April 1984): 137.

10 Shurkin, *Engines of the Mind*, 137. ［邦訳『コンピュータを創った天才たち：そろばんから人工知能へ』, 140 頁］

11 Shurkin, *Engines of the Mind*, 110. ［邦訳『コンピュータを創った天才たち：そろばんから人工知能へ』, 108 頁］

12 Mauchly, "John Mauchly's Early Years," 137.

13 McCartney, ENIAC, 71. ［邦訳『エニアック：世界最初のコンピュータ開発秘話』, 44 頁］

14 1904 年、ジョン・アンブローズ・フレミングが二極管を発明した。ENIAC は、1906 年にリー・ド・フォレストが発明した、より高度なバージョンである三極管を使用することになる。

15 Mauchly, "John Mauchly's Early Years," 137.

16 Shurkin, *Engines of the Mind*, 150–152. ［邦訳『コンピュータを創った天才たち：そろばんから人工知能へ』, 155〜157 頁］

17 Eckstein, "J. Presper Eckert," 25–44.

18 Eckstein, "J. Presper Eckert," 29.

19 Shurkin, *Engines of the Mind*, 122. ［邦訳『コンピュータを創った天才たち：そろばんから人工知能へ』, 122 頁］

20 Eckstein, "J. Presper Eckert," 37–38, citing J. Presper Eckert Jr., "Development of the ENIAC: Session One," in interview with David Allison, Smithsonian Video History Program, February 2, 1988.

21 Mauchly, "John Mauchly's Early Years," 131.

22 Shurkin, *Engines of the Mind*, 123. ［邦訳『コンピュータを創った天才たち：そろば

んから人工知能へ』, 124 頁]

23 Shurkin, *Engines of the Mind*, 166–67. [邦訳『コンピュータを創った天才たち：そろばんから人工知能へ』, 167 頁]

24 Shurkin, *Engines of the Mind*, 166–67. [邦訳『コンピュータを創った天才たち：そろばんから人工知能へ』, 167 頁]

25 Shurkin, *Engines of the Mind*, 133. [邦訳『コンピュータを創った天才たち：そろばんから人工知能へ』, 136 頁]

26 Eckstein, "J. Presper Eckert," 39.

27 Eckstein, "J. Presper Eckert," 19.

「ゴールドスタインに金を出してやれ」

1 ジョン・モークリーは日記に、ブレイナードが「そんなたわごとを真剣に考える者などいるはずがない」と鼻で笑っていたと書いている。McCartney, *ENIAC*, 57. [邦訳『エニアック：世界最初のコンピュータ開発秘話』, 66 頁]. J. Presper Eckert, in interview with Nancy Stern, October 28, 1977.

2 Bergin, *50 Years of Army Computing*, 30.

3 Mauchly, "John Mauchly's Early Years," 137.

4 Goldstine, *The Computer from Pascal to Von Neumann*, 149. [邦訳『復刊 計算機の歴史：パスカルからノイマンまで』, 168 頁]

5 Goldstine, *The Computer from Pascal to Von Neumann*, 150. [邦訳『復刊 計算機の歴史：パスカルからノイマンまで』, 169 頁]

6 McCartney, *ENIAC*, 57. [邦訳『エニアック：世界最初のコンピュータ開発秘話』, 66 頁]

7 Shurkin, *Engines of the Mind*, 137. [邦訳『コンピュータを創った天才たち：そろばんから人工知能へ』, 141 頁]

8 Shurkin, *Engines of the Mind*, 137. [邦訳『コンピュータを創った天才たち：そろばんから人工知能へ』, 141 頁]

9 John Mauchly, in interview with Esther Carr, 1977.

10 John Mauchly, in interview with Esther Carr, 1977.

戦時の暗黒の日々

1 Antonelli, "The KMMA Story."

2 Antonelli, "The KMMA Story."

3 Antonelli, "The KMMA Story."

4 Shurkin, *Engines of the Mind*, 148.［邦訳『コンピュータを創った天才たち：そろばんから人工知能へ』, 153 頁］

5 Shurkin, *Engines of the Mind*, 148.［邦訳『コンピュータを創った天才たち：そろばんから人工知能へ』, 153 頁］

6 Shurkin, *Engines of the Mind*, 149.［邦訳『コンピュータを創った天才たち：そろばんから人工知能へ』, 153 頁］

7 Shurkin, *Engines of the Mind*, 148.［邦訳『コンピュータを創った天才たち：そろばんから人工知能へ』, 153 頁］

8 McCartney, *ENIAC*, 65–66.［邦訳『エニアック：世界最初のコンピュータ開発秘話』, 76～77 頁］

9 Meltzer, Oral History, 9.

10 Marlyn Wescoff Meltzer, in interview with author, February 6, 1996.

11 Meltzer, in interview with author, February 6, 1996.

「あれほどの機械が、あんなたった一つのことをするために」

1 McCartney, *ENIAC*, 87.［邦訳『エニアック：世界最初のコンピュータ開発秘話』（パーソナルメディア）, 99 頁］

2 McCartney, *ENIAC*, 69.［邦訳『エニアック：世界最初のコンピュータ開発秘話』（パーソナルメディア）, 78～79 頁］

3 Arthur and Alice Burks, in interview with Nancy Stern, 1980.

4 Antonelli, "The KMMA Story."

5 McCartney, *ENIAC*, 77.［邦訳『エニアック：世界最初のコンピュータ開発秘話』, 88 頁］筆者は、*ENIAC in Action* の第 3 章の注 15［邦訳『『ENIAC：現代計算技術のフロンティア』, 378 頁］で、トーマス・ヘイグ、マーク・プリストリー、クリスピン・ロープが、この時代の会計報告から見つけた 40 名あまりの女性の名前を列挙し、これらの女性が ENIAC の歴史の「文字通り脚注」であると嘆く注釈を付けていることを気に留める。筆者は、彼らや他のコンピューター史研究者が、その女性たちの家族を見つけ、第 2 次世界大戦の物語についてもっと知ることを望む。コンピューターにおける女性の歴史は、女性と男性の両方によって語られるのが最良であることを、筆者は指摘する。

6 1930 年代から 1940 年代にかけてのパインキャンプ（現在のフォートドラム）。https://www.northcountry atwork.org/collections/pine-camp-now-fort-drum-in-the-1930s-and-40s/.

7 Jean J. Bartik and Frances E. (Betty) Snyder Holberton, interview by Henry S. Tropp,

transcript, Computer Oral History Collection, 1969–1973, 1977. Archives Center, Smithsonian National Museum of American History. (Henceforth cited as Smithsonian Oral History of Bartik and Holberton.)

8 Mike Strasser, Fort Drum exhibit to highlight sonic deception training at Pine Camp during WWII, https://www.army.mil/article/240486/fort_drum_exhibit_to_highlight_sonic_deception_training_at_pine_camp_during_wwii. (Henceforth cited as Army Pine Camp website) .

9 Army Pine Camp website.

10 Smithsonian Oral History of Bartik and Holberton, 1973.

11 Antonelli, "Luncheon Speech, Reminiscences," 1986.

12 Antonelli, "Luncheon Speech, Reminiscences," 1986.

13 Antonelli, Oral History, 10.

14 Antonelli, in interview with author, July 20, 2003.

15 Antonelli, Oral History, 10.

16 Antonelli, Oral History, 11.

17 Antonelli, Oral History, 11.

18 Antonelli, Oral History, 11.

19 Antonelli, Oral History, 11.

キスの橋

1 Bartik, Oral History, 5.

2 Bartik, Oral History, 5

3 Bartik, Oral History, 6.

4 Bartik, Oral History, 4.

5 Bartik, Oral History, 1.

6 Bartik, Oral History, 2.

7 Bartik, Oral History, 1.

8 Jean Jennings Bartik, *Pioneer Programmer: Jean Jennings Bartik and the Computer that Changed the World* (Kirksville, MO: Truman State University Press, 2013), 33.

9 Bartik, *Pioneer Programmer*, 30.

10 Bartik, Oral History, 1.

11 Bartik, Oral History, 3.

12 Bartik, *Pioneer Programmer*, 35.

13 Bartik, Oral History, 2–3.

14 Bartik, Oral History, 4.

15 Bartik, *Pioneer Programmer*, 44.

16 Bartik, *Pioneer Programmer*, 44.

17 Bartik, *Pioneer Programmer*, 46.

18 Bartik, *Pioneer Programmer*, 48.

19 Bartik, *Pioneer Programmer*, 51.

20 Bartik, *Pioneer Programmer*, 50.

21 Bartik, *Pioneer Programmer*, 51.

22 Bartik, *Pioneer Programmer*, 51–52.

23 Bartik, *Pioneer Programmer*, 53.

24 Bartik, *Pioneer Programmer*, 55.

25 Bartik, Oral History, 6.

26 Bartik, *Pioneer Programmer*, 58.

27 Bartik, Oral History, 6.

28 Bartik, *Pioneer Programmer*, 58.

29 Bartik, *Pioneer Programmer*, 58.

30 Bartik, Oral History, 6.

電気は怖い？

1 Bartik, *Pioneer Programmer*, 58.

2 Bartik, *Pioneer Programmer*, 58.

3 Bartik, *Pioneer Programmer*, 58–59.

4 Bartik, *Pioneer Programmer*, 59.

5 "War Department, Notification of Personnel Action (field), TO: Miss Betty J. Jennings, THROUGH: Lt. Landry, Ballistics Research Laboratory Division." March 30, 1945. Copy shared with author.

6 Bartik, *Pioneer Programmer*, 60.

7 Bartik, *Pioneer Programmer*, 59.

8 Bartik, *Pioneer Programmer*, 59.

9 Bartik, *Pioneer Programmer*, 60.

10 Bartik, Oral History, 11.

11 Bartik, *Pioneer Programmer*, 60.

12 Bartik, *Pioneer Programmer*, 61.

13 "Roosevelt Dead," *Philadelphia Inquirer*, April 13, 1945, 1.

14 Bartik, *Pioneer Programmer*, 61.

15 Sarah Pruitt, "How FDR's 'Fireside Chats' Helped Calm a Nation in Crisis," History.

com, April, 7, 2020, https://www.history.com/news/fdr-fireside-chats-great-depression-world-war-ii."

16 Pruitt, "How FDR's 'Fireside Chats' Helped Calm a Nation in Crisis."

17 Bartik, *Pioneer Programmer*, 65.

18 Bartik, Oral History, 7.

19 Bartik, Oral History, 7.

20 Bartik, Oral History, 7.

21 Bartik, *Pioneer Programmer*, 65.

彼女のやり方で学ぶ

1 Antonelli, Oral History, 10.

2 Antonelli, Oral History, 10.

3 Antonelli, "The KMMA Story."

4 Fritz, "The Women of ENIAC," 15."

5 Goldstine, *The Computer from Pascal to Von Neumann*, 202.〔邦訳『復刊 計算機の歴史：パスカルからノイマンまで』, 231 頁〕

6 Meltzer, Oral History, 14.

7 Meltzer, Oral History, 14.

8 Holberton, Oral History, 1.

9 Antonelli, Oral History, 11.

10 Teitelbaum, in interview with family, 1986.

11 See, e.g., Aberdeen Proving Ground, "History," https://home.army.mil/apg/index.php/about/history.

12 Antonelli, Oral History, 24.

13 Antonelli, Oral History, 12, and Holberton, Oral History, 2.

14 See generally, IBM Control Boards (formerly called plugboards), http://www.columbia.edu/cu/computinghistory/plugboard.html.

15 Antonelli, Oral History, 12.

16 Holberton, Oral History, 2.

17 Holberton, Oral History, 2.

18 Holberton, Oral History, 2.

19 Teitelbaum, in interview with family, 1986.

20 Bartik, *Pioneer Programmer*, 68.

21 Holberton, Oral History, 2.

ハゲタカに囲まれて

1 Bartik, *Pioneer Programmer*, 69.
2 Bartik, *Pioneer Programmer*, 70.
3 Bartik in interview with author.
4 Bartik, *Pioneer Programmer*, 66.
5 Bartik, Oral History, 8.
6 Holberton, Oral History, 12.
7 Antonelli, Oral History, 24.
8 Bartik, *Pioneer Programmer*, 72.
9 Bartik, *Pioneer Programmer*, 72.
10 Bartik, *Pioneer Programmer*, 73.
11 Bartik, *Pioneer Programmer*, 74.

学部長の控えの間

1 Bartik, Oral History, 42.
2 Antonelli, Oral History, 13.
3 "More Jap Cities Put on 'Death List,' " *Philadelphia Inquirer*, August 1, 1945, 1. 8月1日の新聞には、カーティス・ルメイ少将が日本の12都市に事前通告し、米軍の爆撃機が到着する前に市民を避難させるように命じたと書かれていた。
4 7月末には、米軍は本州を砲撃した。1945年7月31日のフィラデルフィア・インクワイアラー紙の一面の見出しは、「艦隊、東京から80マイルの街を砲撃、海岸の長い区間が炎に包まれた」と報じた。
5 "12 More Jap Cities Placed on 'Surrender or Die' List," *Philadelphia Inquirer*, August 5, 1945, 1.
6 新聞に掲載された図は、アメリカ陸海空軍の艦隊と部隊の位置関係を示した。"Where MacArthur Is Forging Mighty Invasion Forces" *Philadelphia Inquirer*, August 5, 1945, 2.
7 "12 More Jap Cities Placed on 'Surrender or Die' List," 1.
8 See, e.g., " 'Hell to Pay' Sheds New Light on A-Bomb Decision," NPR, https://www.npr.org/templates/story/story.php?storyId=122591119.
9 "Atomic Bomb, World's Most Deadly, Blasts Japan; New Era in Warfare Is Opened by U.S. Secret Weapon," *Philadelphia Inquirer*, August 7, 1945, 1.
10 "Atom Bomb Hits Nagasaki," *Philadelphia Inquirer*, August 9, 1945, 1.

11 Antonelli, Oral History, 13.

12 Bartik, *Pioneer Programmer*, 83.

13 Emperor Hirohito, Accepting the Potsdam Declaration, Radio Broadcast, https://www.mtholyoke.edu/acad/intrel/hirohito.htm.

14 "PEACE," *Philadelphia Inquirer*, August 15, 1945, 1.

15 Antonelli, "The KMMA Story."

16 Fritz, "The Women of ENIAC," 14, 26.

17 Teitelbaum, in interview with family, 1986.

新たなプロジェクト

1 Bartik, Oral History, 11.「そしてもちろん、主要な問題は弾道でした。なぜそれが主要問題であったかというと、アバディーン性能実験場はそのためにその機械（ENIAC）へ資金援助していたからです。だから、受け入れテストでは軌道を計算することになっていたのです……私たちの任務のひとつは、受け入れテストのための軌道プログラムを構築することでした」。

2 Antonelli, Oral History, 23.

3 Citing Ernie Pyle, *Right of the Line: A History of the American Field Artillery—US Army Field Artillery School, Fort Sill, Oklahoma, "Quotations," April 1984.*

4 Adele Goldstine, "Report on THE ENIAC (Electronic Numerical Integrator and Computer)," *Technical Report I, Volume I* (June 1, 1946), developed under the supervision of the Ordnance Department, United States Army, https://ftp.arl.army.mil/~mike/comphist/46eniac-report/index.html. (Henceforth cited as A. Goldstine, ENIAC *Technical Report I, Volume I.*)

5 Bartik, Oral History, 9.

6 Antonelli, Oral History, 13.

7 Holberton, Oral History, 2.

8 Holberton, Oral History, 3.

9 Antonelli, Oral History, 14.

10 Antonelli, Oral History, 20.

11 ほかのENIACの資料には、アーサー・バークスはENIACが構築される前に軌道プログラムに取り組んでいたという議論もある。もしそうなら、ムーア校と陸軍の2度目の合意で拡大したENIACの規模と範囲を決定するのに役立ったかもしれない。しかし、アーサーが自分の仕事をENIACのプログラマーと共有したという記述はなく、彼女たちがそれについて何かを知っていたことを示す資料もない。わかっているのは、ENIACのプログラマーは、弾道研の「受け入れテスト用のプログラム」

を作成するのが自分たちの仕事だと言われ、アーサーが提供した配線図、ブロック図、論理図をもとに仕事を始めたということである。

12 Antonelli, Oral History, 16. ベティはその思いに共鳴している：「私たちはブロック図を読んでその装置について学んだのです。私たちには、読むべき説明書が全くありませんでした」。Holberton, Oral History, 5.

13 Bartik, Oral History, 9.

14 Meltzer, Oral History, 15.

分割して統治せよ

1 Holberton, Oral History, 2.

2 Bartik, Oral History, 9.

3 Antonelli, "The KMMA Story."

4 ENIAC Patent 3,120,606, Sheet 37 of 91, high speed multiplier, https://patents.google.com/patent/US3120606A/en.

5 Meltzer, Oral History, 21.

6 Holberton, Oral History, 9.

7 ENIAC Patent 3,120,606, Sheet 25 of 91, accumulator, https://patents.google.com/patent/US3120606A/en.

8 Bartik, Oral History, 75.

9 Bartik, Oral History, 75.

10 Bartik, *Pioneer Programmer*, 75.

11 Bartik, Oral History, 9.

12 Bartik, *Pioneer Programmer*, 75.

13 Bartik, *Pioneer Programmer*, 88–89.

14 Meltzer, Oral History, 23.

15 Holberton, Oral History, 2.

16 アデル・ゴールドスタインの ENIAC *Technical Report I, Volume I* を、ENIAC のプログラマーが入手できたのは、ENIAC の軌道の仕事から 2 年後の 1947 年であり、したがって、ENIAC のユニットを学ぶのに役立てることはできなかった。しかし、75 年後の今、アデルが ENIAC の 4 種類のユニットをわかりやすく説明してくれたことも含め、この技術説明書は、筆者にとって重要な資料となっている。A. Goldstine, ENIAC *Technical Report I, Volume I*, p. I–2.

17 アデル・ゴールドスタインの ENIAC *Technical Report I, Volume I* には、周波ユニットとその「土台をなす加算時間ごとに繰り返される信号の流れ……」についても記載されている。 A. Goldstine, ENIAC *Technical Report I, Volume I*, p. I–3.

問題を操作の列にする

1 アデル・ゴールドスタインの ENIAC *Technical Report I, Volume I* は、翌年の日付（1946 年 6 月 1 日）であった。A. Goldstine, *Technical Report I, Volume I*, title page.

2 Holberton, Oral History, 3.

3 Antonelli, Oral History, 14.

4 Holberton, Oral History, 6.

5 Thomas Petzinger, Jr., "History of Software Begins with the Work of Some Brainy Women," *Wall Street Journal*, November 15, 1996. この記事に続けて、1 週間後に同じ著者が書いた第 2 部が掲載された。Petzinger, "Female Pioneers Fostered Practicality in the Computer Industry," *Wall Street Journal*, November 22, 1996.

6 R. F. Clippinger, "A Logical Coding System Applied to the ENIAC," Report No. 673, Ballistic Research Laboratories, Aberdeen, MD, September 29, 1948, 3.

7 フリッツは「ダイレクトプログラミング」を「個々のユニットをケーブルで直接接続し、目下の特定の問題を解くために必要な ENIAC の動作シーケンスを制御するためにスイッチを設定して行うプログラミング」と定義した。Fritz, "ENIAC—A Problem Solver," 25.

8 ドレクセル大学コンピューター・サイエンス学部のブライアン・スチュアート教授は、ENIAC のプログラミングとデバッグについて詳細に記述している。His articles include: "Programming the ENIAC [Scanning Our Past]," *Proceedings of the IEEE* 106, no. 9 (2018): 1760–70; "Debugging the ENIAC [Scanning Our Past]," *Proceedings of the IEEE* 106, no. 12 (2018): 2331–45; and "Simulating the ENIAC [Scanning Our Past]," *Proceedings of the IEEE* 106, no. 4 (2018): 761–72.

9 Bartik, Oral History, 11, 19. 数年後、ジーンはしばしば「ENIAC をプログラムするのは、いまいましい仕事だった！」と明言していた。

10 Bartik, Oral History, 20.

11 "Kay Mauchly on Finding Out about ENIAC, Programming It, and Marrying John Mauchly," Open Transcripts, January 1, 1977, http://opentranscripts.org/transcript/kay-mauchly-eniac-programming/.

途方もなく大きなもの

1 Meltzer, Oral History, 16.

2 Bartik, *Pioneer Programmer*, 84.

3 Holberton, Oral History, 4.

4 Teitelbaum, in interview with family, 1986.

5 Antonelli, Oral History, 17.

6 "Deposition of Ruth Teitelbaum," ENIAC Patent Trial Collection, Box 16, University of Pennsylvania Archives, Deposition, 30. (Henceforth cited as Teitelbaum, Deposition.)

7 Teitelbaum, Deposition, 30.

8 この設定の詳細については、ジーンが説明している：「このように累算機 1 は、累算機 2 の内容をアルファのメモリバスから受け取り、現在の内容に加算することになる。パルス A-1 は次の動作を開始する」。Bartik, *Pioneer Programmer*, 84.

9 Bartik, Oral History, 13.

10 Bartik, Oral History, 12.

11 Bartik, *Pioneer Programmer*, 84.

12 Holberton, Oral History, 4.

13 「IBM カードが 100 万枚使われた」。Shurkin, *Engines of the Mind*, 189. ［邦訳『コンピュータを創った天才たち：そろばんから人工知能へ』, 195 頁］

14 Shurkin, *Engines of the Mind*, 189. ［邦訳『コンピュータを創った天才たち：そろばんから人工知能へ』, 194 頁］

15 Fritz, "The Women of ENIAC," 29.

16 Teitelbaum, Deposition, 31.

17 McCartney, *ENIAC*, 104. ［邦訳『エニアック：世界最初のコンピュータ開発秘話』, 118 頁］

プログラムとペダリングシート

1 Holberton, Oral History, 3.

2 弾道研の軌道プログラムは機密扱いだったため、ENIAC 6 はペダリングシートの写しを保管することはできなかった。しかし、ケイは次のプログラム、すなわち「百年問題とプログラマー」で後述するハートリー問題のペダリングシートの写しを保管しており、筆者と共有した。「圧縮性境界層、ゼロ次関数」と題された大きな白いシートで、ベティとジーンが発案したペダリングシートの構造を使っている。

3 Smithsonian Oral History of Bartik and Holberton, 1973.

4 「現代の言葉で言えば、それ（ENIAC）はデータフロー・マシンである。ある演算が完了すると、シーケンスの次の演算を開始するための制御信号が生成される」。Brian Stuart, "Debugging the ENIAC [Scanning Our Past]," *Proceedings of the IEEE 106*, no. 12, (2018): 2332.

5 Holberton, Oral History, 3.

6 Holberton, Oral History, 3–4.

7 Bartik, Oral History, 10.

8 Bartik, Oral History, 19, and Bartik, *Pioneer Programmer*, 84.

9 Holberton, Oral History, 2.

10 Holberton, Oral History, 2.

11 Holberton, Oral History, 2.

12 例えば、今日のK-12プログラミングカリキュラムでは、「16. 2　If-Then ステートメント」を教えている。 cK-12, https://flexbooks.ck12.org/cbook/ck-12-precalculus-concepts-2.0/section/16.2/related/lesson/if-then- statements-geom/. 大学の聴衆に向けて、ブライアン・スチュアート教授は説明している：「つまり、ENIACは単純な回数に基づく制御構造に限定されず、計算された値に基づく論理的な判断を可能にした。」Stuart, "Debugging the ENIAC [Scanning Our Past]," 2340– 2341.

13 ケイはOral Historyの中で、「ENIACのマスタープログラマーはENIACの心臓であり魂であった」と語っている。Antonelli, Oral History, 18. アデル・ゴールドスタインはENIAC *Technical Report I, Volume I*で次のように記している：「マスタープログラマーは中心となるプログラミングユニットであり、その主な機能は、計算に含まれるさまざまなレベルのプログラムシーケンスの実行を指示し刺激することである。しかし、マスタープログラマーを使用することの本質は、プログラムシーケンスの反復をチェーン（1. 4項参照）にしたり、チェーンとプログラムシーケンスを連結したりすることである。」A. Goldstine, ENIAC *Technical Report I, Volume I*, p. X–1.

14 Bartik, Oral History, 44.

ベンチテストとベストフレンド

1 ジーンとベティが「軌道のプログラミング」をしている間、「マーリンとルースが割り当てられたのは……軌道を1回ごとに1加算時間ずつ計算する仕事で……それは、加算時間ごとに各累算機に何が入っているかを知るためでした。そうです……これを実行するには非常に長い時間がかかりました」。Bartik, Oral History, 14.

2 Antonelli, Oral History, 12.

3 Meltzer, Oral History, 22.

4 Stacia Friedman, "Historic Jewish Women's Shelter Transformed Into Lux Apartments," Hidden City, https://hiddencityphila.org/2020/05/historic-jewish-womens-shelter-transformed-into-lux-apartments/.

5 Meltzer, Oral History, 12–13.

6 Meltzer, Oral History, 13.

7 Joy Meltzer, in interview with author, 2021.

8 Meltzer, Oral History, 13.

並列プログラミング

1 Bartik, *Pioneer Programmer*, 84–85.
2 Bartik, Oral History, 11.
3 Bartik, Oral History, 11.
4 Holberton, Oral History, 7.
5 Holberton, Oral History, 7.
6 Holberton, Oral History, 12.
7 ENIAC 上のロスアラモスの問題の計算が正確さを欠いていることについてベティが尋ねると、ニック・メトロポリスは「ロスアラモスの仕事のために必要なのは、おおよそのところに入ることだ」と答えた。Holberton, Oral History, 4.
8 ケイは、ENIAC の並列プログラミングを準備するときには、「並列に動いている他のものが実際に終わるまで、そのプログラムの次の部分が始まらないようにしなければならなかった……そのようなことを心配しなければならなかったのです」と回想している。Antonelli, Oral History, 16.
9 Antonelli, Oral History, 16.
10 Bartik, *Pioneer Programmer*, 89.
11 "Gale-Battered Ships Arrive with Troops," *Philadelphia Inquirer*, December 25, 1945, 1.

サインとコサイン

1 Shurkin, *Engines of the Mind*, 197. [邦訳『コンピュータを創った天才たち：そろばんから人工知能へ』, 204 頁]
2 Henry Herbert, Publicity Manager, University of Pennsylvania, "Demonstration of ENIAC," February 1, 1946, University of Pennsylvania Archives. ハーバートは、「ENIAC の記者会見に出席した数名の要請により」この出来事を要約して提供したと記している。
3 War Department, Bureau of Public Relations, Press Branch, "Military Applications of ENIAC Described," "High Speed, General Purpose Computing Machines Needed," "Physical Aspects, Operation of ENIAC Are Described," 1946, University of Pennsylvania Archives.
4 さらに 3 人は、陸軍省広報局向けのリリース、「Industrial and Scientific Applications of the ENIAC（ENIAC の産業や科学への応用）」、「History of Development of Computing Devices（計算装置開発の歴史）」を書いた。1946, University of Pennsyl-

vania Archives as part of their general description of ENIAC and its uses.

5 War Department, "Profiles of Personnel Who Developed ENIAC," 1946, University of Pennsylvania Archives.

6 McCartney, *ENIAC*, 129–130. ［邦訳『エニアック：世界最初のコンピュータ開発秘話』, 143～144 頁］

7 War Department,"Profiles of Personnel Who Developed ENIAC," 4.

8 この「差し止め」の警告はプレスリリースごとに若干異なるが、全体的な目的は明確で、報道機関に対して、新聞掲載やラジオ放送でのこの資料の使用が 2 週間、制限されることだった。

9 Demonstration of ENIAC, February 1, 1946, written by Henry Herbert, publicity manager, University of Pennsylvania, "FOR RELEASE FEBRUARY 16, 1946." Copy in author's collection.

10 Stephen Falk, photographer of ENIAC and ENIAC Programmers, in interview with author, February 1996.

11 University of Pennsylvania Archives, Digital Image Collection, https://library.artstor.org/#/asset/SS7732016_7732016_12329883;prevRouteTS=1641178556553.

12 University of Pennsylvania Archives, Digital Image Collection, https://library.artstor.org/#/asset/SS7732016_7732016_12331236;prevRouteTS=1641178887083.

13 Computer History Museum, https://www.computerhistory.org/collections/catalog/102622392.

14 Teitelbaum, Deposition, 3.

15 Goldstine, *The Computer from Pascal to Von Neumann*, 228. ［邦訳『復刊 計算機の歴史：パスカルからノイマンまで』, 261 頁］

16 Goldstine, *The Computer from Pascal to Von Neumann*, 228. ［邦訳『復刊 計算機の歴史：パスカルからノイマンまで』, 261 頁］

17 Teitelbaum, Deposition, 3.

18 Holberton, Oral History, 9.

19 Holberton, Oral History, 9.

20 Antonelli, Oral History, 21.

21 Bartik, *Pioneer Programmer*, 91.

22 Bartik, *Pioneer Programmer*, 91.

23 Holberton, Oral History, 54.

24 Bartik, Oral History, 16.

25 Smithsonian Oral History of Bartik and Holberton, 1973, 50.

26 Smithsonian Oral History of Bartik and Holberton, 1973, 51.

27 Bartik, Oral History, 16.

28 Bartik, *Pioneer Programmer*, 92.

ENIAC ルームは彼女たちのもの！

1 Holberton, Oral History, 7.

2 Smithsonian Oral History of Bartik and Holberton, 1973, 50.

3 Holberton, Oral History, 6.

4 Bartik, in interview with author, 1996.

5 Brian Stuart, “Programming the ENIAC [Scanning Our Past],” *Proceedings of the IEEE* 106, no. 9 (2018): 1760–70.

6 Holberton, Oral History, 3.

7 Holberton, Oral History, 3.

8 Holberton, Oral History, 7.

9 Holberton, Oral History, 7.

10 For example, “Testing,” Bitesize, https://www.bbc.co.uk/bitesize/guides/zg4j7ty/revision/5.

11 「翌日、（プログラムの作業のためにENIACルームに）戻ってみると、思っていたところに配線がないことに気づいたのです……」とジーンは振り返る。Smithsonian Oral History of Bartik and Holberton, 1973, 52.

12 Smithsonian Oral History of Bartik and Holberton, 1973.

13 Meltzer, Oral History, 16.

14 Bartik, Oral History, 15.

15 Bartik, Oral History, 14–15.

16 Bartik, *Pioneer Programmer*, 85.

17 Bartik, *Pioneer Programmer*, 85.

18 Bartik, Oral History, 24.

19 Shurkin, *Engines of the Mind*, 149. [邦訳『コンピュータを創った天才たち：そろばんから人工知能へ』, 154 頁]

20 ジーン・ジェニングス・バーティク、「私の個人的な印象です」。著者に共有した未発表のメモ。

21 Bartik, *Pioneer Programmer*, 86.

22 Shurkin, *Engines of the Mind*, 154–155. [邦訳『コンピュータを創った天才たち：そろばんから人工知能へ』, 160 頁]

23 Bartik, *Pioneer Programmer*, 89.

公開実験の日を前にして最後まで残ったバグ

1 Holberton, Oral History, 9.

2 Bartik, Oral History, 16.

3 Holberton, Oral History, 9.

4 Bartik, *Pioneer Programmer*, 95.

5 Holberton, Oral History, 9.

6 Bartik, *Pioneer Programmer*, 95.

7 Bartik, *Pioneer Programmer*, 96.

8 Bartik, *Pioneer Programmer*, 96.

9 Bartik, *Pioneer Programmer*, 85.

10 Holberton, Oral History, 9.

11 Holberton, Oral History, 9.

12 Bartik, *Pioneer Programmer*, 96.

13 Antonelli, Oral History, 22.

公開実験の日、1946 年 2 月 15 日

1 Holberton, Oral History, 10.

2 See, e.g., Dilys Winegrad and Atsushi Akera, *A Short History of the Second American Revolution*, University of Pennsylvania, 50th anniversary celebration, https://almanac.upenn.edu/archive/v42/n18/eniac.html.

3 Bartik, *Pioneer Programmer*, 98–99.

4 Bartik, Oral History, 17.

5 Antonelli, Oral History, 22.

6 Bartik, Oral History, 15.

7 Bartik, Oral History, 24.

8 Bartik, *Pioneer Programmer*, 96–97. 長年、ハリウッド映画のコンピューターは、大きな機械に小さなライトが点滅しているというイメージとなった。

9 Bartik, Oral History, 17.

10 Holberton, Oral History, 11.

11 Meltzer, Oral History, 19.

12 Antonelli, Oral History, 22.

13 Antonelli, Oral History, 22.

14 Antonelli, Oral History, 23.

15 Meltzer, Oral History, 19.

16 Bartik, *Pioneer Programmer*, 99.

17 Bartik, *Pioneer Programmer*, 99.

18 Bartik, *Pioneer Programmer*, 99.

19 "U. of P. Exhibits Electronic 'Brain,' " *Philadelphia Inquirer*, February 16, 1946, 3.

20 "U. of P. Exhibits Electronic 'Brain.' "

21 "U. of P. Exhibits Electronic 'Brain.' "

22 Bartik, *Pioneer Programmer*, 99.

23 Erickson, *Top Secret Rosies* で示された 1946 年 2 月 15 日の晩餐会のメニュー。

24 "Blinkin' ENIAC's a Blinkin' Whiz," *Philadelphia Record*, February 15, 1946, 1. From the collection of Marlyn Wescoff Meltzer.

25 Meltzer, Oral History, 19.

26 Holberton, Oral History, 10.

27 Holberton, Oral History, 10.

奇妙なアフターパーティー

1 Meltzer collection of Demonstration Day newspaper clippings shared with author.

2 Holberton, Oral History, 10.

3 "World's Fastest Calculator Cuts Years' Task to Hours," *Boston Globe*, February 15, 1946, 7.

4 "Betty [Jean] Jennings in Scientific Work," *Stanberry Herald-Headlight* (Missouri), March 14, 1946, 1.

5 Holberton, Oral History, 10.

6 Antonelli, Oral History, 22.

7 この映像は、*The Computers: The Remarkable Story of the ENIAC Programmers* produced by Kathy Kleiman, Jon Palfreman, and Kate McMahon, 2014. を含む数多くのドキュメンタリー番組で見ることができる。

8 *The Computers: The Remarkable Story of the ENIAC Programmers*.

9 Bartik, *Pioneer Programmer*, 99.

10 Shurkin, *Engines of the Mind*, 198. [邦訳『コンピュータを創った天才たち：そろばんから人工知能へ』, 205 頁]

11 Shurkin, *Engines of the Mind*, 199. [邦訳『コンピュータを創った天才たち：そろばんから人工知能へ』, 206 頁]

12 Shurkin, *Engines of the Mind*, 199. [邦訳『コンピュータを創った天才たち：そろばんから人工知能へ』, 206 頁]

13 Shurkin, *Engines of the Mind*, 199.［邦訳『コンピュータを創った天才たち：そろばんから人工知能へ』, 206 頁］

14 Shurkin, *Engines of the Mind*, 200.［邦訳『コンピュータを創った天才たち：そろばんから人工知能へ』, 207 頁］

15 Shurkin, *Engines of the Mind*, 200.［邦訳『コンピュータを創った天才たち：そろばんから人工知能へ』, 207 頁］

16 Bartik, *Pioneer Programmer*, 101.

17 Shurkin, *Engines of the Mind*, 201.［邦訳『コンピュータを創った天才たち：そろばんから人工知能へ』, 208 頁］スミソニアンのコンピューター史家ポール・セルージ博士も同様に、「フィラデルフィア - プリンストン地域は、かつてコンピューター技術の中心地という称号を争ったものの、回復することはなかった」と書いている。Paul E. Ceruzzi, *A History of Modern Computing* (Cambridge, MA: MIT Press, 1998), 25.［邦訳『モダン・コンピューティングの歴史』, 45 頁］

百年問題と求められたプログラム技師

1 Shurkin, *Engines of the Mind*, 197.［邦訳『コンピュータを創った天才たち：そろばんから人工知能へ』, 204 頁］

2 Antonelli, Oral History, 27.

3 Antonelli, Oral History, 119.

4 Antonelli, "The KMMA Story."

5 Correspondence of Kathleen McNulty (Mauchly Antonelli) and Douglas Hartree, UPD 8.12, ENIAC Trial Exhibits Master Collection, University Archives & Records Center, University of Pennsylvania.

6 See, e.g., Rand Corporation report on thermodynamic properties of real gases, https://www.rand.org/content/dam/rand/pubs/research_memoranda/2009/RM442.pdf.

7 Holberton, Oral History, 11.

8 Bartik, Oral History, 12.

9 Bartik, Oral History, 12.

10 Bartik, *Pioneer Programmer*, 106.

11 ジーンはアデルを懐かしく思い出していた。「私はアデルを崇拝していました。彼女とはとても親密な関係でした。彼女はハーマンよりかなり若かったので、一緒に若い女の子のように笑い合うことができました。私たちはお互いに楽しく過ごしていました」。Bartik, Oral History, 12.

12 Hans Rademacher, "On the Accumulation of Errors in Numerical Integration on the ENIAC," Lecture 19, July 22, 1946, *The Moore School Lectures*, Charles Babbage Institute

Reprint Series for the History of Computing, Volume 9, 223–238.
13 D. R. Hartree, "The Eniac, an Electronic Computing Machine," Nature 158 (1946): 500–506.
14 「彼は英国に帰ってから、自分の問題の分析に大きな間違いがあることに気づいたのです。したがって、彼の計算結果は無効でした。彼はプログラムに変更を加え、再実行することをのぞみました」。Antonelli, "The KMMA Story."
15 Hartree, "The Eniac, an Electronic Computing Machine."
16 Antonelli, Oral History, 28. See also correspondence of Kathleen McNulty (Mauchly Antonelli) and Douglas Hartree, UPD 8.12, ENIAC Trial Exhibits Master Collection, University Archives & Records Center, University of Pennsylvania.
17 A. H. Taub, "Refraction of Plane Shock Waves," *Physical Review* 72 (1947): 51–60.
18 W・バークレー・フリッツは「A Survey of Eniac Operations and Problems, 1946–1952」の中で、「Zero—Pressure Properties of Diatomic Gases—(University of Pennsylvania)（圧力ゼロでの二原子気体の特性—(ペンシルベニア大学))」と題するゴフ学部長の仕事についての情報を伝えている。Fritz, "A Survey of Eniac Operations and Problems, 1946–1952," Report No. 617, Ballistic Research Laboratories, Aberdeen Proving Ground, MD, August 1952, 23–24.
19 Fritz, "ENIAC—A Problem Solver," 26.
20 Meltzer, Oral History, 20.

ムーア校の講義

1 Bartik, *Pioneer Programmer*, 104.
2 Bartik, Oral History, 25.
3 Joy Meltzer, in interview with author, 2020–2021.
4 このコースに登録された 28 名の受講生は、以下の文書で確認できる。*The Moore School Lectures*, Charles Babbage Institute Reprint Series for the History of Computing, Volume 9, xvi–xvii.
5 *The Moore School Lectures*, ix–xvii.
6 *The Moore School Lectures*, ix–xvii.
7 Holberton, Oral History, 11.
8 *The Moore School Lectures*, ix–xvii.
9 For example, Maurice Wilkes, British computer scientist, https://www.britannica.com/biography/Maurice-Wilkes.
10 McCartney, *ENIAC*, 142.［邦訳『エニアック：世界最初のコンピュータ開発秘話』, 156 頁］

11 "Wife Drowns in Night Swim with Scientist," *Philadelphia Inquirer*, September 9, 1946, 1.

12 "Wife's Drowning Called Accident," *Philadelphia Inquirer*, September 17, 1946, 3.

13 Bartik, *Pioneer Programmer*, 109.

彼女たち自身の冒険

1 Meltzer, Oral History, 11.

2 Before the Revolution: Socialites and Celebrities Flocked to Cuba in the 1950s, https://www.smithsonianmag.com/history/before-the-revolution-159682020/.

3 Bartik, *Pioneer Programmer*, 106.

4 Bartik, *Pioneer Programmer*, 107.

5 Bartik, *Pioneer Programmer*, 107.

6 Bartik, *Pioneer Programmer*, 130.

7 Antonelli, Oral History, 29.

8 Antonelli, "The KMMA Story."

9 Antonelli, "The KMMA Story."

10 Antonelli, "The KMMA Story."

11 Holberton, Oral History.

12 Antonelli, "The KMMA Story."

13 Antonelli, "The KMMA Story."

14 Antonelli, "The KMMA Story."

15 Antonelli, "The KMMA Story."

16 Antonelli, Oral History, 30.

17 ルート 66 は今も、アリゾナ州のペインテッド・デザート、グランドキャニオンなど、雄大な場所を通っている。Antonelli, "The KMMA Story."

18 Holberton, Oral History, 12.

19 Holberton, Oral History, 11.

20 Holberton, Oral History, 11.

アバディーンとその周辺の ENIAC 5

1 Bartik, *Pioneer Programmer*, 111.

2 Bartik, Oral History, 10.

3 Bartik, *Pioneer Programmer*, 110.

4 Antonelli, Oral History, 29.

5 Holberton, Oral History, 13.

6 Bartik, Oral History, 18.

7 Joy Meltzer, in interview with author, April 29, 2021.

8 Meltzer, Oral History, 20.

9 Teitelbaum, in interview with family, 1986.

10 Robert Sheroke, computer scientist at U.S. Army Research Laboratory, in interview with author, undated.

11 Antonelli, Oral History, 30–31.

12 Antonelli, Oral History, 31.

13 Antonelli, Oral History, 30.

14 Teitelbaum, in interview with family, 1986.

15 Fritz, "The Women of ENIAC," 23.

16 Fritz, "The Women of ENIAC," 15.

17 Fritz, "The Women of ENIAC," 24.

18 Holberton, Oral History, 13.

19 Holberton, Oral History, 13.

20 Bartik, Oral History, 18.

21 Bartik, *Pioneer Programmer*, 115.

22 Bartik, *Pioneer Programmer*, 116.

23 Bartik, Oral History, 18.

24 See, e.g., NASA web page on wind tunnels, https://www.nasa.gov/audience/forstudents/k-4/stories/nasa-knows/what-are-wind-tunnels-k4.html.

25 Bartik, Oral History, 17–18.

26 Clippinger, "A Logical Coding System Applied to the ENIAC" (with Orders for 60 Word Vocabulary, dated November 13, 1947, and test programs included).

27 Bartik, Oral History, 28.

28 Bartik, *Pioneer Programmer*, 116.

29 Bartik, Oral History, 26.

30 Bartik, Oral History, 28.

31 Bartik, *Pioneer Programmer*, 117.

32 Bartik, *Pioneer Programmer*, 117.

33 Bartik, Oral History, 26.

34 Bartik, Oral History, 26.

35 Bartik, *Pioneer Programmer*, 118.

36 Bartik, *Pioneer Programmer*, 118.

37 Bartik, *Pioneer Programmer*, 118–119.

38 Bartik, *Pioneer Programmer*, 119.

新たな人生

1 Antonelli, "The KMMA Story."

2 Antonelli, "The KMMA Story."

3 Bartik, *Pioneer Programmer*, 117.

4 数学、次にプログラミングというこの分業が弾道研の仕事の分解として受け入れられていたこと、そして、それがENIACの問題に取り組むために弾道研がチームを構成する方法であったことを、W・バークレー・フリッツは確認している。Fritz, "ENIAC—A Problem Solver," 30.

5 Bartik, *Pioneer Programmer*, 117–118.

6 Bartik, *Pioneer Programmer*, 114, 119.

7 Bartik, Oral History, 29.

8 Bartik, *Pioneer Programmer*, 119.

9 Bartik, *Pioneer Programmer*, 120.

10 H. Neukom, "The Second Life of ENIAC," *IEEE Annals of the History of Computing* 28, no. 2 (April–June 2006): 4–16, doi:10.1109/MAHC.2006.39.

11 Thomas Haigh, Mark Priestley, and Crispin Rope, "Engineering 'The Miracle of the ENIAC': Implementing the Modern Code Paradigm," *IEEE Annals of the History of Computing* 36, no. 2 (2014): 47.

12 Antonelli, Oral history, 31.

13 Fritz, "The Women of ENIAC," 24.

14 Fritz, "The Women of ENIAC," 24.

15 Clippinger, "A Logical Coding System Applied to the ENIAC," 1.

16 Patricia Sullivan, "Gloria Gordon Bolotsky, 87," [Obituary piece], *Washington Post*, July 26, 2009.

17 "The Secret History of Women in Coding," *New York Times Magazine*, February 17, 2019 (cover).

18 Fritz, "The Women of ENIAC," 23. また、ライラ・トッド（バトラー）をはじめ、産休をとり、その後、弾道研に復職する人もいた。"The Women of ENIAC," 15.

19 Holberton, Oral History, 14.

20 Bartik, *Pioneer Programmer*, 119.

21 Teitelbaum, in interview with family, 1986.

22 Antonelli, Oral History, 32.

23 Antonelli, Oral History, 32.

24 Antonelli, "The KMMA Story."

25 Fritz, "ENIAC—A Problem Solver," 39.

26 Fritz, "A Survey of Eniac Operations and Problems, 1946–1952."

27 フリッツは 1952 年までの、軍事グループ、政府機関、大学、企業、研究機関が ENIAC で実行した、複雑で非機密な多数の問題の包括的なリストを発表した。"A Survey of Eniac Operations and Problems, 1946–1952,"and in 1994, "ENIAC—A Problem Solver," Appendix 41–45.

28 Fritz, "ENIAC— A Problem Solver," 44.

29 ロスアラモスで働く妻からの手紙を示す脚注がついたハーマンの書籍。Goldstein, *The Computer from Pascal to Von Neumann*.

30 Fritz, "ENIAC—A Problem Solver," 40.

31 Fritz, "ENIAC—A Problem Solver," 33.

エピローグ　再会

1 Shurkin, *Engines of the Mind*, footnote 13, 230–231. [邦訳『コンピュータを創った天才たち：そろばんから人工知能へ』, 384 頁]

2 Nathan Ensmenger, *The Computer Boys Take Over* (Cambridge, MA: MIT Press, 2010): 35–36.

3 Cory Doctorow, "The ENIAC Programmers: How Women Invented Modern Programming and Then Were Written Out of the History Books," *Boing Boing*, June 21, 2019, https://boingboing.net/2019/06/21/founding-mothers-of-computing.html. [訳注：本書の出版時点では、本文で引用した記述はなくなっている。]

4 "Black Women Oral History Project Interviews, 1976–1981," Harvard Radcliffe Institute, https://guides.library.harvard.edu/schlesinger_bwohp.

あとがき

1 Antonelli, Oral History, 33.

2 Antonelli, "The KMMA Story."

3 Gini Mauchly Calcerano, in interview with author, 2018.

4 Antonelli, "The KMMA Story."

5 この他にも多くの栄誉があり、ジニ・モークリー・カルチェラーノは最新のリストを持っているであろう。

6 Jay and David Teitelbaum, in interview with author and Amy Sohn, May 25, 2020.

7 1996年のENIAC 50周年とその前後に、フランの夫であるホーマー・スペンサーが病気であったことを、ケイを通じて筆者は知ることになった。2012年にフランが亡くなった後、姉のジュディス・ヴェイチが筆者への手紙の中で家族の歴史を語った。また、彼女の息子や義理の娘たちが、少女時代、大学時代、そして夫や息子たちとの写真を共有してくれた。

8 Meltzer, Oral History, 33.

9 Jean Bartik, "Minicomputers Turn Classic," Auerbach Scientific and Control Computers Reports, *Data Processing Magazine*, January 1970, 42.

10 ジーン・バーティクの「人生の10の格言」。筆者に共有されたもの（2002年4月27日、ノースウエスト・ミズーリ州立大学での卒業式の講演の一部として使われた）。

11 Holberton, Oral History, 18.

12 "ENIAC Hall Of Fame Inductees," 1997, WITI, video, https://www.youtube.com/watch?v=DsctkUrUYgo.

Memorandum

Memorandum

ABOUT THE AUTHOR

著者について

キャシー・クレイマンは、弁護士であり、インターネット政策と知的財産の教授である。さらに、受賞歴のあるドキュメンタリー映画『The Computers: The Remarkable Story of the ENIAC Programmers』の共同プロデューサーとしても活躍している。

インターネットを管理・監督する組織であるICANN（Internet Corporation for Assigned Names and Numbers）の設立に貢献し、ICANN の Noncommercial Users Constituency の共同設立者でもある。また、示唆に富むセミナーを主催し、ENIAC プログラマーに関する追加情報を探し出し、そのストーリーを世界中の人々に伝えるとともに、言論の自由、公正使用、プライバシーをグローバルなインターネットポリシーとして提唱するなどの活動を通じて常に高い目標に向かって挑戦を続けている。

アメリカン大学ワシントン法科大学院でインターネットテクノロジーとガバナンスについて教えながら、同大学のインターネットガバナンスラボのファカルティフェローを務めている。

クレイマンは、ENIAC プログラマーのストーリーを明らかにし、その歴史を保存してきた功績により、米国陸軍研究所から表彰され、米国ダイムス協会からは「Lifetime Heroine in Technology」に選出された。

〈訳者紹介〉

羽田　昭裕（はだ　あきひろ）

BIPROGY 株式会社 エグゼクティブフェロー

1984 年、日本ユニバック株式会社（現 BIPROGY 株式会社）入社。メインフレームコンピューターでの情報検索・シミュレーション・統計学に関する技術の実用化、企業システムの IT コンサルティング、自律分散型システムの開発やアーキテクチャづくりに携わり、総合技術研究所長、CTO を歴任。多摩大学客員教授、教育のための科学研究所研究理事などの活動を通じて、次世代の育成に取り組んでいる。主要訳書は『ENIAC：現代計算技術のフロンティア』（2016 年、共立出版）。

コンピューター誕生の歴史に隠れた6人の女性プログラマー

—彼女たちは当時なにを思い、どんな未来を想像したのか—

原題 *Proving Ground: The Untold Story of the Six Women Who Programmed the World's First Modern Computer*

2024年 7 月30日　初版 1 刷発行

著　者　キャシー・クレイマン

訳　者　羽田昭裕　© 2024

発行者　南條光章

発行所　**共立出版株式会社**

〒112-0006 東京都文京区小日向4-6-19　電話 03-3947-2511（代表）

振替口座　00110-2-57035

［URL］ www.kyoritsu-pub.co.jp

印　刷
製　本　藤原印刷

Printed in Japan

検印廃止

NDC 402.8, 280, 548.2

ISBN 978-4-320-00619-5

一般社団法人
自然科学書協会
会員